愛犬家の動物行動学者が教えてくれた秘密の話

マーク・ベコフ 著　森由美 訳　藪田慎司 他 監修

CANINE CONFIDENTIAL

Marc Bekoff

X-Knowledge

Canine Confidential
Why Dogs Do Why They Do
By Marc Bekoff

ブックデザイン：松田行正＋倉橋弘
DTP：ユーホーワークス
印刷・製版：シナノ書籍印刷株式会社
翻訳協力：布施雄士、株式会社トランネット

私の長い人生を豊かに彩ってくれた、さまざまな色、
形、大きさ、性格の、素晴らしい犬たちに、本書を捧げる。
彼らは常に私に探求心を抱かせてくれた。
そのおかげで、世界中の犬や動物たちに
できるだけ良い暮らしをさせてあげたいと思うようになった。
かけがえのない人生の仲間である犬たちに、
心からの感謝と祈りの言葉を送りたい。

もくじ

ある日の午後、私はニューヨーク市のセントラルパークを歩いていた。立ちどまってリスたちが遊ぶのを眺めていると、ふたりの男の子が母親と一緒に歩いてきた。男の子のひとりが「何をしているの?」と聞いてきたので、私は「リスが遊んでいるのを観察しているんだよ」と答えた。男の子は興味をそそられたようで、すぐに兄弟で私の観察に加わった。5分もしないうちに、私はこの兄弟に動物行動学者になるためのトレーニングを始めていた。彼らが犬を飼っていることがわかったので、まずリスが犬と同じ哺乳類であることを説明し、さらにその犬が人間やほかの犬と遊んだり関わったりするのを観察すれば、もっとその犬のことがいろいろわかってくるよ、と教えた。立ち去る男の子たちはワクワクしたようすで、「ねえ、また明日もリスを見にきてもいい?」と母親に尋ねていた。こどもたちの素直な好奇心は感動的だった。彼らにまたリスを見にきてほしいし、愛犬の観察もしてほしい。動物や自然とのふれあいは、人間にとって大きな喜びだ。それに、人間が一緒に暮らす犬たちにもっと関心を持つようになれば、きっと犬たちの生活もさらに良くなることだろう。

これまで40年以上、私は愛犬家の動物行動学者として、このような出会いをたくさん経験してきた。動物を観察してそれについての疑問に答え、もっと注意深く動物を観察するようにみんなに勧めてきた。特に、いろいろなドッグパークに出入りして犬の行動をなんでも観察して、やりすぎだと言われるくらい長い時間を過ごしてきた。これはもう何十年も仕事の一部として、心から楽しんできたことだ。

犬は、カニス・ルプス・ファミリアーリス（*Canis lupus familiaris*）という立派な学名を持つ、とても興味深い動物だ[1]。私はずっと以前から、ドッグパークが素晴らしい教育の場だと気づいていた。犬と人間の両方について学べる宝の山だし、そこを訪れることで犬に対する誤解が解けて、犬がより好きになるだろう。ここでのやりとりは何時間もノンストップで続く。犬が犬を見て、人が犬を見て、犬が人を見て、そして人が他人の犬を世話しているところや、一緒に遊んでいるところや、管理しようとしているのを見ることができる。ドッグパークをあてもなくうろついて、犬同士、犬と人間、人間同士のやりとりを見ていると、学ぶことが本当に多い。

ドッグパークにはいつも、フェンスの内でも外でも、リードにつながれた犬からリードを握る飼い主まで、興味深い役者たちがそろっている。話し合いや議論のテーマとなるのはいつも、人や犬が望んでいること、犬がある行動をする理由、犬の理解力、犬の世話やトレーニングなどだ。疑問を投げかける人もいればアドバイスをする人もいるし、自説を示す人や他人のふるまいを批評する人もいる。犬が臆病になったり攻撃的になったりする問題にどう対処すればよいか、犬が時折飼い主の要求を無視する理由は何かといったことを、みんなが知りたがっているのである。それに、犬が汚れたところにゴロゴロと転がり、無造作によその犬の背に飛びのる理由など、知りたいことは山ほどある。犬の同居人たちは、犬語がわかるようになりたがっているようだ。

　私は犬をめぐるあらゆる疑問を耳にしてきた。たとえば、こんなふうだ。犬の生活の質はどうやって測るの？　犬が苦痛を感じているかどうかどうすればわかる？　犬が良いことをしていないときでも「いい子、いい子」と声をかけていい？　なぜ犬はお辞儀をしたり、吠えたり、マーキング［訳注：トイレ以外の場所にオシッコをして縄張りを示す行為］をしたり、鼻を鳴らしたり、毛が抜けたりするの？　なぜ犬は骨を土に埋めて、すぐに掘りだすの？　なぜ犬はじゅうたんに骨を隠して、見えないふりをするの？　犬に頭痛はある？　犬に自我はある？　犬に深い悲しみはある？　犬はＰＴＳＤ（心的外傷後ストレス障害）や精神的な病《やまい》で苦しむことがあるの？　自分の体が小さいことにコンプレックスを持つ犬はいる？　なぜ犬は草を食べるの？　なぜ犬は横になったりウンチをしたりする前にクルクル回るの？　なぜ犬はにおいを嗅いで人間の病気を発見できるの？　犬の鼻はどのように働く？　犬はどのくらい賢い？　犬はエサをもらうために飼い主を利用しているだけなの？　犬は人間の言葉を理解できるの？　犬は音楽が好き？[2]　犬はテレビが好き？[3]

　年月を重ねるにつれて、私は自分が犬とドッグパークのちょっとした「情報通」になったことに気づいた。よく人からも話しかけられる。「ここだけの話だけれど、実は……」。そんなとき、彼らは私を信用して、自分の愛犬やよその犬やほかの飼い主たちについての個人的な話をする。うわさ話にかかわりたくないのでもっぱら聞き役に徹しているが、たいてい、はじめて

ジークを見ている私。コロラド州ボールダー郊外の山にある自宅で、ジークが仲間たちと跳ねまわって遊ぶところを、私は何時間も見て過ごした。
(写真著作権　R・J・サンゴスティ『デンバー・ポスト』ゲッティ・イメージズ)

聞くような話ばかりだ。ドッグパークには常に驚くような話が転がっている。

実のところ、私は犬たちからも信用されているとよく感じる。ドッグパークはその名の通り人間ではなく犬のための施設だから、そこでは私はできるかぎり犬の視点に立つように努めている。犬たちが私に近づいてきて、こう言っているようなときがある。「ボクは臭い物のなかを転がり、あちこちオシッコをしなきゃ気がすまないんだよね。乱暴な遊びだって平気だし。ボクの飼い主に、そう伝えてもらえないかな。そうそう、ボクが自分のことは自分でできるってこともね」。

たくさんの人が犬の行動のあらゆる面に強い関心を持っているので、私のドッグパークへの訪問はいつのまにか犬についての課外授業になることがある。私はみんなにおすすめの記事や本を紹介し、会話のなかにも動物の行動の基本的な理論、進化生物学、自然保護についての知識などを散りばめることにしている。ある男性が、冗談めかして私にこう言った。「俺は生物学と動物の行動については、学校の教室よりドッグパークでたくさん教えてもらったよ」またあるときは、数人のグループと何時間も立ちっぱなしで犬やコヨーテ、オオカミについて、さまざまな視点から議論したこともあった。

こうしたやりとりから、私はシンプルでわかりやすい犬に関する本の必要性を感じていた。それは、犬の行動や認知について、感情豊かで道徳的な生活について、ほかの犬や人間との関係について、そして家庭や社会における犬とのベストな関わり方についての本だ。本書は、こうした目的のために書かれたものである。前にあげたような疑問に答えようと思うが、まだ答えがよくわかっていないこともある。最終的な私の希望は、本書が犬と犬、犬と人の間に、ポジティブで思いやりのある関係を末長く築いていくための助けとなることである。ともに仲良く生きることが、きっとみんなの幸せにつながるだろう。犬たちが平穏で安全な暮らしを送れるよう、私たちにできることは何でもしようじゃないか。

私は40年以上にわたり、犬とその野生の近縁種について研究してきた。だが、考えてみると、もっと以前の3歳のころから本書を書き始めたとも言える。こども時代に親からよく言われたことがあった。それは、「あなたは人間より動物とのほうが、うまく気持ちを通じあえるのね」ということだ。私はいつも、ほかの動物たちは何を考え感じているのかと両親に聞いていた。小さな水槽で暮らしている金魚と話し、彼の小さな頭のなかはどうなっているのか不思議に思っていた。水槽で果てしなく円を描いて泳ぎ続けることを、彼はどう感じているのだろう。両親は私のことを「動物思いだ」と言っていたが、まったくその通り私は動物の世話が好きで、動物たちは盛んに何かを考えているはずだと信じて疑わなかったし、きっと自分には彼らの気持ちがわかるはずだと思っていた。[4]

それからずっと、私はドッグパークをはじめ、さまざまな環境や住処《すみか》に暮らす犬たちについて勉強して、この魅力あふれる生き物の行動についてたくさんのことを学んできた。ともに暮らしてよく知っている愛犬たちから、野犬のような犬たちまで、ほとんどすべての状況にいる犬を研究してきた。コヨーテやオオカミといった「イヌ属の」ほかの仲間たちについても研究し、種と種の間の類似点や相違点についてもわかっているつもりだ。まず言わせてもらうと、犬はオオカミとは異なる動物であり、コヨーテやディンゴとも違う。犬は犬なのである。人間によって望まれる姿ではなく、ありのままの姿で真価を認められるべきだ。

ドッグパークの犬は、たとえリードをはずしていても完全に自由なわけではない。飼い主たちによって常に監視され、指図を受けているからだ。彼らは犬に指示を出し、誤りを正そうとし、行動をコントロールしようとしている。ドッグパークでは、犬と人間の関係や人間自体についてはもちろん、犬という種についても学ぶことができる。人々が犬を散歩させているところを見ると、犬を引っ張りまわし、1日中狭い場所に閉じこめていた犬を、次の自分の用事があるからといって急かしていたりもする。そんな飼い主は、犬を今の生活に連れてきたのは自分なのだということを忘れてしまっているようだ。なかには、犬が望んでいることや必要としていることを示す初歩的なサインを理解していない人もいる。それがよい生活を送るために最低限必要だというのに。

男の子とリスの話のところでも書いたように、私は常に人々に、動物行動学者がしているように動物たちを観察して疑問を持ち、学んでいくことを勧めている。後でもふれるが、すべての犬たちを同じように語るのはまちがいだ。彼らは同じではない。犬には人間と同じように、それぞれ個性がある。愛犬の世話の仕方を学びたいなら、まずその個体自体に関心を持ち、その犬の好き嫌いなどを見つけることから始めよう。本書のもうひとつの目的は、読者がいわゆる「市民科学者」や動物行動学者になるのを応援することだ。本書には、一般の愛犬家が書いた実話をたくさん盛り込んだ。つまり、物語と科学を融合させている。私はどちらも大好きなのだが、ふたつは互いに補いあう関係にある。日常の何気ない疑問や観察が、とても重要な科学の研究に刺激を与えることがよくあるのだ。実生活に影響のある問題は、誰もがその答えを必要とするからだろう。市民科学は犬についての知識を向上させるだけでなく、犬と飼い主の暮らしを良くしてくれるものなのだ。

たとえば、私たちは犬についてたくさんのことを知ってはいるが、犬の行動について真実だと思い込んでいることのすべてが実証研究で十分に支持されているわけではないということに、読者の皆さんは気づくだろう。犬は横になる前に必ずクルクル回るわけではないし、必ずしも吐くために草を食べるわけではない。オシッコをしたからといってそれが常にマーキングのためというわけではないし、ほかの犬の背中にまたがるのは、いつも交尾しようとしているわけではない（メス犬もする）。犬にも依然として順位というものはあるが、引っ張りっこ遊びをしているからといって必ずしもそれが攻撃や順位争いをしているわけではない。それに、「犬が望む方法で」ハグをしてあげても良いのだ。また、犬は1日中眠るということはない（12〜14時間程度だ）。犬が喜びや悲しみを感じるのはわかっているが、羞恥心や罪悪感といった複雑な感情があるかどうかはよくわからない。[5] また、犬がエサを使ってトレーニングをされたり何かを教えられたりすると、飼い主を利用するだけになって愛さなくなるというのも作り話だ。[6]

犬というこの素晴らしい生き物に、まだわからないことがこんなにたくさんあるなんて、本当にワクワクする。私が考えている疑問の多くは、犬の行動の進化の本質に関わるものであるが、犬の行動がいかに変化しやすいかということにも光を当てる。なぜ犬がある場所に鼻を突っ込むのか、遊ぶのか、吠えるのか、遠吠えするのか、オシッコをかけるのか、ウンチを口にするのか、こうした問題には今も取り組んでいる最中だ。そして、犬は心の理論［訳注：他者に心があると仮定して、その行動を予測しようとする能力］を持っているのか、嫉妬を感じるのか、自分たちが何者か知っているのか、自己を認識する能力があるのか、といった疑問の解明は、まだまだ遠い。

犬に関心がある人や犬好きな人には、さまざまなタイプの人がいるので、私は本書を幅広い読者層に向けて書いた。つまり、ドッグパークや犬の散歩道で私が出会うすべての人たちのためだ。この分野の研究者や専門家もいれば、熱心な愛犬家や家庭で飼っている犬をたまたま世話することになった人もいるだろうが、みんなに共通しているのは、愛犬にできるだけ良い暮らしをさせようと一生懸命なことだ。彼らの多くが、犬の行動について学びたいと心から思っている。彼らとの会話が、本書に生き生きと映しだされていることを願っている。掲載されている会話は個人的で愉快なものだが、なるだけ詳しく客観的で証拠に基づいた情報になるように努めた。もしある意見の裏付けとなるデータが不十分でさらに調査が必要な場合は、その点を明確にしている。犬の行動についてわかっていることを、犬のためにどんどん活用していこう。その活用方法にはドッグトレーニングも含まれるが、私は個人的には「トレーニング（＝訓練）」よりも「教育」という言葉のほうが好きだ。犬は、犬自身ではなく人間が優先される世界で暮らしているのだから、人間が望むように行動してもらうために冷酷で暴力的な方法など使うべきではないだろう。

さて、私は「ドッグパークのナチュラリスト［訳注：自然を愛し、自然に親しみ、自然のことを知りたいと願う人］」でいられることに、この上ない幸せを感じていて、みんなにもそうなってもらえることを願っている。私は犬について読んだり書いたり、犬と一緒に過ごしたりすることに、たっぷり時間を使う。これからも、犬を含めてほかの動物たちの頭や心のなかがどうなっているのかという謎は続くだろう。だが、今では彼らの思考や感情について、たくさんのことがわかってきている。そもそも、動物たちの世話の仕方は、常識的に考えればわかることも多いのだ。

さあ、それでは準備はいいかい？　犬たちに会いに行こう。

第1章

犬と暮らせば

バーニーとベアトリスは、ボールダーの地元のドッグパークでは〈お尻マニア〉の名でよく知られている。理由は簡単。2頭は親しい犬にも人間にも、そうでない犬にも人間にも、まず相手のお尻に向かっていくからだ。ガスとグレタは〈股間マニア〉で、犬や人間に駆けよると鼻を相手の股間に押しつけ、ためらいなくにおいを嗅いで鼻を鳴らす。正直に言うと、私も何度か好奇心旺盛な鼻で激しく突かれ、思わず声を荒げそうになったことがある。

サッシーというメス犬は〈ウンチ好き〉と呼ばれていて、飼い主によるとウンチに目がないらしい。タミーは〈ベロ出し屋〉、ルイは〈ペロペロ好き〉、彼らは長い舌を出して人々に駆けより、唾液の跡をつける。

ハリーとヘレンは腰をフリフリするのが大好きで、平然とほかの犬の背中に飛び乗る。あらゆる方向から、まるで曲芸のように。そして、腰を振ってケロリとした顔でその場を去っていくのだ。彼らは何度も、私の片足めがけて必死で腰を振ってきた。ヘレンの飼い主は、よくこう叫んでいる。「信じられないわ！　この癖を止めさせるために避妊手術を受けさせたっていうのに」ヘレンは、私が親しみを込めて〈ADD犬（注意欠陥障害の犬）〉と呼ぶ良い例だ。

数年前、ピーター、またの名〈イチモツつつき君〉と呼ばれる犬に会った。飼い主の名誉のために、ピーターの行動についての詳しい説明は省略しよう。つつかれたくないという私の抗議に、飼い主の男性はこう応じた。「とにかく、こいつは俺たちにこうするのが好きなのさ。しょうがないだろう……」。もちろん、股間に突進してやみくもに腰を振りイチモツをつつくといった行動は誤解を招く。それなのになぜ、犬たちはノー天気にこんなことをするのだろうか？　また、そのときに飼い主がやるべきこと、やってはいけないことはなんだろうか？

　ドッグパークにいるとき、私は出会う犬たちにニックネームをつけて遊ぶ（もちろん、一緒に暮らす犬たちにも）。そして、彼らの体をよく観察する。犬たちの行動は、体の部位に絡んでいることが多いのだ。たとえば、尻、鼻、口、舌、足、股間。犬同士が出会ったり人間にあいさつをしたりするとき、犬はあらゆる方法を使う。視線を合わせるほか、鼻と鼻、鼻と尻、鼻と股間もふれあわせる。よく知られているように、犬はあちこちうろついて鼻を寄せ、気ままに楽しみながらにおいを嗅いで鼻を鳴らす。ドッグパークのあちこちで嗅覚のおもむくままに行動することによって、おもしろい話やたくさんの情報源にたどり着くのである。

　このように、人間が不適切と感じるようなふるまいを犬はよくするが、それでも犬に対する飼い主たちの愛情は冷めそうにない。たとえば、〈ガスでパンパンの腸〉のフレディと〈肛門腺［訳注：犬の肛門周辺にあり、強いにおいの分泌液を出す腺］の絞り屋〉のエイブは、それぞれオナラと強い刺激臭を何よりも愛していて、フレディはオナラをし、エイブは肛門腺から液体を絞りだし誰かの足にかけることもある。それを人々が笑うと、彼らはもっとやれという意味だと調子に乗り、さらにたくさんの人を鼻で突き、人の口に自分の舌を突っ込んでおもしろいリアクションを期待する。あちこちでオナラをして、人の顔に風を送ることもある。[1]またある時、私はドッグパークでひとりの男性に脇のほうへ連れだされて、ルシファーというオス犬のことを聞かされた。その犬はひどい口臭で有名だった。男性は、ルシファーの飼い主の女性への不満をもらした。「彼女はどうもわかっていないみたいだよ。あの犬は絶対病気なのに。なにしろ、あの犬の息はまるであの犬の尻みたいなにおいがするんだ。彼女が気づいてくれたら、ここのみんなはもっと居心地が良くなるんだけどな」。

私の友人キンバリー・ナファーも、犬の口臭に悩む人物のひとりだった。彼女は私に、次のような話を聞かせてくれた。

ゼルダ（またの名をジッパー、ジードッグ）は、オーロラ動物保護施設から我が家にやってきました。施設でゼルダに会ったとき、彼女は面会室でいきなり私の膝にのぼってきて、そのあとケージに戻されると鳴き声を上げていました。それを見た私たち夫婦はゼルダを家に連れて帰ることにしたのです。彼女の避妊手術の傷が癒えるまで、1週間はお風呂に入れることができませんでした。オーロラの街をさまよっていた彼女は、保護施設に連れてこられてから、どうもまだシャンプーをしてもらっていなかったようです。住む家もなく街でゴミをあさって暮らしていたゼルダは全身とてもひどいにおいでした。でも私はゼルダと仲良くなりたいという気持ちを抑えることが出来ず、彼女を私たちのベッドで眠らせてずっと寄り添っていました。やがて、彼女の避妊手術の傷が癒えたので、私はゼルダを待ちに待ったお風呂に入れました。私は彼女に寄り添い続け、新しい家族の一員となったゼルダとの絆を深めていきました。

ところが、ラベンダーの香りの犬用シャンプーを使っても、プードル特有のカールしたグレーの毛をトリミングしても、ゼルダのひどいにおいは続いたのです。なんとそのにおいの原因は、ゼルダの口でした！　それはまるで動物の死骸のようなにおいでした。しかし口を調べてみると、彼女の歯は真珠のように真っ白でした。黄色くもないし、不潔でもない。カビだらけの木の柵みたいな歯でもない。舌を調べると、柔らかくしなやかなピンクの肉厚の舌が、今にも近くの人にキスしようとしているかのようでした。ゼルダは、獣医のところに歯石取りにも行きました。抜歯の必要もなくすべて良好。しかしゼルダの口臭が改善されたのはたった1日だけでした…。

あれから10年。動物の死骸のような口臭は相変わらずです。歯磨き、毎週のお風呂はもちろん、高級なオーガニックのドッグフードや犬用口臭予防ミントキャンディーまであげているにもかかわらず、まだ口臭は続いています。ましなときもあるし、ひどくなるときもあるけど、だいたい同じ。口臭の原因の謎は、解決されないままです。人にキスしたときに口臭のせいで嫌がられたりすれば、ゼルダはきっと情けない気分になるでしょう。そんな気分を少しでも和らげようと、私たちは彼女の症状をＳＴＳ（悪臭舌症候群）と呼ぶことにしました。

ゼルダほど忠実で愛情にあふれた犬はいないと思います。ゼルダと少しでも一緒に過ごした人は、彼女がすぐ膝にすり寄ってくるので、必ず彼女を連れて帰りたがるほどです。でも結局のところ、犬も人もみんな、何かしら欠点があるものです。欠点こそが私たちを唯一無二の愛すべき存在にしてくれているといっても過言ではないでしょう。人はよく欠点をなんとかしようとあがきますが、あるがままを受け入れるしかないことだってあります。ゼルダとSTS、人生の教訓をありがとう。[2]

後日、キンバリーの夫、ケン・ロドリゲスは話の続きのメールをくれた。ケンによると、ゼルダが彼に口述筆記をさせたそうだ。

毎年、何千頭もの犬がSTSにかかっています。飼い主からみっともないと思われている犬たちもいます。いんちき療法を受けさせられている犬もいます。そして、なんのケアも受けられないまま、自分の尊厳を守るために家出して、ひとりぼっちの危険な生活をするしかない犬もいます。けれど、今のところSTSへの最善の治療法は思いやりです。私（ゼルダ）のように口臭でひそかに苦しんでいる犬たちに、みなさん気づいてください。[3]

犬に関する「問題」は、実は〈人の側の〉問題であることもある。キンバリーとケンが思いやりを込めて書いたように、そのまま問題を受け入れる以外に解決策がないこともある。私だって何度か犬に息やゲップをかけられて、あっちを向いてくれたらいいのにと思ったことがある。実際に、倒れそうになるくらいひどい口臭の犬たちと暮らしたこともある。だが、ほかの犬たちはそうは感じていないようだ。犬はほかの犬の口周辺を嗅いでにおいを満喫しようとするし、時には吹き出ている唾液だって味わっている。犬たちがこうした行動をする理由ははっきりしないが、確実なのは彼らが情報を集めているということだ。そして、自分以外の犬に近づくことは、彼らにとって仲間との絆を深める社会的なイベントだ。だが、犬の世界で大きな役割を果たしているのが、においのする場所や股間だったりするので、人間はついきまり悪くなってしまう。

「犬はどうしてあんな変な場所に鼻を突っ込むのか」と尋ねる人がよくいる。まるで、理由さえわかれば犬の行動を止められるとでも思っているようだ。人間にとっては興味の対象となり得ないような場所に、犬は鼻を突っ込む。人間は、友人や他人にあいさつをするとき、いきなり相手の口をなめたり、鼻を鳴らして相手のお尻に突っ込んだりしない。犬同士ではあたりまえでまともな行動も、人間相手では許されない。しかし、犬は人間社会のモラルに無頓着だ。かつて、犬の好奇心いっぱいの行動にかなり理解のある女性が私にこう言ったことがある。「授かった能力があるなら、使えばいいじゃない」。そう、犬たちは彼らに授けられた優れた嗅覚を使っているだけなのだ。

だから、犬について学びたいなら、犬と一緒に暮らして彼らを大切にしたいなら、体の部位を中心にまわっている犬の生活を観察しよう。犬の思考や感覚、心を深く理解するにはそれしかない。もちろん犬の認知的・感情的・道徳的生活のすべてが体の観察だけでわかるわけではないが、体の部位が関わっていることがほとんどだ。

基本的に、私は自分のことを犬の情報通というだけではなく、犬に関する誤った社会通念の破壊者だと考えている。はじめて犬に親しむ人も筋金入りの愛犬家も、友人のドッグトレーナーであるキンバリー・ベックが「初心者の気持ち」と呼ぶものから得るものが多いはずだ。キンバリーは〈ケイナイン・エフェクト〉という名の団体を作り、犬と人間の関係に目を向けることの重要性を訴えている。[4] 初心者の気持ちとは、なんでも自分勝手に決めつけないで、「それぞれの愛犬」に時間をかけて関わり、その犬から常に学ぶことだ。誤った社会通念は、犬と人の関係や犬自身にとって害になることを忘れてはいけない。犬と人の関係や犬自身に関する知識に飼い主が細やかに注意をはらうようになれば、きっとみんなにとってプラスになるだろう。

犬との暮らしは、楽しいものでなければ意味がない。もちろん、犬はほかの多くの動物たちと同じように豊かで深い感情を持ち、ウィットに富んでいて賢く、1頭1頭が異なる気質を持っている。しかし、たとえ時にはうるさくて臭くて厄介でも、とにかく犬との暮らしを楽しむことが肝心だ。何か問題が起きると、それは私たちにそれぞれの犬がそれぞれに異なる個体であることを思い出させる。犬とはいったい何者なのか、彼らの行動の理由は何なのかを説明するために、科学的な論文から大衆向けの読み物まで、いままでたくさんの本が出されてきた。このことからも、犬という興味深い生き物を理解しようと世界中が大きな関心を寄せていることがわかるだろう。

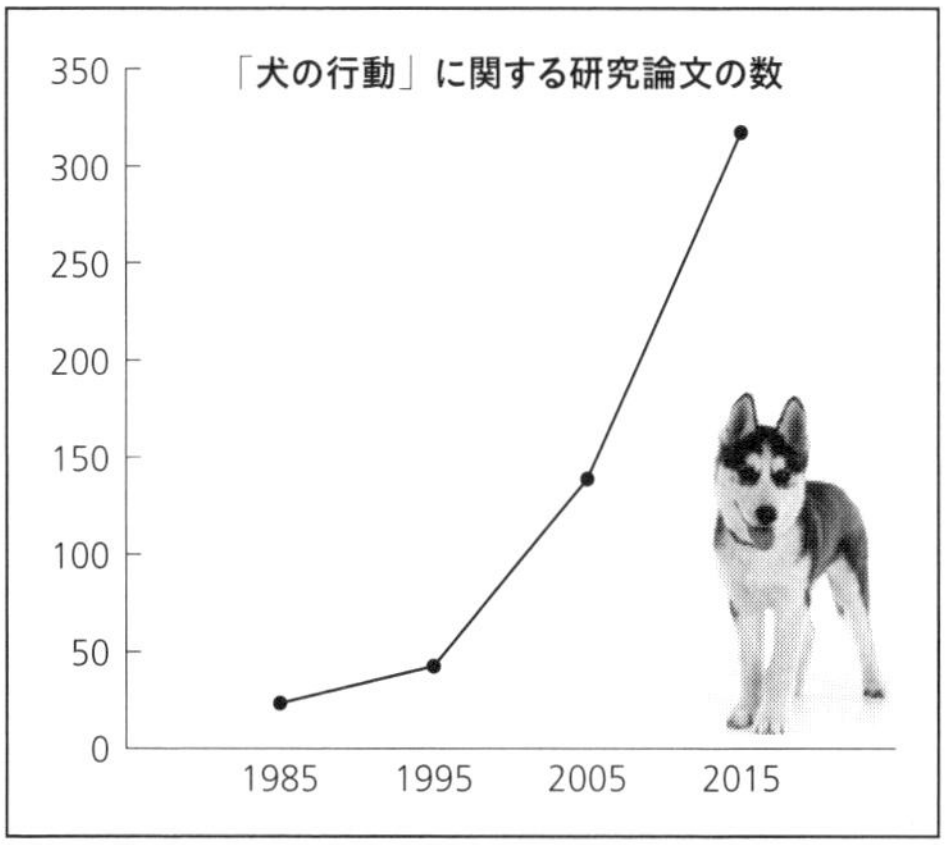

出典：ハル・ハーゾッグの記事「25 Things You Probably Didn't Know about Dogs（あなたが知らない25の犬の秘密）」より許可を得て使用。写真はフリッカーのユーザー、alan schoolarの厚意によって掲載（クリエイティブ・コモンズ・ライセンス CCBY 2.0.）。

大きな疑問——犬とは何者なのか

イエイヌは、とても魅力的な哺乳類だ。人間は自分たちにとって好ましかったり役立ったりする犬の形質を選択することで、たとえ犬たちの健康や寿命をおびやかしても、理想の犬を創ろうとしてきた。その結果、犬には大きさ、形、体重、色、毛、行動、性格などに非常に豊富な種類がある。[5] 犬は変化に富んでいて、私たちの暮らしに溶け込んでいる動物であるがゆえに、進化学、生物学、行動学の分野では素晴らしい研究対象となる。特に遊び、順位、コミュニケーションのさまざまな型、社会組織といった社会行動に関するテーマにはもってこいだ。

ところが興味深いことに、長い間「生真面目な科学者たち」は、犬にはまったく研究価値がないと考えていた。なぜかと言うと、犬は人による遺伝技術の産物で「人工的なもの」だと思われていたからだ。犬は自然に進化した生物というよりも、人が思い描く姿に基づいて、今の形に創られたのであると。獣医師や遺伝学者が犬を研究することはあったが、動物の行動を専門とする生真面目な研究者たちは犬を研究対象としてこなかった。だが、今では事情が大きく変わり、多くの有名大学が犬に着目してさまざまな興味深い研究を行っている。前のグラフを見ても犬の行動に関する研究が過去30年間にわたって安定的に増加していて、特に1995年ごろを境に、急激に増加していることがわかるだろう。

ドッグパークの常連たちの間で私がよく耳にするのが、家畜化と社会化の違いについての根強い誤解だ。犬はオオカミから進化して、家畜化された種になった。つまり、すべての犬が生まれつき犬だ。人間に対して友好的なオオカミと暮らしている人々は、「私は家畜化されたオオカミを飼っている」というかもしれない。しかし、それは違う。もし、この「友好的なオオカミ」がこどもを産んでも、そのこどもはオオカミであり野生動物だ。彼らが言う友好的なオオカミは家畜化されたわけではなく、あくまで〈社会化した〉個体である。簡単に言えば、家畜化されたオオカミだけが犬なのである。[6]

この節の見出しにもあるように、本書では犬とは「何者なのか」という疑問への答えをさぐる（けっして、犬とは「何か」ではない）。犬を「特定の刺激に対して特定の反応を見せる機械」だとする考え方は、犬たち自身によってことごとく否定されてきた。ノーベル賞を受賞した著名な生理学者、イワン・パブロフは、犬を研究して「学習理論」に大きな貢献をしたが、彼は犬を自動機械だと証明したわけではない。進化論や詳細な科学的データや一般常識からも、犬が心のない単なる機械や生まれつきの行動様式にのみ従う単純な「本能の塊」ではないことは明らかだ。むしろ犬は賢く、考えたり感じたりする存在で、状況を見極め、人と同じような幅広い感情を経験する動物なのである。[7] 犬は常に自分の行動を自分で決め、「理由もなく」何かをすることはない。[8] 実際に、現在成功を収めているトレーニングや教育の方法は、犬の豊かな思考や感情に基づいているものが多い。犬は哺乳類で、人とよく似ている。この事実を認識すれば、犬のことがもっとよくわかるはずだ。

科学的な調査によって、犬、魚、昆虫などを含む多くの動物が知性や感情を持っていることがわかっている。[9] 本書全体でも扱うが、特に6章と7章では、犬の頭と心、その秘密や謎に迫る。犬が何かを考え感じているということは、絶対にまちがいない。これは科学的にも十分裏付けられているので、私たちは犬の世話のためにこの知識を重視すべきだ。もちろん、犬やほかの動物の精神生活を不必要に飾りたてて、彼らを実際より賢く見せる必要はない。[10] ただ、調査データを参考にして、彼らへの気づかいや思いやりを持ち、できるだけ良い暮らしをさせてあげよう。

幸いそれほど多くはないが、今でも犬の望むことや必要なことなど人間にわかるはずがないと主張する人がいる。そんなとき私はいつも、「いや、わかる」と断言することにしている。犬だって人が望み必要とすることを、同じように望み、必要としている。つまり、犬も平和と安全のなかでみんな仲良く暮らしたいのだ。

私はこの本全体にわたって、最新の研究に基づき、犬についての知識のあらゆる面を検討し、さらに情報が必要な箇所には補足を加えた。しかし本文を読みやすくするために、補足の大部分は注に入れている。もっと詳しく知りたい場合は、注ページをめくってほしい。犬を理解してその良さを知るためには、誰でも入手できる証拠を使用することがまず基本だ。私はなるべく公平な表現を心がけ、必要に応じて科学的な研究、エッセイ、書籍などから引用もしている。

また、科学者や一般人が書いた物語もたくさん扱う[11]。サイエンス・ライターのフレッド・ピアスは、かつて「世界を変えるために、科学者は語り部になる必要がある」と書いた[12]。私もまったく同じ意見だ。研究者が親しみやすい形で研究を発表すれば、一般の人たちも研究内容をもっと簡単に理解できるだろう。「胸に響く」物語はとても効果的だ。

おもしろい物語は私たちにまだ知らないことを伝えてくれて、受け売りの知識や根拠のない推測や勝手な思い込みに対する疑問を抱かせてくれる。犬の行動、考えや気持ち、望み、必要としていることがこれほど明らかにされてきたにもかかわらず、一方では、まだ手掛かりさえない問題がたくさん残っていることには驚かされる。大人気の多くの犬の本が、自信たっぷりに犬のことがわかっていると主張をしているにもかかわらず、データベースにはまだたくさんの穴があるのだ。

まずは、自由で伸び伸びとした素晴らしい個々の犬を理解し、今ある知識を彼らのために活用しよう。ファイドに有効なことがアニーには有効ではないかもしれないし、アニーに有効なことがプルートには有効ではないかもしれない。私が一緒に暮らしてきたたくさんの犬たちにだって、共通することなんてほとんどない。無理にあげれば、みんな尻尾がひとつ、耳がふたつ、目がふたつ、鼻がひとつ、口がひとつあるということ、そしてすごい食欲だったということくらいである。

私には、よく使うお気に入りの言葉がある。それは、「現実に存在しない〈空想の犬〉には気をつけよう」だ。

ただの「犬」じゃなくて、私の犬とあなたの犬

全編を通じて繰り返す、重要なメッセージがある。それは、「犬」をひとくくりに語ることは、大きな誤解を招く恐れがあるということだ。犬は、たとえ同じ母親から生まれた犬や同じ犬種であっても、信じられないくらいばらつきがある。また、「良い犬」と「悪い犬」を分けることもしない。犬に（ついでに言えば、人間にも）どんなラベルを貼るかは、多くの場合、状況によって変わるからだ。とりわけ物事のよしあしを判断する際には、人によって基準が異なる。私は、犬が「いいこと」とも「悪いこと」とも解釈できる行動をしているところを見たことがあるが、こんな解釈は犬にとっても私にとっても意味がないことだ。

人間にどのくらい魅力を感じるかも、個々の犬によって異なる。こう言うと、ショックを受ける人がいるようだが、必ずしもすべての犬が人間の大切な友人になって無条件に愛を与えて

くれるとはかぎらない。もちろん、たいてい犬は飼い主を大好きになってくれるし、一緒に遊んでくれる。こちらが涙を流して笑うほど、楽しませてくれることもある。しかし、人間にとって大きな困難を伴うような、彼らのニーズや「条件」だってある。だからこそ、犬にトレーニングや教育をするビジネスが急成長しているのだ。

それに、犬にだって人間と同じく気分のぱっとしない日があり、行動もその影響を受ける。チェギという名のなじみの犬がいて、あるとき、彼の行動がいつもと違った。エネルギーの塊のような姿は影をひそめ、彼はぼんやり心ここにあらずに見えた。私は後になって、その直前にアイロンが彼の頭に直撃していたことを知った。彼の飼い主によると、チェギはきっと頭痛か、もしかしたら軽い脳しんとうを起こしていたのかもしれない。数日後、彼はやっといつもの調子に戻り、元気で豊かな感情表現を見せた。また、私が一緒に暮らしていた犬の1頭が、走ったあとに大量の冷水をいっきにガブ飲みしたことがあった。彼はきっと「アイスクリーム頭痛」を起こしたのだろう。目を細めて、頭を左右に振って、何かを振り払おうとしているように見えた。しばらくは機嫌も悪く、ピリピリしていた。私も、長時間自転車に乗ったあとでアイスティーをガブ飲みして、まったく同じ経験をしたことがある。

私は長年にわたって、研究者やそうでない人たちからも、膨大な数のメールや電話をもらってきた。みんな、犬の認知能力に関してわかっていることについて、信頼できる答えを求めている。犬は人間の指さしに従うか？　犬は人間の視線を追うか？　犬種間に相違があるか？　犬とオオカミを比べるとどうか？　といった質問だ。

こうした質問に最新の科学的な調査結果に基づいて答えたいが、各研究間の方法上の違いに関する信頼のおける報告なしには正確に答えることはできない。そのような方法上の違いというのは、研究対象とした犬の個体数、性別、年齢、経歴、行われた実験の正確な種類やその場所などのことだ。エミリー・ブレイらは、犬の問題解決能力が、その犬の気質に影響を受けることを発見した。そして犬の問題解決能力は、覚醒レベルに応じて変わるのだ[13]。彼らが発見したのは、ペットとして飼育されている犬と介助犬の間に違いがあること、そして実験者が犬の覚醒レベルを操作できるということであった。彼らが行った問題解決実験では、覚醒レベルの高い状態にあったペット犬の成績は低下した一方、同じような条件下で介助犬の成績は逆に向上した。これは明らかに、犬をひとくくりにして、わかっていることを単純化しすぎるべきでないことを示している。もちろん、これは研究者やその研究への批判ではない。むしろ、これらの研究は、犬の認知、感情、行動の科学をいっそう興味深く魅力的なものにする素晴らしいものなのである。

2016年10月、私はある愛犬家から手紙をもらい、こんな質問を受けた。「こういった実験で対象とされた犬たちは、いったいどんな犬ですか？」彼が言うには、研究ではすべての犬を同じように扱っているだろうが、現実の世界はそうではない。「すべての犬」とか、「大部分の犬」とか「多くの犬」とひとくくりに言うことはできないし、「犬とオオカミがこの点で同じだ」とか「違う」とも言えない。ドッグパークで出会う人々の多くがこのことをすでに知っているとしたら、それは彼らの愛犬がユニークな行動をとるからだろう。

だから、誰かにひとくくりに「犬」のことを尋ねられたら、「そんな生き物はいない」と言うことにしている。さまざまな犬の研究室や野外で行われた実験が一様に示しているのは、犬という種には驚くほど多くのばらつきがあることだ。大学院生のメリッサ・ハウスは、修士号の論文のためにカナダのニューファンドランド島セントジョンズにあるクイディ・ビディ・ドッグパークで犬の行動を調査した。この研究で、彼女が自分のデータをほかの数カ所のドッグパークや同じドッグパークでのちに実施された調査データと比べると、犬の個体それぞれの違いがはっきりと示された。[14]

個々の犬にもっと注意を注ぐべきであることは明白だ。1911〜2016年までに発表された犬の認知能力調査を網羅した総説論文の中で、ロザリンド・アーデンらは、個体間の差異に注目した研究はわずかに3件だけだったと記している。[15] また、それぞれの研究で対象となっていた犬の頭数の中央値は16頭だった。

気持ちはわかるが、犬に関するさまざまな問題に対する手っ取り早い答えを欲しがる人が多すぎる。しかし、事情は個々の犬によって異なるので、すぐに解決できる策があるとはかぎらない。しかしドッグパークでは、迅速な解決策を求める声をよく耳にする。私に提案できる一番早い解決策は、世話をしている愛犬にじっと注意をはらうことだ。長い間に、たくさんの犬たちに出会った。そのなかに、本当にかわいい愛情あふれるピットブルがいた。その犬と暮らしている男性の話によると、彼は将来的には立派な闘士になってくれるものと思って犬を飼ったのだが、その犬が弱虫なことがわかった。詳しく聞くと、その男はピットブルを「闘犬で金儲けをする」ために飼ったのだった。しかし、その犬が闘うのを嫌がったので彼らはふたりとも笑い者にされ、それからは自分の犬とよその犬を別の個体として見るようになった。そして、もうけっして闘犬には関らないと彼は誓った。

この話をしたのは、ピットブルやほかの犬種の長所について議論するためではなく、世にまん延している犬種へのこだわりが問題であることを伝えるためだ。たとえば、「あの犬種は、みんな気だてがいい」とか、「この犬種は、みんな闘志あふれる」などという話は誤解を招く恐れがある。[16] 画一化して考えると楽かもしれない。しかし、かつて友人のマーティーが地元のドッグパークで「犬についての定説なんて実際にはなんの役にも立たない」と言っていたように、誤解に基づいた行動は偏見の対象になる犬にとっては悲惨な結果をもたらしかねない。

犬を画一的にとらえることに用心するということには、実用的な側面もある。犬の公認行動コンサルタントのジェイムズ・クロスビーは元警部補で、フロリダ大学の獣医法医学の修士号も持つ。彼は、犬の咬みつきによる人の死者数について研究した経験から、それぞれの事故に関わった犬をそれぞれ別の犬として評価する必要性を語ってくれた。そうした悲惨な事件の原因にすぐ出る答えなどないのだ。[17]

さらに、私はひとくくりにされた「コヨーテ」「オオカミ」「コマドリ」「金魚」などについて話すのがあまり好きじゃない。研究は明らかに種のなかに差があることを示している。科学者が種内変動と呼ぶものは、魚、昆虫、クモなど多種多様な動物に見られる。ワイオミング州ジャクソンの北にあるグランド・ティトン国立公園で8年半にわたって野生のコヨーテの調査をして、私が学生たちと一緒に学んだことがある。それは、コヨーテの社会的行動や社会的相互行為の観察をする上で、コヨーテについての通説が私たちの自由な発想を大きく狭めていたということだった。3週齢のコヨーテでも、巣穴のある安全な場所から最初に出てくるとき、すでに気質の違いを見せる。恥ずかしがり屋もいれば、大胆な者もいる。野生動物も家畜化された犬の場合と同じである。彼らも、自分たちが何者で、なぜその行動をとるのかを、種全体としてひとくくりにされることを拒んでいるのだ。

結局、人と犬とが作る相互関係に焦点を絞れば、犬と呼んでいる「個々の犬たち」への理解がもっと深まるだろう。犬が何者なのかだけでなく、犬が人を何者として理解しているかも知る必要がある。後で述べるように、ドッグパークやそのほかの場所で犬を調査するとき、われわれは犬だけでなくほかの人間とも関係を築くことになる。こうした関係性は、犬の行動やその行動への私たちの理解にも影響を与える。こう考えると、すべての思い込みはなくなる。私は、常に「個々の犬たち」の立場、思考、気持ちを共有しようとしてきた。できるだけ彼らに共感するために、あふれるような喜びから息が詰まるような悲しみまで犬と一緒に経験した。犬は考えていることや感じていることを、人になんの隠しだてもせずにたくさん伝えてくれる。犬の気持ちを知りたいなら、人はただ敏感になればいいだけなのだ。

当然のことながら、いつも私は、犬の思考や気持ちがどうなっているのか考えているし、ここで書く数々のテーマについても考えをめぐらしている。ある日の朝、私はボールダーの街を自転車で走っていて、ヴィヴィアン・パーマーとその愛犬、バートルビーとブルーを見つけ

ヴィヴィアン・パーマーと愛犬、バートルビー（左：4歳の保護犬、チワワとダックスフンドの雑種犬）、ブルー（6歳半の保護犬、グレートデーン）

た。バートルビーは小さな犬で、ブルーはバートルビーを見下ろすような大型犬だが、彼らは街を一緒に歩いていた。私は、バートルビーとブルーが同じ種だという事実を思うと、微笑まずにはいられなかった。そして、後戻りしてヴィヴィアンに彼らの写真を撮ってもいいか尋ねた。彼女は快く承諾してくれた。この2頭の相棒たちは、「犬」をひとくくりにして話すことが、きわめて誤解を招きやすいことをはっきり思い出させてくれる。

ドッグパークの市民科学

声無き者に声を与えるということはもしかすると、彼らの言うことがわかっているふりをする前に、まず彼らの言うことに耳を傾けることではないだろうか？

「たくさんの人が動物に話しかける」プーさんが言った。

「だけどね……」

「動物の話を〈聞く〉人は、そんなにたくさんいないんだ」

「それが問題なのさ」彼は、そう付け加えた。


ベンジャミン・ホフ著『タオのプーさん』[19]

マット・マルジニ[18]

ドッグパークや、人が犬と訪ねる場所ならどこでも、裏庭からハイキング・コースや自転車専用道路まで、いろんな種類の出会いや集い、社会的やりとりであふれている。犬は誰でもかまわず自己紹介をするので、飼い主同士も紹介しあうことになる。このため、犬は研究者からしばしば「社会のカタリスト［訳注：社会で新たな関係性を育む促進役、社会のなかの触媒］」と呼ばれる[20]。犬は人同士が心を開くための地ならしをしてくれるが、特にドッグパークではそうだ。大部分の人が犬を楽しませようとドッグパークに行くが、結果的に人もそこで多くの人たちと出会うことになる。

では、その人たちはいつも何について話しているのだろうか。もちろん、犬のことだろう。話題のほとんどは犬の行動に集中する。ほかには犬種について、それから自分の家に来るまで犬がどこにいたか、トラブルの解決方法、それぞれの犬と飼い主の関係についてなど。注意をはらえば、ドッグパークでの観察は私たちの愛犬、犬と人の関係、人と人の関係、犬友だちと走りまわっている幸せな犬たちの能力や癖などについての貴重なデータになる。

私はいつもみんなに、市民科学者になって、まずは自分自身の愛犬との関係を深めるように勧めている。このような日常的な観察は科学者に刺激を与え、8章で検討するように正統な学問にとってのカタリストになるだろう。ドッグパークは、認知動物行動学や人動物関係学の研究にまたとない場所なのである。

ドッグパークや家庭での市民科学も、科学者の活動にひらめきを与えることがある。世界的に有名な霊長類学者、ジェーン・グドール（1934年〜）について考えてみよう。彼女は、愛犬のラスティーから大きな影響を受けた。ジェーンが若いころ、ラスティーは彼女が動物に関心を持つきっかけになった。[21] ジェーンはかつてこう書いた。「私にはこどものころずっと、動物の行動に関する素晴らしい先生がいました。それは、愛犬のラスティーです[22]」。『犬と負け犬（Dogs and Underdogs）』の著者であるエリザベス・アボットは、いかにジェーンの愛犬が彼女の科学者としての成長を助けたかを詳しく述べている。

ラスティーは若き日のジェーンに、犬がその場にない物を記憶して、それについて考えることができることを教えた。たとえば、ラスティーは2階の窓から投げられたボールが見えなくても、屋内から屋外への動きを適切に推測してボールを取ることができた。また、ラスティーには正義感があって自分の悪い行いを認めたし、ジェーンがたまにイライラしたり不公平な行いをしたりすると受け入れなかった。ラスティーは上手に芸を見せたし、パジャマを着るのも好きだった。しかし誰かに衣装を笑われると、衣装を引きずって大股で立ち去った。

ジェーンがラスティーから学んだ最も大切な教えは、当時の科学者たちを無視することだった。科学者たちは、動物が個々の性格、感情、知力を持っていることを否定していた。だが、ジェーンは観察していたチンパンジーたちにフィフィ、フロー、フィガン、ディビッド・グレイビアードといった名前をつけて、彼らの動作や活動を記録して解釈を与えた。彼女によって、科学が動物を理解する方法がとうとう変わったのである。彼女の考え方と手法は、かつては「擬人化」と呼ばれ、科学としては否定されていた。しかし、徐々に科学研究として受け入れられるようになり、最終的には標準的な基準として採用されている。[23]

さかのぼって1928年、コロンビア大学の心理学者だったC・J・ウォーデンとL・H・ワーナーは次のように書いた。「平均的な人が彼の愛犬やほかの犬について〈知っている〉ことの多くは、当然のことながら動物心理学者たちにはまったく知られていないのである[24]」。この引用からも、いかに市民科学者から学ぶことが多いかがわかる。今日では、犬と暮らしている人々の観察がどれほど科学研究の厳密なデータの助けとなるかがよく知られている。2015年、ある国際的な研究者グループが以下のような結論を出した。「将来、市民科学者は、仮説を検証して疑問を解消する有意義なデータを生むだろう。そしてそれらのデータは、犬の心理学を研究するために使われている今までの実験技術を補うものになるはずだ[25]」。

何年も前、ある女性が私に、彼女のオスの愛犬は、よくきょろきょろして片方の後ろ足を上げ、まるでオシッコをするような動作をするが、実際にはオシッコをしないということを教えてくれた。そして数秒後に大量のオシッコをする。その女性によれば、このオス犬は周囲にほかの犬たちがいるときだけ、この動作をするという。私も同じような行動パターンを犬やコヨーテたちで時々見たことがあったが、まったく注目していなかった。後になって私は生徒たちと一緒にこの現象を調査し、「ドライ・マーキング」と名付けた。この現象では、普通、オス犬が片足を上げ、オシッコはしない。5章で説明するが、その女性は、愛犬を的確に観察していたわけだ。

こうした犬への関心や愛情は、いろいろな形であらわれる。世界的な自転車競技選手、ロハン・デニスと一緒にサイクリングをしたとき、私は彼がピットブルとスタッフィー［訳注：（スタッフォードシャーブルテリア）］の雑種犬のタトゥーを入れているのを見つけた。彼はこの犬が〈邪悪な道化師〉［訳注：アメリカのホラー映画のキャラクター］に引かれて歩くのを見て、タトゥーを入れたという[26]。ロハンに、その雑種犬を特に気に入っているのかと尋ねると、彼は「いや、別に」と答えた。けれど、なぜかその犬が彼の心をとらえて離さなかったので、彼はタトゥーにしたくなったそうだ。後で彼は私にこう書いてきた。「あのころ僕はまだ18歳で、自分にとって何か意味のあるものが欲しかったわけじゃなかったんだ。あの年代は、みんな人生についてすごく無頓着だろう」。私はこの話をとても気に入っている。ロハンが彼の右腕二頭筋を永遠に飾るタトゥーとして、その犬を心に焼きつけることにした経緯が。犬は人にひらめきを与え、心のなかにある感情を引き出してくれるが、人はその理由すらわからないこともある。

自分の愛犬のタトゥーを見せてくれた人たちはほかにもいた。また、愛犬のさまざまな状況における行動を示す表やグラフを見せてくれる人もいる。彼らは犬のすることが大好きで、愛犬たちもその鋭い観察からの恩恵を受けてきたにちがいない。ロハンやこの動物行動学者の卵たちほどではないにしても、私はみんなに愛犬やよその犬とたくさんの時間を過ごすことを勧めたい。犬たちが人をじっと見て人を理解する方法を学ぶように、人にも犬を観察して、犬を理解する方法を学んでもらいたい。動物行動学者のように観察することに興味がある人たちのために、本書の巻末に簡単な入門ガイドをつけた。

簡単に言えば、犬を対象とする基本的な動物行動学と呼ぶものを楽しむためには、犬が知っていること、感じていること、やることに注目しなければならない。そのためには、犬について詳しくなり、できるだけ「犬の身になる」必要がある。とはいっても、犬のような行動をしなくていい。犬がクンクン嗅ぐ場所を同じように嗅ぐ必要はないし、犬の行動をマネする必要もない。ただじっくり犬を眺めることで、犬を理解し、その考え方がわかるようになるはずだ。まずは犬の行動に関する自分の知識に、特定の状況で実際の犬たちが見せる行動を観察したものを合わせてみよう。そして、そこに自分自身の常識も加えてみよう。この3つの視点や関連するデータを組み合わせて、犬が感じていることや犬たちの行動の理由を考えてみてほしい。そして最後に、全体的なやり方が対象の犬に合っているかを確認する。犬と暮らしていると、常に学ぶことがあるのだ。

さて、私がいつも驚くのは、実際に自分の犬を注意深く見ている人がほとんどいないということだ。それに、ドッグトレーナー（私は教師と呼ぶのが好きだが）でも仕事以外で犬の調査に時間をかける人がほとんどいないことに驚かされる。もちろん、だからと言って彼らの仕事の出来が悪いという意味ではない。しかしこれでは、犬や犬と人の関係、問題解決への理解がかぎられてしまう。もし犬と暮らすか、犬と一緒に働くのなら、あらゆる状況下で犬の様子を観察することが重要だ。楽しいときだけでなく、問題が起こる状況でも彼らを観察することで、はじめて何が犬の行動の原動力になっているのかがわかる。

こうした知識は難解でも学問的でもない。相棒である動物の世話という仕事を、よりいっそう円滑にやれるように、この知識を使うのだ。K・オーバーオールとQ・ソンタグは次のように書いた。「犬や猫のニーズにもっと効果的な形でこたえたり問題を認識したりできるよう、ペットの飼い主と専門家の両者が動物の行動をより深く理解すれば、動物たちの生活の質を保証するための客観的な福祉の評価基準を設定することができるようになるだろう。責任ある繁殖とは、遺伝子の多様性を増やし、常に変化する世界の中で犬や猫が適材適所を担えるような形質を選んでいくことであり、動物福祉を損なうリスクを最小限にするために、科学的根拠に基づいて行われるべきなのである[27]」。

犬を思いやる——犬の良き相棒になるためのガイド

私がこども時代に両親から「動物思い」だと言われたように、私はみんなに「動物思い」であってほしいと思う。もちろん、一緒に暮らしているすべての動物たちについても同じだ。これは前にも話したことだが、犬を思いやるとは彼らの日々の認知や感情をきちんと理解しようと努力することだ。彼らがわかっていることや感じていることを理解し、彼らも人間を思いやってくれていることを認めよう。さらに、人間は犬の幸福に全面的に責任があるということも自覚してほしい。私たち人間は彼らの生命線であり、この力関係には大きな責任が伴う。彼らの幸福を左右する力は、犬のすべてを人の都合に合わせる許可証ではない。自分たちが望む姿の犬ではなく、あるがままの姿の彼らを尊重し愛してほしい。

動物への思いやりは、まず私たちが使う言葉からはじまる。私は、人と暮らす犬、猫、そのほかの動物たちへの呼称として、「伴侶動物《コンパニオン・アニマル》」、また人間側には守護者《ガーディアン》という呼び方が適切だと思う。人はよく人間以外の生き物の呼称として「動物」を使うが、もちろん人間も動物で、動物界の一員であることを誇るべきだ[28]。私はふだん「動物」という言葉を使うときは人間を含めることにしていて、人間を含めないときは「人間以外の動物」という呼び方をしている。そして、どんな動物について話すときも、人を指す代名詞「彼」「彼女」「彼たち・彼女たち」「誰が」「誰を」を使い、「それ」「あれ」といった物を指す代名詞を使わない[29]。ただし、引用文では、私のこうした好みを反映させないで、原文のまま使っている。また時々、私自身が「ペット」や「オーナー」［訳注：英語では動物の「所有者」を意味する「オーナー」が、日本語の「飼い主」に当たる］という言葉を使うこともあるが、それは、そのほうが読者にとって理解しやすいと思う場合だ。長い間、私が声を上げてきたことがある。それは、メディア、ジャーナリスト、科学者が、人間以外の動物を物のように扱う暗黙の偏見を表す言葉に、もっと敏感になるべきだということだ。現在、そうした偏見をなくそうとする流れがあることを喜ばしく思う。

また本書では犬の行動について話すとき、「現実的であること」、つまり犬に良い暮らしをさせるために私たちの知識を用いることに焦点を当てる。そして、個々の犬たちが何者なのか、彼らが個々の存在として何を必要としているのかも考えたいと思う。飼い主は、いったん犬を自分たちの家庭に招き入れ大切な存在として受け止めることにしたなら、犬ができるだけ良い暮らしができるように努力してほしい。これは、絶対に譲れないことだ。忙しすぎるとか犬の生活より人の生活が重要だとかいう考えは、言い訳にならない。人は、犬が望むことや必要なことを提供するという選択をしようと思えば、簡単にできるのだから。そうすれば犬は人間に、人生についてたくさんのことを教えてくれるだろう。

だからこの本全体が、読者にとって犬を知るための「観察ガイド」になって、ここに書かれた知識がうまく活用されることを期待している。9章の「犬の良き相棒になりたいなら」では、犬の世話や一緒に暮らす方法を、トレーニングや教育に関する私見とともにアドバイスしている。本書全体を『犬のオーナーのためのガイド』と名付けるべきだと言う人もいたが、それは正確とは言えない。犬の立場からすれば、彼らは「所有されている」わけではないし、「所有権」は人と犬の関係性を示すものではないし、そうあるべきではない。人はソファやストーブを所有できるし、もし壊れたら、修理するか処分して新しい商品を買う。しかし犬との生活は、無限のやりとりを伴う一生モノの深い関係なのである。

いろいろな意味で、本書は「自由へのフィールド・ガイド」とも言える。この世界で犬として生きるとは、どういうことだろうか。我々は、犬との暮らしには犬だけではなく人の側にも代償が伴うことを理解すべきではないだろうか。つまり、プラス思考でお互いが満足できる関係を長続きさせるには譲り合いが必要であるということを人間が理解すれば、犬と人間はもっと自由になれるはずなのである。

私はプロのドッグトレーナーではないが、科学者として、支配や威嚇を伴わないポジティヴ・トレーニングを支持している。しかし、どの犬にも当てはまる万能なアプローチ法があるわけではない。人間のこどもと同じで、犬のなかには、ほかの犬や人間の相棒とうまくやっていくために、普通より少しばかり多くの教育や世話や愛情が必要な者もいる。それでも、すべての犬を大切にしなければならないことに変わりはない。私は犬が何を必要としているかについて書くとき、彼らが人にどのように扱われるべきかの指標として、犬が「感じる」ことに焦点を合わせるようにしている。知能の高低によって犬が感じる苦痛の度合いが決まるわけではない。だから、知能が劣るといわれる犬は知能が高いといわれる犬ほど苦しまないかもしれないと考えることは意味がない。さまざまな知能を持つ人間の場合はどうかと考えればこのことは明らかだろう。最も有効な指針は、すべての生き物の苦しむ能力は同等だということだ。犬がネズミより強く苦しむわけではないし、人が犬より強く苦しむわけでもない。

犬やそのほかの動物と一緒に暮らすことにした人にとって、本書は人格教育の下準備になると思う。また、犬（あるいは、ほかの動物）を大事に思うだけでは十分ではない。ただ思いやりの気持ちを持つだけでなく、彼らの生活をできるだけ良くするために実際の行動に移すことが肝心だ。本書の最後では、犬のための権利の擁護と現状改革も考える。

動物を家庭に招き大切な存在として受け入れることは、ごくありふれた普通のことだ。人は自分が愛せる相手を求め、できれば自分も愛されたいと思っている。しかし、この関係と義務は、すぐ複雑になりうる。私の同僚であるジェシカ・ピアスは著書『走れ、スポット、走れ――ペット飼育の倫理学（Run, Spot, Run: The Ethics of Keeping Pets）』で、この問題を次の簡単な質問にまとめている。「あなたは、別の生き物にできるだけ良い暮らしを与える準備ができていますか？」つまり、あなたの住環境やライフ・スタイルは、その動物に適しているか？　ということである。あなたは、その動物の一生にかかる経費を計算したことがあるだろうか？　あなたは、ペットが死ぬ時に適切な意思決定を行うことができるだろうか？　そう、現実的かつ倫理的に厳しい問題が、飼い主を待ち受けている。人は自分以外の生き物の命にすべての責任を持つことの意味を、それまで深く考えていなかったことに気がつくのだ。

さて、次に実話をひとつ紹介する。この実話は動物行動学者のように観察する市民科学者が優れた疑問を生んで、犬により良い暮らしを与える助けになることを示している。これは、同僚のジェシカ・ピアスが２０１６年に受け取ったメールだ。彼女が私に見せてくれたメールを、みなさんにも読んでほしい。

私の11歳の孫は、数年前に引き取った犬を飼っています。孫たちはニューヨーク市に住み、私は隣のニュージャージー州在住です。私がその犬を散歩させるときに、よく連れていく場所が2カ所あります。1カ所はドッグランで、もう1カ所はセントラルパークです。ドッグランで彼はよその犬と押しあって走りまわり、かなり暴れることもあったし、よその犬のにおいを嗅ぎ、たまにマウンティング【訳注：ほかの犬の背に乗りかかって腰を振る行動】をすることもありました。マウンティングをすると、ほとんどの飼い主がそれをやめさせようとしていました。

一方セントラルパークでは、犬は私と一緒に歩くだけ。たいていほかの犬を見て存在を確認しているだけで、犬同士で暴れることはめったにありませんでした。

ですが私は最近、人間の犬や猫の育て方はどこかおかしいのではないかと思いはじめたのです。都会で暮らす場合には特に。

まず、最初にこんな疑問が浮かんできました。犬はどのように知的になっていくのか？家畜化された動物である犬は、すべてを人間から学ぶのか？　もし犬が群れで活動する社会的な動物じゃないとしても、ほかの犬から何も学ばなくてもいいのか？　人間の知性や知識は世代を超えて受け継がれて、その過程で蓄積されていきます。私の孫は確実に今の私よりもっと多くのことを知るようになるでしょう。しかし孫の犬は、ドッグランにいるとき以外の大部分の時間、彼が知らない知識を持っているはずのほかの犬たちから孤立しているのです。

そこから学ぶべきほかの犬がいない場合、犬はどうやって知的に成長することができるのでしょうか？　犬は最終的に、自分が常に一緒にいる人間のように考えたり行動したりするようになるのでしょうか？　もしそうなら、犬は世代を超えて知識を蓄積することができず、ほかの犬が習得したことを活用することもできないということになってしまいます。

ほかの犬が習得したことを学ぶ機会を人間に奪われることは、彼らにとって最大の悲劇ではないでしょうか[30]。

全体像——犬たちの暮らす社会と地球

犬は素晴らしい生き物だ。私は、世界中のたくさんの人たちが、犬の暮らしを良くしようと懸命に努力をしていることに感謝している。この章の最後と本書の最後では、地球的規模の広い視点から犬のことを考えてみたい。というのも、これはドッグパークでも避けて通れない話題だからだ。

犬は飼い主の生活を向上させるだけではなく、人間に世界をもっと良い場所にしたいと思わせてくれる。例をあげてみよう。１９２５年、ドイツの作家で雑誌『人と犬（Man and Dog）』の発行者のハインリッヒ・ジマーマンは〈世界動物の日〉を提唱し、この記念日は今でも毎年10月4日に祝われている。[31]また、ペッパーという名の犬は、1966年にアメリカ政府が動物福祉法を可決するきっかけになり、動物福祉の立法化の促進に大きな役割を果たしたといわれている。ペッパーというダルメシアンは1965年にペンシルベニア州の農場から誘拐されてブロンクスの病院に売られ、ペースメーカーの検査をするための実験に利用されて死んだ。ペッパーの悲惨な事件は、人と犬の間の溝を埋める力になった。彼女は人間の共感を呼び、すべての種が感情を持っていて苦しむのだということにアメリカ人の目を向けさせたのだ。

犬は、人間社会のさまざまな断絶に橋を架ける手助けをしてくれて、それは政治の世界に及ぶこともある。アメリカの民主党と共和党が合意している数少ない事項のひとつが、国会議事堂へ議員の犬を連れて行くことだ。これは1800年代から変わらない。2016年8月、ミネソタ州コーモラントでは9歳のグレートピレニーズのデュークを3期目の市長に選んだ。[32]その後、私は多くの人から、犬に政治を任せるのは納得できる話だという声を聞いた。

よく私は言うのだが、犬はまさに今、「流行中」だ。本書を執筆中の現在も、アメリカでは全世帯のほぼ65%の8千万世帯がペットと暮らしていて、全世帯の約44%に犬がいる。[33]合計すると、アメリカには約7800万頭の飼い犬がいることになる。つまり、犬はビッグ・ビジネスで、「犬産業複合体」に費やされる金額は驚くべきものだ。アメリカ人だけで、毎年700億ドルをペットに使い、ペットフードに300億ドル、獣医関係に160億ドルが使われている。[34]犬との生活には金がかかり、年間経費は約1600ドルと見積もられている。[35]アメリカではペットのヘルス・ケアへの支出が人への支出よりも速いペースで増加しているくらいだ[36]。１９９６年から２０１２年までに人に対するヘルス・ケア支出が50％増加したが、ペットの購入、医療用品、獣医のサービスへの支出は約60％も増加した。これからも世界中の人々が、自分たちのペットや絶滅の危機に瀕している動物たちのために、喜んで大きな犠牲をはらうだろう[37]。

　犬の飼育頭数は世界中の国々で増加している。２０１２年、ブラジルには３５００万頭の犬がおり、中国には２７００万頭、ロシアにも１５００万頭いる。インドでも犬の飼育は２００７年以来50％以上増加し、ベネズエラやフィリピンでも30％以上増加している[38]。

　ほかの動物への態度に比べると、人々は犬を特別扱いすることがよくある。そればかりか、自分の家族より犬の世話を優先する人もいる[39]。ある研究によれば、こどもたちは兄弟姉妹よりペットの犬とのほうが仲良くできるという[40]。また別の調査によれば、それほど驚きではないかもしれないが、つらいときに犬は親の存在以上にこどもたちのストレスを大きく減少させることもあるそうだ[41]。そして多くの人が、動物と一緒に住めるかどうかを基準にして住む場所を決めている。住宅の基本計画には、飼い犬のニーズへの対応も含める流れもできている[42]。

　しかしだからと言って、残念ながら現代の犬たちが甘やかされた生活を送っているわけではない。犬はたしかに今「流行中」かもしれないが、ほかの多くの動物たちと同じく人類が支配する時代に巻き込まれている。この時代は「人新世」［訳注：ノーベル化学賞受賞者パウル・クルッツェンの造語。「人類の活動が地球環境に大規模な影響を与えている時代」］、あるいは「人類の時代」などと呼ばれている。だが、現実には、「人新世」とは「非人道性の猛威」

にほかならない。とにかく人類の数が多すぎて、ほかの動物たちはみんな割に合わない生活を強いられている。犬の場合、リードの長さですらあんなに短いのだ。

美しい家で大切にされている犬たちがいる一方、世界の犬の約75%は自力で暮らし、多くの犬がみじめで厳しい生活をして、重病に犯され、深い身体的精神的苦痛のなかにある。[43]ミャンマーの都市、ヤンゴンには狂犬病ウイルスを持つ12万頭の野良犬がいて、こどもを襲ったりしている。[44]台湾では2015年に約1万900頭の野良犬が安楽死させられ、2016年にはおよそ8600頭の犬が保護施設で病気などの理由で死んだ。[45]

人間のネグレクトによる苦しみに加えて、犬はもっと直接傷つけられることもある。未だに血を流す競技［訳注：闘犬など］に使われ、ドッグ・レースで死ぬまで走らされ、ショーや映画での演技を強要されている。[46]ラブラドゥードルやゴールデンドゥードルのようないわゆる「デザイナー・ドッグ」［訳注：2種類の純血種の犬を交配して生まれたミックス犬］がもてはやされているが、ある特定の形質を作るための意図的な犬種間の繁殖は、不健康な形質を生みだすこともある。[47]スコットランドでは、デザイナー・ドッグの需要があまりに高いため、無免許の繁殖がかなりの数横行している。スコットランド動物虐待防止協会のマーク・ラファティは、犬を「使い捨て商品」と見ている人々もいると述べている。[48]

そもそも犬のなかには、近親交配や、呼吸や歩行が難しくなるような形質を作りだされたことによって、短く苦しい生涯を送る犬種もある。[49]こうした繁殖をするブリーダーは、基本的に（誰かの言葉だが）、「同情を置き去りにして、健康より美」を重視している。[50]人間は自分のしわを取るために何億円も使いながら、「呼吸で苦しみ早死にしやすいしわだらけの顔の犬」［訳注：ブルドッグなど］を意図的に作る。しかも、それだけでは終わらない。テキサスA&M大学では、犬たちを意図的に繁殖、変形させ、筋ジストロフィーの研究に使っているのだ。この実験用の犬の多くは生後6カ月までに手足がひどく不自由な状態になり、半数は10カ月も生きられずに死んでしまう。[51] これはどう考えても、人間の「大切な友人」に対してする行いとは思えない。私は、「犬の早死を喜ぶ人がいるのだな」と言うことにしている。たとえば、フレンチブルドッグの平均寿命はオスだと2・5歳、メスだと3・8歳だという説もある。[52]

ひとつ心に留めておきたいことがある。もし犬が人間の「大切な友人」としての行動をしないことがあっても、人間だって犬に対して同じようにふるまっていることを忘れないようにしよう。犬は無条件に愛したりしないし、人間だってそうだ。確かに、あまり人懐こくない犬を見つけるのは難しそうだが、人間が犬を選り好みするのと同じように、犬も人間を選り好みする。それに、深刻な虐待を受けたことのある犬は、人間やほかの犬への無条件の愛を支える信頼感を、二度と取り戻せないことだってあるのだ。[53]

また、重要なことなので繰り返すが、個体レベルと社会的レベルの両方で、犬が人に頼るほうが、人が犬に頼るケースよりずっと多い。ユタ大学の大学院生、エリス・ガッティは次のような感想を私に送ってくれた。「犬にとって人間は生活のすべてだけど、人間にとって犬は生活のほんの一部ですね」[54]。まったく、そのとおりだ。人はこのことをけっして忘れてはならない。犬の生活は全面的に人間に依存しているのだから、私たちは犬の暮らしを可能なかぎり良いものにする義務を負っているのだ。

それでは、犬という相棒の頭、心、鼻で起こっていることを、いったい人間はどれほど知っているだろうか？　犬であるとは、どういうことだろうか？　まず、犬が世界を理解するために五感をどのように使っているかを考えてみよう。それは犬がさまざまな状況でとる行動の理由に密接に関わっている。ありのままの犬を認め、どのように犬が見て、聞いて、触って、味わって、そして何より、嗅ぐのかを理解しよう。犬ほど「鼻は何でも知っている」と言うのにふさわしい動物は、ほかにいないだろう。

第2章

犬から見た世界

誰もが知っているように、犬の鼻にはあらゆる形や大きさがある。頭と顔の形や大きさもその決定要因のひとつだ。私が今まで見た犬のなかで一番大きな鼻の持ち主であるサミーは大型の雑種犬で、〈デカ鼻〉とよばれていた。サミーは見た目がアリクイのようで、自分の鼻の威力がわかっているようだった。彼の鼻はどこにでも出没して、ほかの犬の尻、耳、体、顔、そして無防備な人間の股間、耳、口でもおかまいなしに嗅ぐのだ。ドッグパークの人々は彼を（掃除機メーカーの名前から）フーバーと呼んでいた。その名の通り、彼の鼻があたりを嗅ぎ回る様子はまるで掃除機のようだった。ある時、こんなことがあった。私が2頭の犬の遊ぶところを夢中で見ていると、私の背後からサミーが近づいてきて、あっという間にその長い鼻を私の股の下に入れていた。犬の鼻で串刺しにされるなんてはじめてだったので、私は大笑いした。するとサミーは私が喜んでいると思ったようで、ますます鼻を押し込んできた。危うく私は、彼のデカ鼻で地面から持ち上げられるところだった。

ある日、はじめて犬を保護した女性が、私のことを犬の研究者と知って次のような質問をしてきた。「どうしてうちの犬はなんでもにおいを嗅ぐのかしら。なぜ、私にとってはなんでもないように見えるものがうちの犬にとってはそう見えなくて混惑したり、私には聞こえない音が聞こえてソワソワしたりするのかしら」。同じような質問をよく受けるので、そんなとき私は「犬から見た世界は、人間の世界とはかなり違うのです」と説明することにしている。

犬が世界をどのように理解しているかを学ぶ一番の方法は、まず、犬であるとはどういうことか、また、犬の感覚を持つとはどういうことかを想像してみることだ。もちろん犬にも人間と同じように五感があるが、人間と同じように感じたり、五感を使ったりしているわけではない。犬の五感を持つとはどんな感じなのか、それを想像するのが簡単ではないことは私にもよくわかる。犬が持つ高性能の鼻や働き者の舌が集める情報を人間がすべて理解することなど、とてもじゃないが無理だろう。しかも犬は、人間が想像もできないような変な場所にも鼻や舌を入れるのだから。

よって私は、人間がまともな行動と呼べる範囲内で「五感の動物行動学」を教えたいと思う。つまり、におい、見えるもの、音、味、感触を通して、犬が世界をどのように感じているかというおおまかなイメージを伝えようということだ。もちろん犬も、人間やほかの動物と同じように、同時に連続して入ってくる刺激のカクテルを処理している。動物行動学者は、これらを複合シグナルと呼ぶ。複合シグナルは、単一の感覚器官で受容できるシグナルよりもずっと多くの情報を含んでいるのだ。

次々と現れては変化する音の刺激から、犬はその瞬間に起きていることについて多くの情報を集めており、その情報によって、過去の出来事や未来に起こりそうな出来事までわかるかもしれない。このような情報は、犬がその状況で何をすべきかを考えるために不可欠である。犬は吠えるが(7章参照)、他者を理解し、自分の感情を伝えたり表現するために人間のような言語は使わない。むしろ、犬は主に五感や非言語コミュニケーションを使うのである。

犬の鼻は芸術品

においはどこにでもある。しかし人間は、そのすべてを感知できるわけではない。たいてい知る必要がないし、知りたいとも思わない。だが、犬たちは違う。においは犬にとってすべてで、彼らの鼻はにおいを発見することに関してはエキスパートだ。著書『犬であるとはどういうことか』で、アレクサンドラ・ホロウィッツは、犬を「鼻に特化した動物」とか「体がついた鼻」と呼び、研究者たちは犬を「鋭い嗅覚を持った哺乳類」と呼ぶ。においは犬の生活にとってなによりも重要で、本当に欠かせないものなのだ。[1] 私はいつも、鼻を使えない犬なんて犬ではないと思っている。事実、犬には第二の鼻として機能する鋤鼻器《じょびき》、別名ヤコブソン器官がある。これは犬の付属的な嗅覚器官で、揮発性ガスではなく液体の刺激に反応する。[2]

犬がどこにでも鼻を突っ込むのは万人の知るところで、彼らはその最中や後でよくフンと鼻を鳴らす。その超高感度の鼻はまさにレジェンド級で、彼らの生き方は簡単に言えば、「まず嗅いでから、考える」だ。なぜ犬の鼻の感度がここまで発達したのかは、はっきりしていない。研究者たちの中には、犬の鼻が地面に近いことに関係があるだろうと言う人もいれば、「進化の過程で自然選択が働いてイヌの利益となるような適応が起こったということであって、今はとにかくこうなっているのさ」と言う人もいる。何はともあれ、犬が常に鼻を働かせていることだけは確かだ。

犬のにおいへのこだわりがトラブルを起こすのは、人間がタブーだと思っている場所や物を彼らが嗅ぐときである。ドッグパークに少しでもいると、「やめろ、そんなところに鼻を突っ込むなよ」とか「まぁ嫌だ、お尻に鼻を近づけないでちょうだい」なんて言う声が聞こえてくる。犬は股間や排泄物を嗅いで、彼らにとってはワクワクするような情報をたくさん集めるのだ。これに関して私は、犬のしたいようにさせるべきであり、犬を人間のエチケットの基準に縛りつけるべきではないと考えている。つまり、犬の鼻が満足するまで嗅がせてやるべきだということである。犬の散歩はあくまで犬のための散歩であるべきで、たとえどれだけ人間がイライラしていたとしても、人間のための散歩であってはならない。犬の鼻も、筋肉や心臓、肺などと同じく、運動させる必要があるのだ。

犬は何を嗅げるのか

私はみなさんにもう何頭もの犬を紹介した。〈お尻マニア〉のバーニー、ベアトリス、〈股間マニア〉のガス、グレタ、それに、どこにでも鼻を突っ込む〈デカ鼻〉のサミー。こうした犬たちは、図々しくもみんなの股間に鼻を近づけるので、いろいろな疑問が湧いてくる。犬はいったい何を嗅いでいるのだろうか？　どうしてこんなことをするのだろうか？　どう見ても犬たちはただ楽しんでいるだけのようだが。

実のところ、犬があらゆる種類の重要な情報を集めているらしいのはわかるが、その情報が何なのかについて詳細はわからない。オス犬がメス犬のにおいで、「交尾の受け入れ」の情報を手に入れることはよく知られていることだ。また、犬はにおいでほかの個体を識別できるように見えるし、自分のにおいとほかの犬のにおいも区別することができる。さらにはほかの犬がいた場所や一緒にいた相手、どんな感情を持っているかまでわかるらしい。犬はさまざまな空間、無生物、ほかの犬や人間の体の部位などを熱心に嗅ぐ。その行動にあれほど多くの人が驚いたり笑ったりしているのに、犬の行動の真の意味はわからない。実におかしなことだ。きっとこの分野の学問的研究に、市民科学はもっと刺激を与えることができるに違いない。

犬は、時間を嗅ぎとることができるかもしれないという人もいる。実際に、犬は確実に時間の感覚を持っていると思う。ほとんどの犬が夕食の時間を知っていて、飼い主が帰宅する時間まで予測できるようだ。しかし、犬がどんな方法を使って時間を知っているのか、時間というものをどのように理解しているのかは不明である。アレクサンドラ・ホロウィッツは、犬は水分が蒸発していく過程にあるにおいを感じることができ、それにより時間を測ることができると言う（おそらくこれが飼い主が帰宅する時間を判断できる理由だろう）[3]。実際のところはわからないが、場合によってはそのようなことを犬ができるのかもしれない。私自身やほかの人たちの観察から考えても、犬は誰がオシッコをしたか、そして、どれほど前にしたかも正確にわかるようだ。しかしまだこのことは科学的に証明されていないので、この手強いが興味深い謎を解決するにはもっと調査が必要だろう。

犬はどんな情報を得る場合でも、においを嗅がないということはなく、眠っている時でさえおそらく嗅覚を働かせている。また、たった数秒間離れていただけの友人のにおいを、それほど親しくない者や見知らぬ人と同じくらい熱心に嗅ぐこともある。ジェシカ・ピアスによれば彼女の愛犬ベラは、同居する犬のマヤが獣医に行って帰宅すると、必ずマヤのにおいを嗅ぐらしい。また以前私の家にジェスロという犬がいたが、彼はうちにいた別のジークという犬がちょっとどこかに行っただけでも、戻ってきたら必ず熱心にジークのにおいを嗅いでいた。私はそれを見てよく笑ったものだ。ジークは辛抱強く、ジェスロに全身を嗅がせていた。時々ジークが「そうそう、僕は道をまっすぐ行ってオシッコをして、そこで友人のロロに会ったよ！」とでも言っているかのようにも見えた。犬たちは、においを嗅ぐことに疑問を持っているようには見えない。彼らはきっと、自分たちがやっていることをわかっている。人が、誰かと別れてたった数秒後にメールをするのと同じようなものかもしれない。その行動に特に理由はないのだ。誰だって、何度も同じことを確認したくなることがあるだろう。

彼らはにおいに夢中になるあまり、周りが見えなくなってしまうことがある。もう何度も、真後ろに私がいることに気づかず、においを嗅いで鼻を鳴らしている犬たちを見たことがある。この章の執筆中にも、私はボールダーのサイクリングロードで、1頭の犬が鼻の向くまま小川に入っていってしまうのを見た。さらには、山間部にある自宅近くの砂利道を歩いているとき、私は相棒のジェスロが、その高性能な鼻の向くまま、サボテン畑に直行するのを見た。私は彼に止まるように叫んだが、遅すぎた。彼がこの衝突事故から学習したと言いたいところだが、残念なことにそうはならなかった。翌日、ジェスロはまた同じ場所で鼻をサボテンに激突させたのだ。ジェスロがいったいなんのにおいを嗅いでいたのかは不明だが、そのにおいが彼にとって何より最優先だったことだけは確かだ。ちなみに彼の犬友だちは、誰もそのサボテンに興味を示さなかった。

犬の嗅覚はまた、においがどのように遠くへと広がっていくのか、私たちに考えるきっかけを与えてくれる。犬の鼻は人間には同じようにしか思えないにおいを細やかに嗅ぎ分けて、さまざまな現場で人の役に立っている。たとえば、ご存知のように、訓練された犬が爆弾や麻薬、禁止食品（あらゆる食品のみならず、特定の種類のものだけを見つけて知らせることもできる）などのにおいを嗅いで探知するために導入されている。また、犯罪現場やその周辺のいろいろな場所で行方不明者のにおいの痕跡を追う犬は、においの出所とにおいの薄まり方から、方角を探知しているようだ。さらにはにおいを使って人間の状態までがわかる犬もいる。彼らはにおいで人間の感情を察知し、さらに特定の不健康な状態や病気も発見することで医師の診断を助けている。実は、まず先に犬が病状を見つけて教えてくれたので、人間は彼らをこの目的で訓練することを思いついたのだ。ただ、人間のいろいろな病気が必ずしも同じ方法で探知できるわけではない[4]。

犬は、保全生物学者［訳注：生物の多様性の保全と健全な生態系の維持を目標とする自然科学者］の役割も務めている。犬を導入することで、研究対象の動物をわなに掛けたり首輪を付けたりすることなく追跡できるためだ。また、希少動物を探したり、動物の食性を調査するために糞を探したり、薬剤や重金属、毒物の存在を確認したり、象牙や角のために冷酷に殺されているゾウやサイのような動物の密猟、密売を止めるためにも使われている。興味深いのは、人間の自然保護活動家や野生動物管理者の手助けをしつつ刺激的で恵まれた生活を送っているこれらの犬の多くが、保護施設出身という点だ。私がコロラド州ボールダー郊外の山に住んでいたとき、一緒に暮らしていた犬たちはクロクマやクーガー（別名ピューマ）が近くにいると、必ず私に知らせてくれた。私は、彼らの鼻が夢中で向かう場所について行き、そこにある糞からクマやクーガーが近くにいるとわかるときは家に帰ることにしていた。[5]ある犬が、小型のヤマネコの一種であるボブキャットがいると私に警告してくれたこともあった。その周辺にボブキャットがいるらしいことは知っていたが、姿はまだ見たことがなかった。本当にいい子たちだ。

2016年、カナダのノバスコシア美術デザイン大学教授のマシュー・ライチャーツは『ドッグ・パーク』という美術展を開催し、いろいろなにおいが大気中をどのように伝播するのかを犬の視点で表現する連作絵画を展示した。ライチャーツはこう語る。「私は、一様でない地形をにおいがいかに伝播するのか、犬の鼻がどのように働くのか、そして犬はにおいを追跡するときどんな行動をとるのかなどを調査しました。そして、犬の嗅覚を理解するにつれて、彼らは自らが体験した嗅覚によって一種の構造物を創り出しており、その中で生活や動作をしていることがわかってきたのです[6]」。

また私は、犬が眠っているとき彼らのなかで何が起こっているのかがずっと不思議でしかたがない。何度も犬たちが居眠りする（少なくとも眠っているように見える）のを見ていると、鼻は左右にゆっくり動き、鼻を鳴らしたり、ほかの音を立てたり、目を動かしたりもした。ある犬が大きなくしゃみをして、鼻水が部屋中に飛び散りそうになったこともあった。それでも、その犬は穏やかに眠っていた。ひょっとすると、おいしかった食事のことや昼間友だちと遊んだときのことを夢に見ていたのかもしれない。

犬の鼻は、どのように働いているのか

犬と人の嗅覚を比べてみよう。[7] 嗅覚は、犬の最も高度に進化した感覚だ。犬の嗅覚皮質（脳の一部）は人間の約40倍の大きさがあり、犬の脳の約35％はにおいに関する情報を処理している（人間の場合は、わずか5％）。犬は左右の鼻孔を別々に使うことができ、それによりにおいを嗅ぐ能力をさらに高めている。犬の鼻のなかの空気の流れについて調べている研究者は、犬は鼻孔から息を吸い、鼻の横にある細長い切れ込みから息を吐くことを発見した。これによって、においを鼻の奥にとどまらせ、1回の鼻息でにおいの分子を全部吐き出さないようになっている。[8] 人間の鼻が4000から1万種類の異なるにおいを嗅ぎ分けるのに対して、人間の約10～100万倍敏感な犬の鼻は3～10万種類のにおいを嗅ぎ分けることができる。

アレクサンドラ・ホロウィッツによると、もし犬の嗅上皮（鼻の内側の表面）を広げたら犬の全身を覆ってしまうほどの面積になるが、人間の場合は肩にあるホクロひとつを覆うくらいしかないという。[9] また、犬は1秒間に約5回もにおいを嗅ぐ。もし許されるならば、彼らは人生の3分の1はにおいを嗅ぐことに時間を費やすだろう。犬はにおいを嗅ごうとするときは息を

吐かないので、どんなにわずかなにおいでも感知することができる。そして食事のタンパク質を減らして脂質を増やせば、さらに犬の嗅覚は向上するとも言われている[10]。

しかし実は、犬はにおいを嗅ぎすぎるといわゆる嗅覚疲労の状態になるので、私は彼らの嗅覚の過重負担を心配している。たとえば犬用香水、シャンプー、石鹸などは犬にとって、必要なにおいの知覚にどれほど影響を与えるのだろうか。それに、そもそも犬はこんな香りが好きなのだろうか。それともこれらは人間のためのものなのだろうか。人間が持ち込むにおいに対する犬の反応には、十分気をつける必要があるだろう[11]。

ノルウェーの研究者で犬の鼻の専門家、フランク・ローズルによると、鼻孔は吸い込まれた空気が肺に伝わる前に暖めてろ過し、湿らせる助けもしているという。すべての生き物の鼻孔と比較しても、イヌの鼻は非常によく組織化されており、人の鼻孔よりずっと発達している。ローズルはまた、犬がにおいを嗅ぐしくみについて次のように書いている。

犬が鼻から呼吸をするとき、空気は犬の長く突きでた吻部の呼吸器官を通り、その後肺に入る。一方で犬がにおいを嗅ぐとき、空気は横道を通り嗅陥凹《きゅうかんおう》と呼ばれている部分に入る。この部分を覆う嗅上皮は、嗅覚受容体（ひとつひとつの受容体は特定の遺伝子によって作られたタンパク質である）のための遺伝子と、におい物質を吸収する嗅覚受容体細胞を含んでいる。しかし、人間や霊長類のように嗅覚が鋭くない哺乳類には嗅陥凹がない。犬はにおいを嗅ぐとき、拡張するしなやかな鼻孔の動きによって上部の通路が開き、鼻腔の奥深くにある嗅陥凹まで直接空気を送ることができる。嗅陥凹が拡張すると、吸い込む空気と吐き出す空気の両方の流れが増える。そして、空気はゆっくりとろ過されながら感覚器官を通り、肺にたどり着くのだ。[12]

また、犬種による違いについてもローズルは次のように書いている。「嗅粘膜は、犬種によって異なって、個体差もあり、年齢によっても違う。ジャーマンシェパードは最大面積の嗅粘膜を持っていて、96〜200㎠だ。コッカースパニエルは、67㎠、フォックステリアの仔犬は11㎠と小さい。嗅粘膜の表面積が大きければ大きいほど、弱いにおいシグナルを取り込む能力も大きくなる」[13] 表面積の測定に加えて、研究者たちは犬種による嗅覚受容体細胞の数も測定した。記録では、ブラッドハウンドが最も多くの嗅覚受容体細胞を持ち、その数はなんと3億個に達するという。ブラッドハウンドは犬のなかで最高の鼻の持ち主といわれており、人間の1000万〜1億倍嗅覚が鋭い。一方で、ジャーマンシェパードは2億2000万個、フォックステリアは1億4700万個、ダックスフンドは1億2500万個の嗅覚受容体細胞を持つ。

最高の鼻——犬VS人間

犬にとっての鼻は人間にとっての鼻に比べて、どれだけ重要な役割を持っているのだろうか。次の比較を見てみよう。

・犬の嗅脳（脳の嗅覚に関する領域）は、人間の嗅脳の約7倍の大きさ。
・犬は67〜200㎠の嗅粘膜を持つが、人間の嗅覚器官の粘膜はわずか3〜10㎠。
・犬は1億2500万〜3億個の嗅細胞を持つ。人間は500万個。
・犬は1個の嗅細胞に100〜150本の嗅線毛を持つ。人間は6〜8本。
・犬は1ppt（1兆分の1）の濃度の化合物でも嗅ぐことができる。人間の場合、嗅ぐことができる濃度は、1ppb（10億分の1）である。

ローズルは以下のように書いている。

犬が息を吸うと、鼻孔近くの空気が吸い込まれ、犬は左右どちらの鼻孔に空気が入ったのかがわかる。犬の鼻孔は1組の単なる穴なのではなく高度な機能を持つ。犬の各鼻孔には、翼のような蓋《ふた》があり、それらが開いたり閉じたりすることによって、鼻の中を通る空気が流れたり止まったりする。そしてこの蓋により空気が鼻の内に向かって流れるか外に向かって流れるか、その方向が決められる。犬が息を吸うときはこの蓋の上と横から空気が入り、犬が息を吐くときは、その穴は閉じ、空気は蓋の下と横にある別の切り込みから出る。これにより犬がさらに多くのにおいを収集できるようにしている。こうして、吐き出された暖かい空気は後ろ側に流れ、犬が嗅ごうとしているにおいから遠ざかることで、吐き出された空気とにおいが混ざるのを防ぐのだ。鼻孔内の空気は暖かいので、におい物質は暖まってガスに変わり、におい集めがいっそうはかどる。犬は鼻を地面に近づけて急いでにおいを嗅ぐことによって、不揮発性の重いにおい物質を地面から空中に吹き上げて、自分の鼻のなかに送り込む[14]。

このように、犬の鼻はもはや芸術品で、優れた適応と進化の最高傑作だ。しかも、すべてが計画や目的もなく作り上げられたものなのである。だが、人が犬のような鼻が欲しいと言うのを聞くと、私はあわてて、願いごとをするときには慎重にどうぞと言う。たしかに犬の最も卓越した適応について知ることができるのは喜ばしいが、この私でさえ、犬が吸い込んで満喫しているにおいをすべて味わいたいとは思わないのだ。

犬の視覚の世界

犬は高度に進化した鋭い嗅覚を持っているが、それと同時に良い目も持っていて、こちらも社会で生きていくために大切である。犬にじっと見つめられたことがあるのは、私だけではないはずだ。人間以外の動物で人を見つめるのは、犬だけではない。私は山間部にある自宅周辺で、野生のコヨーテ、クロクマ、クーガーに同じように見つめられたことがある。

ジョン・ブラッドショーとニコラ・ルーニーは次のように書いている。「犬の視覚は汎用性に優れ、さまざまな光強度の下で活動できる。犬は2色型色覚で、緑色と灰色、黄色とオレンジ色の区別がつかず、赤は黒に見えているようだ。イヌの視覚コミュニケーションで色が何らかの役割を果たしていることを示す証拠はいまのところほとんどない。また、犬の視覚能力は犬種によって異なり、十分に証明されているわけではないが、グレーハウンドは最高の視覚を持つ犬種と言われている[15]」。

犬は人間と比べて近くをはっきり見ることができないので、視覚の助けとなる刺激として、においや音を一緒に使うことが多い。また、犬は静止しているものよりも動いている刺激に敏感に反応する。これは明らかに、尻尾を振る（7章参照）などの社会的シグナルを解釈する上で重要だ。また、犬が色々な動物種の頭部の映像を見て、それぞれの差を認識できることもわかっている。

私はよく人から、彼らの愛犬が遠くからでもほかの犬を「見抜く」と聞く。犬は別の犬が友好的で遊びたがっているか、それとも「あっちに行け」と言っているのか、遠くからでも確実に見極めることができるようだ。しかし、犬の視力は約0・27しかないので、人が22m先からでも見える物が、犬はわずか6mの地点からしか見えない。彼らはメガネをかけるべきだろう。だから私はいつも、犬が遠くにいるほかの犬たちについてわかることに驚く。ドミニク・

アウティア＝デリアンらの研究について、C・クレイボーン・レイは、以下のように語っている。「大きさで言えば小さなマルチーズから巨大なセントバーナードまであり、毛、鼻、耳、尾、骨格も多種多様なので、犬はひとつの種に見えないかもしれない。しかし犬は、においや動きや発声がなくても簡単にほかの犬を犬だと認識することができる[16]」。

多くの人の報告によると、犬ははじめてほかの犬と出会ったとき、同じ犬種同士を好み、ほかの犬種より特別に扱う傾向にあるという。これは齧歯《げっし》動物における血縁認識のように、においで嗅ぎ分けているのだろうか？　犬は自分自身がどんなにおいかは知っていても、どんな外見かは知らないのではないだろうか？　それとも知っているのだろうか？　１９６０年代に行われた鳥類の研究では、鳥は水に映る姿から自分自身の色がわかるらしいことが示唆されている。

犬は色盲ではないが、感知できる色の範囲は人間に比べると限られており、人間の赤緑色覚異常と同じ範囲の色を見ている。しかし、夜間は人間よりよく目が見えるという長所もある。犬は、人間の約5分の1の薄暗い光量でも目が見えるのである。

犬の耳——犬が聴こえる音

犬の耳には、長くだらりと垂れたものから短くぴんと立ったものまで、さまざまな形と大きさがある。しかしどんな形でも、犬には人がまったく気づかない音が聴こえるという。犬の耳には可動性があり、砲塔のように旋回できるので、正確に音の位置を特定することができるのだ。犬種や年齢にもよるが、犬が聴きとれる最高周波数は4万〜6万ヘルツである（1ヘルツは毎秒1サイクル）。一方、人間が聴きとれる最高周波数は1万2000〜2万ヘルツで、トレーニングなどに使われる犬笛は通常、最高で2万3000〜5万4000ヘルツまでの音が出る。

犬は、柔軟に動く耳介（耳の外に張り出ている部分）を動かす18以上の筋肉を持つ。犬は人間の約2倍の周波数を感知し、人間と比べて約4倍遠く離れた音も感知して識別できることがよく知られている。つまり、人が約6mの距離で聴こえる音が、犬なら約24mの距離からでも聴こえるのだ[17]。もちろん、犬の耳は彼ら自身が作る音にも適応している。ジョン・ブラッドショーとニコラ・ルーニーは、次のような報告をしている。「研究では、野生のイヌ科動物が12種類の音を発することがわかった。犬はそのうち10種類の音を発することができる」しかし、犬が正確に何種類の音を発するかはまだ研究者の間でも議論されている。多様な音をひとまとめにする科学者もいれば、細かく分ける科学者もいるからである。

味覚、触覚、さまざまな感覚を合わせて

この章では、主に犬の鼻、耳、目に焦点を当てている。これらは犬にとって最も重要な感覚で、我々人間もそれをよく知っている。それに比べると、犬の味覚や触覚について、私たちは

ほとんど知らない。

味覚に関して、犬は人間よりずっと鈍感なようだ。人間が約9000個の味蕾を持っているのに対して、犬は約1700個しか持っていない。犬がなめたりガツガツ食べたりする物を考えると、この事実は不幸に見えて実は犬にとってありがたいことなのかもしれない。

触覚も犬にとって大事だが、特に撫でられるのが好きな犬にとってはそうだ。彼らの条件に合ってさえいれば、抱っこされるのが好きな犬もいる。不安を感じているときや緊張しているときなら、撫でられる行為が好きな犬は心が落ち着く。しかし、抱っこされるのが全然好きじゃない犬もいる。その場合は、犬の気持ちを尊重しよう。

犬同士の間で体を触れ合わせることは、親密なやりとりに続く場合が多く、お互いが発するメッセージに情報を足したり、引いたりしているのかもしれない。私は、1頭の犬が、ストレスを感じている犬にゆっくりと近づいてそばに横になり、彼の背中に前足を置いたのを見たことがある。まるで、「だいじょうぶだよ」とか「僕がここにいるから、リラックスしろよ」とでも言っているようだった。時々、犬はお互いに「毛づくろい」をし、腹部を相手の背中にくっつけて眠ったりもする。しかし、ほかの犬から触られることが好きな犬もいれば嫌いな犬もいて、それ以上のことはあまりよくわかっていないのが現状である。

犬についての今後の研究課題は、それぞれの感覚がいかに働くかを知るだけではなく、異なる感覚器官からの情報を合わせて、犬がこの世界をどのように理解しているかを知ることだ。たとえば、犬の研究者ルドウィック・ヒューバーは次のような発見をした。飼育下の犬は、視覚と聴覚からの情報を合わせて、ほかの犬の犬種を正確に識別できる。この研究で、犬たちはさまざまな大きさの犬の画像と、それぞれの大きさの犬が発する声とを一致させたのだ[18]。

そのうちさらに研究が進んで、においや目に見えるもの、音が犬にとっていかに重要で、これらの組み合わせがどのような意味を持つのか、もっと正確にわかるようになるだろう。そして、犬が彼らの世界をどのように知覚しているかについても、もっと深く理解できるようになるだろう。だが今の私たちが確実にわかっているのは、常に犬は異なる感覚器官からの刺激をたくさん処理しているが、特に地面や別の犬のお尻に鼻を押しつけているときは、においのシンフォニーに我を忘れているらしいということだけだ。

第3章

犬はただ楽しみたいだけ

ジェスロがジークのところまで跳ねていく。直前で止まりジークの前足のところにうずくまって尻尾を振り吠える。次にジークに突進して首筋を咬んでジークの頭を左右に激しく振りまわす。強引にジークの背中にまわって飛び乗ったかと思うとまた飛び降り、すばやく頭を下げる。次に横から突進してお尻でジークを押して跳ね、首を咬みそして逃げる。今度はジークが荒れ狂ったようにジェスロの追跡を始める。ジェスロの背中に飛びのり鼻を咬み、首筋を咬んでジェスロの頭を左右に激しく振りまわす。そこにスキが飛びこんできてジェスロとジークを追いかけ、みんなでとっくみあいになる。それから数分間あちこちのにおいを嗅ぎまわり、そして休憩する。またジェスロがゆっくりジークに近づいて足をジークの頭に伸ばし耳を咬む。ジークは起きあがって背中に飛びのってジェスロを咬み、胴のあたりを押さえる。彼らは地面を転がり口で押しあう。それから2頭は追いかけっこをし、転がって遊ぶ。スキがまた飛びこんでいき3頭で疲れきるまで大はしゃぎをする。それが終わると彼らはみんなこれ以上ないほど幸せそうにしている。そこに今度はロロがやってきてまた同じことが一から始めるのだ。

これは私の野外観察記録のほんの一部で、ほかに何千とある遊ぶ犬たちの観察でも同じような姿が見られた。私はもう何十年も犬の遊びの観察に熱中している。犬の遊びについて考えて、犬があちこちではしゃぎまわるのを眺めているが、まったく飽きることがない。犬はただ楽しみたいだけなのだ。当然といえば当然のことであるが。

私はよくドッグパークにひとりで行き、犬たちが遊ぶのをただ見てまわることがある。そんなとき飼い主が犬に「思う存分に遊んでにおいを嗅いでおいで」と言っているのを聞くと、それこそ「犬らしくしろ」ということなので私の心は温かくなる。それは犬にとって本物の自由をもらえることだ。においを嗅いで、走って、はしゃぎまわり、オシッコをする。絶えず静止されたり呼び戻されたりすることも、30秒毎に叱られることもなく遊べるのだ。もちろん犬はドッグパークでも完全に自由なわけではないが、それでも犬には人間の時計に左右されない彼らだけの「犬の時間」が必要だと思う。

飼い主が自分の犬に「2分だけだぞ」などと言っているのを見るたび、私は声を殺して笑ってしまう。犬がストップウォッチや携帯電話、もしくは精巧な体内時計を持っているとでも思っているのだろうか。飼い主たちはさらにこんな調子で言う。「あと5分だから急いでオシッコをするか友だちと遊んでおいで。もうすぐ帰らないといけないからな」。それでももし犬を二度三度と呼ぶはめになると、飼い主たちはすぐ不機嫌になる。「なんでそんなに時間がかかるんだ。もう10分以上呼んでいるんだぞ。すぐに行かないといけないのに」。その時犬は、こんなふうに思っているかもしれない。「えっ、10分ってどのくらいなの？　今どのくらいたったの？」もしも犬が実際に「時間を嗅ぎとる」ことができても、つまりにおいの濃度からある出来事がどのくらい前に起こったかを知ることができたとしても、犬は人間の言葉で時間を理解することはできないのだ。遊びは犬にとって一番好きな活動なので、時間はあっという間に過ぎてしまうだろう。ほとんどの犬は遊び時間が全然足りないと思っているに違いない。

自由に加えて遊びには重要な要素があとふたつある。それは楽しみと友だちだ。遊びはそれ自体が内容豊富な研究領域で、犬の頭と心で起きているたくさんのことにスポットを当てている。例を見てみよう。私が知っている2頭の犬はまちがいなく親友同士だ。1頭はサディという名の毛むくじゃらの小型雑種犬。もう1頭のロキシーはぜい肉のないボクサーの雑種犬だ。サディはドッグパークに着くとすぐににおいを嗅いでオシッコをする。頭を上げたりにおいを嗅いだりしながら誰がそこにいるかを調べる。それから必ず入り口に戻ってロキシーを待つのだ。(ロキシーとサディの飼い主によると)もしロキシーがすでにドッグパークにいる場合は、95％の割合で、サディのところに大急ぎで走ってくる。そして2頭は、まるで世界が2頭のためだけにあるように夢中になって遊ぶのだ。

興味深いことが起こるのはロキシーが現れない日だ。サディはフェンスに沿ってゆっくりと歩いて周囲を見まわし、たとえほかの犬たちがやってきて、あいさつをして一緒に遊ぼうと誘っても明らかにロキシーがどこにいるか探しているようだ。サディはだいたい20秒くらいゆっくり歩く。この20秒が、サディがロキシーの不在を確認するのに必要な時間だ。それが終わるとサディは一緒に遊ぶほかの犬を見つけに行く。

どうしてサディはそんなにすぐにロキシーがいないとわかるのだろうか。私には謎だが、サディが待つのをあきらめてほかの友だちと遊ぼうと探しに行ったとき、99％、ロキシーは来ないのである。サディとロキシーが友だちで、一緒に遊ぶのが好きなのは間違いない。これは彼らの飼い主たちも同意していることだ。はたしてサディは彼女の五感と時間の感覚を駆使して、ロキシーがいるかどうかをつきとめるために驚くべき能力を見せているのだろうか？

きっとそうに違いない。そしてもしロキシーがいないとわかったところでサディはドッグパークでの自由を無駄にするだろうか？　まさか！　そんなことをする犬はいないだろう。

遊ぶイヌ《カニス・ルーデンス》——遊ばない犬はいない

犬は時々、大はしゃぎで遊ぶ。まるでその瞬間、世界が自分たちのためだけにあるかのように熱狂的に走りまわって遊ぶ。犬はほかの犬たちが遊んでいるのを見ると、自分も仲間に入りたがる。遊びは周囲を巻き込み、すごい勢いで広がっていく。私はたまに犬たちを見ていて、ケンカの仲裁に入りたくなることがあるがそれはしないことにしている。自分が歓迎されないことがわかっているからだ。また、犬が遊びのグループに入りたくて走りまわって吠えているところを見かけることがある。その犬はしまいに疲れはてるか、下手したらもめ事になることだってある。遊びは確かに楽しいが、深刻な事態になることもあるのだ。

当然、私は犬の遊びについてたくさんの質問を受ける。そもそも犬の遊びとは何か、犬たちはなぜ、何をして遊ぶのか。また遊びが乱暴になったとき、どのように犬は遊び続けるのか、犬に遊びすぎはあるのか、犬にフェアプレーはあるのか、などだ。犬の遊びのことなら、ドッグパークの住人たちは山ほど意見を持っている。よく私が耳にするのは「あんな激しい遊びを続けたら、ケンカになってしまう」とか、「彼は彼女と遊びたいんじゃない。ただ交尾したくて彼女の上に飛び乗るんだ」などといった意見だ。それに「彼は以前一緒に遊んだときにきつく咬んだことを後悔しているみたいで、それ以来一緒に遊んでいない」という話もある。

本章では、そうした質問をはじめとする多くの遊びに関する疑問に答えたいと思う。犬が遊ぶときしていることを丁寧に分析すると、犬の共感、協調性、正義感、公平さ、道徳感などを知ることができる。チャールズ・ダーウィンは、『人間の進化と性淘汰』で次のように述べた。「幸福とは何であるかが一番はっきりと表れるのは、仔犬、仔猫、仔羊など動物のこどもたちが一緒に遊んでいるときだが、それは人間のこどもたちと同じである[1]」。同じ著書で、ダーウィンは次のようにも書いた。「動物学者が特定の動物の習性を研究すればするほど、それが本能ではなく理性によるものであると主張するのは重要な事実だ[2]」

社会的遊びは偶然や無意識のうちに行われるものではない。そしてほとんどすべての犬でこの行動が見られる。遊びたいという願望は犬の本能に先天的に備わっているように見え、まるで生物学的な「動因」［訳注：行動を起こさせる内的原因］のようだ。私はよく、犬の学名は〈イエイヌ〉（*Canis lupus familiaris*）から〈遊ぶイヌ〉《カニス・ルーデンス》（*Canis ludens*）に変えるべきだと思う。ラテン語の*ludens*は「スポーツや遊び」を意味する。犬は、文字通り疲れきるまで遊びに没頭する。ちょっと休憩したら、犬はすぐ立ち上がってまた遊びに戻っていく。ところで、ほかの多くの動物たちにも遊びが見られる。たとえばラットも、くすぐられるとリラックスして笑う[3]。

遊びによって脳内にドーパミン（あるいはセロトニンやノルエピネフリン）のような神経化学物質が放出され、これによって遊びがより一層楽しいものになり、また遊び自体もコントロールされている。ラットは遊びの機会を察知するとドーパミンの活動が上昇し、じゃれあってくすぐられることを喜ぶのだ。

犬の遊びはとにかく自由奔放だ。驚くほどの速さで飛びまわり、ひっくり返り、跳ね、タックルし、咬み、走る。私はよく「遊びに夢中な犬たちは、どうやってそれが遊びであることを忘れないでいられるのか」と聞かれる。彼らはどうやってお互いを傷つけないように遊んでいるのだろうか？　犬が遊ぶのを見ていると信じられないことだが、犬たちは彼ら自身の体の跳ね具合や、彼ら自身の体が遊び仲間やドッグパークの往来や物に対して、どの位置にあるかをすべて把握している。見かけによらず犬たちは周囲に気を配っているのだ。ナロッパ大学の心理学者クリスティン・コードウェルも、犬は「体を意識している」と言っている。[4]

また映像を詳しく分析することによって、遊んでいる犬たちが常にコミュニケーションをとり続けていて、遊び仲間がしようとしていることやしたいことを理解できることが分かっている。これによって、一見乱暴に見えるのにケンカに発展することなく遊びが維持できているのである。以前、私が犬との遊びを撮影してもらったとき、撮影クルーのひとりが彼の犬の頭と首に小型軽量カメラを装着した。犬の視点からその映像を見たときは本当に圧倒された。現在このカメラを使った番組の完成を待っているところだ。

犬は「ひとり遊び」をするのか

この章では主に社会的遊び、つまり相手を必要とする遊びに焦点を当てるが、犬は単独でも遊ぶ。遊ぶことはそれ自体がごほうびなので、必ずしも遊び相手がいる「社会的遊び」である必要はないのだ。犬と暮らしている人なら誰でも、犬がよくひとりでふざけて楽しんでいることを知っているだろう。

私には「ひとり遊び」についてのお気に入りの話がある。ダーウィンという彼にぴったりの名前を持ち、又の名を〈噴水犬〉と呼ばれる素晴らしい犬の話だ。彼の飼い主サラ・ベクセルは語る。「うちのオーストラリアンシェパードとカタフーラハウンドの雑種犬は、とってもエネルギーにあふれているの。いたずらっ子で頭が良くて、ほぼ1年365日、毎日24時間、休みなく私たちを楽しませてくれるのよ」[5]。私はドッグランで何度もダーウィンを見たことがあるが、本当にその通りだ！　サラは次のような文を寄せてくれた。

ダーウィンはいろんなことに好奇心いっぱいですが、食べ物やリスをのぞけば、何より水に夢中です。彼は一旦泳げる場所に入ると絶対出るのを嫌がることで有名なのです。2時間もすると、私はビーチサンダルをはいて彼を水から引っ張り出さないといけません。それにダーウィンには勢いよく吹き出す水を飲みたい、という強いこだわりもあります。このことは最初、コロラド州フォートコリンズの旧市街の広場にあった噴水でわかりました。ダーウィンは水煙を追いかけて自分の頭にぶつかった水を飲むというおどけた行動で、通りがかりの人たちの大喝采を受けました。彼の水への強いこだわりは毎日のシャワー時間にも発揮されます。「シャワー」という言葉は彼がいるところでは厳禁。ほんの少しでもシャワーの気配を感じたら（風呂場に着替えが一式置かれるとか）、ダーウィンは浴槽に直行し、期待いっぱいに鼻を水道の出口に押し込むのです。もしシャワーに行く人が「あと少し用事を済ませてから」と言うと、ダーウィンの姿は消えます。ダーウィンはどこ？　彼はシャワーカーテンの後ろで浴槽にもぐり込み、必死の形相で水が噴き出るのを待っています！　庭作業の時間もまた、彼の大のお気に入り！　やれやれ、今度はホースで遊ぶつもりみたい！

ご満悦のダーウィンは、まさに〈遊ぶイヌ〉だ。ダーウィンを見ていると、私はいつもつい大笑いしてしまう。彼の水へのこだわりを詳しく研究できたら、きっと素晴らしいプロジェクトになるだろう。さまざまなタイプの遊び方が、犬やほかの動物たちの知性、感情、心をのぞくための優れた窓になってくれる。

もちろん自分の尻尾を追いかけたり、いろいろな物にこだわりを持ったりして遊ぶ犬もいる。まるでコレラの発作でも起こしているように、あちこち躍起になって突進する犬もいる。犬はこうした「狂乱状態」をひとりでも喜んでやる。チュラはカール・サフィーナの愛犬の1頭だ。掲載したチュラの写真は、ロングビーチのアマガンセットのビーチで狂ったように走って喜ぶ様子をはっきりとらえている。チュラの喜びが手にとるようにわかるだろう。サフィーナは『言葉で表現できないこと——動物は何を思い、何を感じるのか（Beyond Words: What Animals Think and Feel）』の著者だ。彼は2匹の愛犬チュラとジュードが遊んでいる写真を何枚か送って

カール・サフィーナの愛犬チュラがロングアイランドのアマガンセットにあるビーチを楽しそうに走る姿。（写真はカール・サフィーナによる）

くれて、次のようなコメントをくれた。「みなさんが犬の至福のとき（そしてチュラの舌）を、一緒に楽しんでくださると光栄です[6]」。

犬はみんな遊ぶのか

「もっともっと遊びたい！」そんな願望を、私は一緒に暮らしたすべての犬やドッグランなどを走りまわるたくさんの犬たちから感じた。そんな思いが強い「犬らしい犬」もいれば、逆に「人間のような犬」もいる。かつて、ある動物行動学者が犬やほかの動物は遊ばないと言ったのを知って、私は驚いたものだ。私が知るかぎり彼のような意見の持ち主はほかにいない。もちろん私はすぐに彼の主張を却下した。

また私が研究をはじめたころは、研究者も含めて遊びの行動を調査するなんて時間の無駄だと言う人や「本物の動物行動学者」は犬なんて研究しないと言う人がいた。彼らは犬は人工的なもの、「人間が創ったもの」でしかなく、犬を研究しても野生動物の行動を学ぶことはできないと言っていた。それに遊びの研究なんてガラクタ同然の処理しにくい情報の寄せ集めなので、遊びについて理解するなんて無理だと言う人もいた。当時は獣医や、行動データの現実的な応用に興味を持つ人たちだけが犬の研究をしていた。その後こうした考え方は完全に否定されている。今でははっきりと、遊びは動物行動学者にとって理想の研究分野だと言える。私は犬とその野生の近縁種たちの社会的遊びの研究にもう40年以上かかわってきた。仕事をはじめてからのほぼ全人生だ。現在では多くのほかの研究者たちが加わってくれて、犬の遊びのいろいろな面を真剣に取りあげ、なぜ遊びが進化したのか、なぜ遊びが適応的なのか、何が遊びを引き起こすのか、どのように遊びは発達するのか、遊んでいるとき犬は何を感じているのかといった、さまざまな疑問を投げかけてくれている。

また遊びはあくまでも自発的な活動なので、遊びたくなければ犬はいつでもその場を離れることができる。遊びの間、犬たちはやめたくなったらいつでもやめられるし、1頭がもう十分だと思ったらほかの犬たちはだいたい理解できるようだ。また、すべての犬が遊ぶが、いつでも遊ぶとは限らない。唯一の例外が、小さいときにひどいトラウマを経験した犬たちである。私が出会って観察した圧倒的多数の犬たちが遊びたがりだが、仔犬の頃に虐待を経験した犬たちだけは遊び方がわからないようだった。たとえ後で愛情あふれる飼い主と暮らしていても。

これは本当に悲しいことだ。同僚のジェシカ・ピアスが考えるように、その犬たちの遊ぶ元気は仔犬の頃の虐待によって奪われてしまい、ほかの犬や人間と安心して遊べるほど回復できないのだろう。また一部の犬は、遊び友だちを非常に選り好みする。私は2頭のとても遊びたがりの犬と一緒に暮らしたが、彼らもいつでも遊ぶわけではなかったし、どんな犬とでも遊ぶわけではなかった。

これまでに私は、街をうろつく野良犬や人里離れて暮らす野犬などのなかで、遊び方をよく知らない犬たちにも出会った。彼らは次の食べ物を確保することだけに集中しているようだった。しかし原則的には、私が会った大部分の犬たちは単独でも仲間たちとでも遊ぶことが大好きだった。そしてもちろん、犬たちはフリスビーで遊ぶのも大好きだ。

犬は友だちを作るか

多くの犬が得意なことをひとつあげるとしたら、それは友だちと遊ぶことだ。それも「楽しく」なければならない。「楽しさ」という言葉が、多くの研究者によって使われるようになってきている。もし「犬やほかの動物は友だちを作るか」とか、「楽しさを感じるか」とかいったことを研究者がいまだに議論しているとしたら、私には考えられないほど時間の無駄で馬鹿げていると感じてしまうだろう。もちろん犬や動物は友だちを作るし、そのことを楽しんでいて、この事実を裏付ける詳細な比較研究が広範な動物種で行われている。これまで私はドッグトレーナーを含めたたくさんの人が、そんな議論は人々の科学への興味を失わせるだけだと語るのを聞いた。犬を知っている人はみんな、犬が友だちを作ることを当然のこととして知っているのだ。

いつだったか私がある女性になぜ毎日ドッグパークに来るのかと聞くと、彼女はこう答え

アリは疲れを知らないフリスビー選手。(写真はケイティ・サイモンズによる)

た。「私は毎日どんなに忙しくても、どんな天気でもドッグパークに来るの。だってそうすれば、ロリータやロンドが友だちと遊べるでしょ。私自身じゃ彼らに本当に必要なものをあげることはできないから、私はこの場所の常連なのよ」。ロキシーやサディの話が示すように、犬のなかには特にお気に入りの遊び仲間を持つ犬もいる。私はほかにたくさん遊び相手がいるのに、犬が特定の遊び友だちを探すところを幾度となく見たことがある。犬が大好きな遊び友だちを探して、ほかの犬からの遊ぼうという誘いを無視しているのを見るのは微笑ましい。そんなときの犬は特別な友だちを遠くまであちこち探すのだ。

　私には「犬が遊べるか」や「友だちを作れるか」という問いを真剣に発するような人々は、むしろ自分のことをよく考えてみるべきだと思う。ドッグパークでは自明のことを彼らは無視しているのだ。むしろ「なぜ犬やほかの動物は楽しみや友情に価値を見出すよう進化したのか」ということが重要な問題である。この問いは、くだらないものでも非科学的なものでもない。事実、学術雑誌『カレントバイオロジー』は、「楽しさの生物学」を議論する特集号を組み、著名な科学者たちがさまざまな動物の遊び行動を題材にしたエッセイを多数寄稿している[7]。人間以外のさまざまな動物たちの楽しみや友情については、懐疑派が存在するものの、少数になってきている。とにかく私はこの分野が科学研究の中心のひとつであり続けてほしいと思っている。この分野の研究は犬たちを理解して、できるだけ良い暮らしを彼らにしてもらうために重要なのだから。

犬は遊びすぎ？

たまに私は「犬が遊びすぎることはあるのか？」という質問を受ける。ふだんは簡単に「そんなことはない」と答えている。しかし犬が熱中するあまり、疲れきって脱水状態になってもおかまいなしになることは十分にありえる。時々、自分がしていることや周囲の状況を忘れてしまう犬がいるからだ。私は幸運なことにジューン・グルーバーとこの話題を話す機会を得た。彼女は人間の「幸せすぎる」状態のマイナス面を研究している。私たちの話し合いは、「肯定的感情の悪影響についての異種間比較アプローチ（A Cross-Species Comparative Approach to Positive Emotion Disturbance）」という研究論文になった[8]。

犬は興奮しすぎたり疲れすぎたりしても、捕食動物などほかの動物に襲われる危険はない。しかし、パキスタンのクンジェラーブ国立公園に住んでいるキバラマーモットの野外観察の結果は、キバラマーモットが遊んでいるときに捕食される率が高くなることを示している。さらに、ナンキョクオットセイの場合、彼らが海で遊んでいるときは油断しやすくなり、ほかのときよりオタリアに殺されることが多い。私は二度、中型の雑種犬のロッキーが興奮して遊びに夢中になって、しまいによく知らない犬たちと遊んでいるところを見たことがある。その見慣れない犬たちは、ロッキーほど激しくじゃれあいたくはないとロッキーにはっきりと伝えた。そこで私が感心したのは、ロッキーがほかの犬たちの言うことをすぐに理解したことだ。聞こないくらいの短い唸り声でやんわり非難されただけで、ロッキーはちゃんとみんなに合わせて遊んでいた。10分後に私がドッグパークを離れるとき、彼らはまだ一緒に遊んでいた。調査によると、犬たちは唸ることによって言いたいことを伝えていることがわかっている[9]。

こうした観察はまた新しい疑問につながる。遊びはどのようにしてこの形に進化したのだろうか。犬たちはみんなうまくいくやり方、いかないやり方、上手な遊び方を本能的にわかっているように見える。進化論的表現を用いれば、ある範囲内で遊び続けることは安定化選択に分類される。安定化選択とは「遺伝的多様性が減り、集団の平均が特定の形質値に安定化する」自然選択の一種である[10]。安定化は、さまざまな形質の極端なものを淘汰する（たとえば、活動レベル、大きさ、色など）。こうして激しすぎる遊びや軟弱すぎる遊びは自然淘汰され、軟弱すぎる個体や強引すぎる個体、大きすぎる個体、小さすぎる個体、色が鮮やかすぎる個体、色が地味すぎる個体も同じ理由で淘汰される[11]。

私はドッグパークで犬を観察しながら、こんな会話をするのが大好きだ。いつのまにか進化生物学や心理学の基本的な理論や、犬の生態についてのちょっとした授業になったりする。こうした授業は犬のためにもなる。なにしろ動物行動学や進化の基本、犬の生態などを学べば学ぶほど、犬の魅力がわかってくるとみんな言うのだから。

犬の社会的遊び

ここからは犬の社会的遊びについて書きたい。まず社会的遊びとは何か、なぜ犬はそれをするのかを学ぼう。次に遊んでいる様子を分析する。どのように犬がほかの犬に「一緒に遊ぼう！」と呼びかけるのか、また走りながら犬がどのように慎重に遊びの相談をして公平なゲームを続けるのか。これから述べるように私たちが受ける印象とは違い、犬の遊びはめったに本気の攻撃に発展しない。大部分の犬たちは「まじめなワンちゃんたち」で、公平さがなくなると遊びも終わる。これは観察すると興味深いシナリオで、特に大きな集団の場合、同時にあまりに多くの社会的なシグナルがあるので、お互いのシグナルを読みとることがおぼつかなくなることがある。犬たちが急いで行動を読みとって解釈するのが難しいとき、失敗もありえる。それに親しい犬たちの間とそうでもない犬たちの間では、遊びがどのように異なるかも新しいデータを使って議論していきたい。この疑問に関するまとまった形の研究がまだなかったことに驚く人も多いだろう。

まずは遊びの原則と、たくさんある「ルール」の例外についてだ。これは遊びについての研究を魅力的なものにする。もしあなたの愛犬が本書に書かれていることに当てはまらなくても、その理由を解き明かすことが挑戦だと思ってほしい。多くの犬が、私がここで紹介するような行動をとる傾向にあるが、すべての犬に当てはまるわけではなく、また同じ個体がいつもそうするとは限らない。どんなときも個々の犬の性格や経歴に合わせて自分の知識の引き出しを開けられるよう準備しておこう。

社会的遊びとは何か？

「遊びとは何か？」という質問に答えるためには、犬やほかの動物が遊ぶとき、彼らがどのような行動をするかを丁寧に見なければならない。つまり遊びを研究するなら、犬たちと一緒にゆっくり膝をつきあわせなければならない。彼らと遊ぶことも必要だ。そうすれば犬が何を楽しいと思っているか、誰と遊びたがっているか、誰と遊びたがらないかなど、たくさんのことがわかる。愛犬の希望や欲求、誰と一緒に思いっきり遊びたいのかも、容易に気づくことができるだろう。

そもそも一見簡単に見える「遊びとは何か？」という質問だが、これは長年、研究者たちを悩ませてきた問題でもある。次に紹介する社会的遊びの定義は、私が行動生態学者のジョン・バイヤーズと一緒に行った、遊びについての調査から生まれた。ジョンは野生のブタやペッカリーを研究し、私は犬、オオカミ、コヨーテ、ジャッカル、キツネなど含むさまざまなイヌ科動物たちを研究している。私たちはほかの研究者と一緒に、こうした多様な哺乳類に共通する、たくさんの遊びの特徴を見つけてきた。そして私たちが考えた定義はこうだ。「社会的遊びとは他個体に向けられた活動であり、そこでは遊び以外の文脈で用いられる動作が本来と違う形や順番で表れる。さらに、それらの行為が表れる時間の長さが違っていることもある」。

お気づきのように、私たちの定義は、動物が遊ぶときの動作や、遊びの形に重点を置いている。テネシー大学の心理学者ゴードン・バーガートは、著書『遊びの誕生（The Genesis of Play）』で、遊びの行動には5つの基準があると論じた。それによると遊びは、自発的で楽しく、自己目的的であり、遊び以外のまじめな状況で生じる類似の行動とは構造的および時間的に異なっており、安全な状況で生じる行動である。[12]

つまり動物たちは遊ぶとき、捕食（狩り）、生殖（交尾）、攻撃など、ほかの状況で使われている動作のマネをする。遊びのなかで本格的な威嚇や服従が見られることはめったにないが、捕食者から逃れるための行動パターンが観察されている。たとえば有蹄動物（シカ、ヘラジカ、ガゼル）は遊びの間に、予測不可能なジグザグで走りまわる。実際の遊びでは、こうした動作は形や激しさが変わるかもしれないし、予想できない幅広い種類の動作が連続的に組み合わされることもある。たとえばヨーロッパケナガイタチ、コヨーテ、アメリカクロクマの間では、本物の戦いと異なり、格闘ごっこの時に咬むことは控えられている。クマたちの間では爪で引っかくことも控えられていて、暴力が抑制されているともいえる。またクマたちの遊びは通常は声を出さずに行われ、咬んだり爪で引っかいたりする動作が、本物の攻撃のときよりも相手の体の広範囲に行われる。一連の流れももっと豊富で予測しにくい。

私は遊びを万華鏡と呼んでいる。遊びはほかの状況から借りてきた動作を混ぜあわせたもの

（左上）2頭の犬、モーリーとシャーロットは、引っ張りっこ遊びをしている。この遊びは5分以上続き、「社会的遊び」と「ひとり遊び」の両方に分類された。
（右上）3頭の犬、左からイェキーラ、シャーロット、モーリーが遊びながら、すばやく体の位置を変えて、頭をかがめたり、頭を揺さぶりながら咬んだり、体ごとぶつかるなど、さまざまな動作をした。
（左下）ルビー（左）がスコーンの前でプレイバウをして遊びに誘っている。
（右下）スコーン（右）がルビーにマウンティングしている。

カール・サフィーナの愛犬チュラ（右）とジュードが、ロングアイランド・アマガンセットの水辺で遊んでいるところ。（写真はカール・サフィーナによる）

カール・サフィーナの愛犬チュラ（左）とジュードが、ロングアイランド・アマガンセットのビーチで遊んでいるところ。彼らが遊んでいることを知らなかったら、ケンカしていると思ったかもしれない。異なる文脈で用いられる動作が見られることが、犬やほかの動物たちの社会的遊びの特徴のひとつだ。（写真はカール・サフィーナによる）

で、そのことは正確な分析によって証明されている。科学者で宗教学者のドノヴァン・シェーファーは、著書『宗教の影響――動物性、進化、力（Religious Affects: Animality, Evolution, and Power）』で、遊びを「感情の混合飲料」と呼んでいる。[13] 確かに、ほかの状況での行動に比べた場合、遊びには多様性があるので、犬にとって遊びが交尾や闘争というよりゲームであることを示している。信頼できる科学調査も、遊びは熱狂的で軽薄な行動の万華鏡（千変万化するパターン）であることを裏付けている。

みんな見たことがあるはずだ。遊ぶとき、犬たちは気が狂ったように激しくとっくみあい、ガブリとくわえ、咬みつき、追いかけ、転がる。彼らはほかの状況から借りてきた動作を予測不可能なランダムさで使う。遊びの流れは、交尾や戦いや捕食での行動の順序の通りではない。何年も前に遊びの専門家で名著『動物の遊び行動（Animal Play Behavior）』の著者ロバート・フェイゲンは、私が学生たちと集めたデータを分析してくれた。それは若い犬、コヨーテ、オオカミの遊びと攻撃の順序に関するものだった。彼は遊びの順序には、私たちが記録した攻撃の順序よりずっと多様性があると指摘した。

遊びの動作の順序は、ほかの状況における動作の順序より種類が豊富で予測が不可能だ。なぜかというと個々の動物がたくさんの異なる状況から借りた動作を混ぜているからだ。遊んでいる犬たちは多くの動作をするので、1回の遊びの流れのなかでも次にどんな動作が来るかを予測することは難しい。たとえば本物の攻撃や交尾のときは、動作の順序がもっとはっきり決まっていて予測可能だ。そうした動作には、はっきりした最終目標がある。本気で攻撃的になっている犬の行動には、一般的に一連の加速度的な流れがある。まず脅かし、追いかけ、突進し、攻撃し、咬み、それから、とっくみあい、どちらが相手に降参するまで続く。犬、コヨーテ、オオカミが遊ぶときは、動作の順序にもっとずっと多様性がある。一連の流れは、咬み、追いかけ、とっくみあい、体をぶつけあい、またとっくみあい、ガブリとくわえ、追いかけ、突進し、また咬み、とっくみあい、といった具合だ。

さて私はよく犬の遊びに性による違いがあるかと聞かれる。犬やそのほかのイヌ科動物に関していえば、答えは「ノー」だ。彼らの遊びには性による違いがない。しかし類人猿やオオツノヒツジなど多くのほかの動物には性差がある。

なぜ犬は遊ぶのか

犬たちにとって遊びは大切だが、特に仔犬たちにとってはそうだろう。遊びは生まれて3〜12週目ごろの仔犬たちにとってきわめて重要だ。このころほかの犬や人間の社会に適応するからだ。この時期に遊んでいない犬がもう二度と遊ぶことはないという意味ではない。ただ仔犬が社交性を身につける時期には、ほかの犬や人間と遊ぶことが大切だ[14]。ほとんどの犬たちは人間に世話をされているので、おとなになっても遊び続ける。一方多くの種のほかの動物たちの場合、おとなになった個体は自立するので、こどものときほど遊ばなくなる。

もちろんなぜ犬やほかの動物が遊ぶかの理由はひとつではない。正しい説明と誤った説明があるわけではなく、遊びがさまざまな動物たちの間で進化して続いているのには、いくつかの理由があるのだ。

遊びではきっとたくさんの機能を同時に使うだろう。詳しい研究によって遊びが社会性や体の発達に重要なことがわかっている。関節、筋肉、腱の発達や、有酸素および無酸素運動、認知機能の発達、ハプニングへの対応のトレーニングにもなる。さらに神経生物学の調査によると、動物たちにとって遊びは満足を与えてくれる楽しいものなのだ。彼らはとにかく気分がいいから遊んでいるらしい。それに関連してもうひとつの遊びの要素は「驚き」である。遊びはハプニングへのトレーニングとして進化したのかもしれない[15]。

つまり遊びの動作の流れは万華鏡のように予測が不可能だ。それに遊びはその場をなごやかにする精神安定剤的な効果があり、緊張状態の不安を和らげて攻撃的な接触を防いでくれる。私は何度も、犬が別の犬や人間に出会ってゆっくりと近づき（少なくとも私の目には）どうなるかと不安そうにしているのを見たことがある。それから立ちどまり、頭を低くしたかと思うと、たちまち遊びはじめる。チンパンジー、ボノボ、こどものゴリラは離乳期前に社会的遊びが増える。人間も緊張をやわらげるために遊びを使う。

遊びのほかの機能が何であれ、遊びは脳の成長のための大切な糧であり、脳を配線し直し大脳皮質のニューロン間の連結を強化する働きがあると多くの学者が考えている。

犬はどのように遊ぶのか

犬の遊び方に関して大きな関心が集まっている。たとえば犬はほかの犬をどうやって遊びに誘うのか。犬はどうやって遊びの雰囲気を保つのか。犬はどうやって走りながら遊びの相談をするのか。犬はあんなに興奮した動きをしながら、どうやってフェアな遊びができるのか。それに犬はどうやってもめ事が起こらないようにしているのか。

犬は遊びたいという気持ちを示すために、たくさんの動作を使う。頭を下げる。顔をふる。すばやく近づいたり後退したりする。ある方向に行くふりをして、反対の方向に行く。口でガブリとくわえる。遊びたい相手のところにまっすぐ走っていく。こうした犬の遊びのシグナルを動物行動学者は「正直なシグナル」と呼んでいる。社会的遊びが、他個体を自分の利益になるように操作するための行動として進化したという証拠は、どんな種類の動物でも見つかっていない。私自身の長期にわたる研究でも、動物たちが相手をだますようなシグナルを発することはとてもめずらしく、犬、飼育下の若いコヨーテやオオカミ、野生のコヨーテの何千という遊びの動作の流れを観察したなかで、ほんの数回しかなかった。

しかし前にも書いたように、研究結果には「ばらつき」がある。そこには、いろいろな理由がある。異なる個体が異なる状況で調査されているし、年齢や性の違いが異なる結果を生むこともある。またそれぞれの犬の個体の経歴はみんな違う。このばらつきを問題と見るのではなく、これからの研究のための刺激にするべきだろう。

犬はどのように遊ぶ意思を決めるか

私たちはつい、遊び《プレイ》のお辞儀《バウ》など、目に見える遊びのシグナルに目をつけてしまいがちだ。しかし犬の研究者ジョン・ブラッドショーとニコラ・ルーニーが言うように、すべての遊びのシグナルが目に見えるわけではない。犬は遊びたいときハアハア息をしたり、吠えたり、唸ったりもする。では「遊びを誘うにおい」はあるのだろうか。たとえばイギリスを流れるテムズ川の岸辺に棲むハタネズミたちにはそんなにおいがある。同じように、犬たちも遊びそのものが刺激になって最初は乗り気ではなかった犬にも興奮が広がることがある。このような遊びの社会的な広がりは、ほかの友だちと楽しんでいる犬を連想させる強いシグナルの混合物によるものだろう。遊びは種の垣根も越えて、時には人間だけではなくなんとオウムにまで伝わることもある！

ジェニファー・ミラーは根っからの動物好きで、オウムの行動を研究している学生だ。彼女は2009年1月に保護したシロビタイムジオウム（オウムの一種）を飼っていて、マルコムと呼んでいた。このマルコムはジェニファーの愛犬ラッキーのマネをするのが大好きだった。以下は彼女が書いた文だ。

マルコムとラッキーは飼い主から捨てられて、一時預かりの「里親」になった私の家にやってきた。彼らは終の住処を夢見る動物たちの大群のなかにいたわけだ。彼らがうちに来た時期は異なる。マルコムは2009年1月、ラッキーは2012年の9月だった。一時預かりのはずが、マルコムとラッキーは今でも私と一緒にいる。種の違いはともかく、私は彼らの仲間に加わって、私の家は彼らの終の住処になったのだった……マルコムは犬の「ものまね」で有名だ。プレイバウとスリ足をするのはラッキーおなじみの行動で、マルコムのお気に入りのものまねネタだ。どういうわけかマルコムはこの一連の行動を「友好的」で「攻撃的じゃない」ときちんと理解できる。犬たちが遊ぶとき、マルコムは羽を上げて、思いっきり伸ばして、跳びはねる。これが、マルコムにとってのプレイバウなのだ。[16]

遊びのお辞儀《プレイバウ》とは何か

おそらく、誰でも一度は犬がお辞儀をするのを見たことがあるだろう。「遊びのお辞儀《プレイバウ》」とは、両前足を出してかがみ尻尾を振り、吠える行動である。映像にも残しやすいし研究しやすいので、この行動についてわかっていることは多い。

お辞儀は基本的に遊びの契約だ。定型的で認識しやすいシグナルで、遊びに誘ったり、遊びを続けたいときに使われる。お辞儀はまた、自分や相手の心を落ち着かせるためのシグナルでもあるようだ。[17] お辞儀は、若い犬でもおとなの犬でも主として遊びの中で使われる。しかし、驚くべきことではないが、研究毎にそれが明らかに似ているお辞儀でも働きが異なっている。お辞儀は若い犬同士、おとなの犬同士、若い犬とおとなの犬の間ではそれぞれ別の働きをしうるようだ。パトリシア・マクコーネルが大変うまく書いているように、科学は仮説を生み出し検証しつづけるものであり、仮設や予想と異なる結果が出ることはなんら予想外のことではない。[18]

若い犬、コヨーテ、オオカミがほかの犬を遊びに誘うためにお辞儀をするときは、遊びの最中にお辞儀をするときほど形や継続時間の多様性がない。[19] この理由は、犬がまず遊びたい気持ちを示す必要があり、遊びの最中のように遊びを継続させることやほかの行動に変えないことを強調する必要がないからだろう。つまり最初のお辞儀は、後に続く咬むことやマウンティングなどの動作の意味を変えるためにある。まずお辞儀をすることによって、咬んだりガブリとくわえるといった、後に続くさまざまな動作が許されるのである。

2頭のおとなの犬を研究したサラ=エリザベス・ビオジェールらは、プレイバウが、攻撃とまぎらわしい動作をとりなすというより、休憩の後の遊びを再開する働きがあることを発見した。[20] また彼らは、415回のお辞儀のうち409回は、お互いの姿が見える状況で行われていたと報告している。こうした結果はほかの研究者の観察ともよく一致し、お辞儀が区切りの合図のようなもので遊びの最中に戦略的に使われていることを裏付けるものである。[21] 多くの研究はお辞儀が適当に使われているのではなく、公平な遊びを維持するために使われていることを示している。

犬はどのように遊びを公平なものにするのか

ドッグパークではさまざまな体型、大きさ、速さ、強さをもった犬たちがもめ事やケガもなく、見事に仲良く遊んでいる。なぜ犬たちはこんなことができるのだろうか？ 彼らは、遊びをうまく続けるためには、ほかの犬と公平に遊ばなければならないことを知っている。だから大きくて強い犬たちが、自分たちを抑制し、役割を逆転したり自分にハンディをつけたりしているのだ（セルフ・ハンディキャッピング）。だが役割の逆転についてエリカ・バウアーとバーバラ・スマッツは、「役割の逆転は遊びを続けるために必ずしも必要というわけではない」ことを発見した。また彼女たちは、「役割の逆転は、追いかけっことやとっくみあいでは起こったが、マウンティングや鼻を咬んだりなめたりする行為の時には起こらなかった。後者の行動はイエイヌにおいて、遊びの最中にも変わることのない正式な順位の指標なのかもしれない[22]」ということも述べている。

セルフ・ハンディキャッピングは、遊びを継続し公平なものにするために利用されている。たとえば、多くの動物種では遊びのときには噛む力を弱めており、このルールによって遊びを継続しようという雰囲気が保たれているのだ。「転がる動作」は、役割を逆転させるために行われることもあるし、セルフ・ハンディキャッピングとして行われることもある。ただし、当然ながら、違う研究では違う結果が出ることもある。逆転が起こるのは、力の優位なほうの犬が本物の攻撃中にはしない行為をするときである。ここでは「転がる動作」を例にあげよう。たとえば力の優位な犬やコヨーテ、オオカミなどは戦いの最中に背中を下にして転がったりはしないが、遊びのなかでは行う。転がる動作はわかりやすいものではない。単純な一対一の対応関係を期待することはできず、特に遊びではそうだ。ケリー・ノーマンらは、転がるようなあおむけの動作は、犬の遊びを助けるもので、服従を表すものでもないと論じている。小さい犬が大きい犬よりも転がる動作をしやすいというようなことはなかったからだ。ケリーたちは「大部分の転がる動作は防御のため（首筋を咬まれないように逃げるため）でも攻撃のため（攻撃を準備の姿勢をとるため）でもなかった。服従の動作にも分類できなかった[23]」とし、転がって仰向けになることは順位が低い個体が行う従属的な動作ではないと結論づけている。

そうした発見とは反対に、バーバラ・スマッツらは年上で体の大きいほうの犬たちが「転がる動作で最終的に上になりやすかった」と主張している。この場合、転がる動作は身を守る防御のための行動のようだった[24]。

犬の研究者ジュリー・ヘクトも転がる動作についての論争に加わった。

1. 2頭の犬が遊んでいるとき転がる動作は遊びの助けになっている。たとえば転がっている犬は別の犬とふざけて戦いのマネごとをする。首を咬んだり、それを避けたり、口を大きく開けて相手にぶつかったり。研究者たちは遊びのなかのほとんどの転がる動作が「戦いごっこ」の一部だと思った（つまり「戦い」自体が遊びで、本物の戦いではない）。大事なのは、遊びのなかの転がる動作はあくまでも遊びであり「攻撃」ではないということだ。

2. 遊びのなかの転がる動作は、自分でハンディをつけている行動であるという解釈もできる。ハンディによって異なる大きさや社会性の犬が、一緒に遊ぶことができる。自分でハンディをつける行動は遊びの役に立ち、犬は自分の行動を加減する。例をあげると、犬は全力で咬んだりせず大きな犬が転がって、小さな犬に体の上でジャンプさせたり、ガブリと自分を咬ませたりさせる。著書『犬から見た世界—その目で耳で鼻で感じていること』で、アレクサンドラ・ホロウィッツはその行動について次のように書いている。「大きな犬のなかにはしばしば地面に転がって、小さな遊び友だちに腹を見せ、しばらく、わざと自分に向かって自由に暴れさせる犬もいる。これを私は、自分から倒れる行動と呼んでいる。これは、遊びを円滑に進めるために自分にハンディをつける行動のひとつだ[25]」。

全体的に見てお辞儀、役割の逆転、自分にハンディをつける行動にはさらに研究が必要だ。たとえば私はホロウィッツの本の読者から、転がる動作は必ずしも好ましい遊びを示すものではないという指摘を受け取った。「私は以前15キロの犬を飼っていた。その犬はラブラドールレトリバーが大好きで、もし彼らがいたらドッグランの端から端までで猛然と走っていって、遊びのお辞儀《プレイバウ》をするほどだった。彼女自身はラブラドールレトリバーではなかったのだが。一方彼女はロットワイラーがとにかく大嫌いだった。彼らやほかの嫌いな犬たちがいると、彼女は転がる動作をして腹を見せて気に食わない犬たちの気を引いた。ところがその犬たちがなんだろうかと彼女に寄ってくると、体をひるがえして、怖がりもせず彼女より30キロは重そうな犬たちを攻撃した。彼女はいったいどういうつもりだったのだろうか？　これは一般的な行動なのだろうか？」

　正直言って私にはよくわからない。これこそ本書の重要なメッセージの良い例だ。前章でも言ったことだがもう一度書く。

「現実に存在しない〈空想の犬〉には気をつけよう」

　すべての犬が公平な遊びをするわけでもないし、すべての状況でそうするわけでもない。「犬というものは、これこれを、こんな理由で、こんなふうにするはずだ」という理論をつくったとしても、それは犬たち自身によっていつも台無しにされてしまうものなのだ。

公平《フェアー》な遊びのルールとは何か

　イエイヌの研究は、公平さと正義感の進化を探求するためのユニークなアプローチを提供してくれる。犬はとても社交的なイヌ科動物の子孫であるだけでなく、人間と共同作業をするために繁殖させられてきた。だから犬は社会的遊びで協調的なふるまいをするし、ほかの社会認知的タスクも巧みにこなすことができる。犬がほかの社会的場面でも霊長類と同じように行動するかどうかという疑問は、理屈にかなっている。特に犬は不公平や不当さに気づいて反応するだろうか。そしてこのような能力があるとすれば、人間との長期間の協力関係や人間による選択によって育てられたものなのだろうか。

遊びはめったに本物の攻撃に発展しない。これはさまざまな状況に当てはまる。広範な研究に基づき、私たちは動物の公平な遊びには4つの基本的側面があることを発見した。つまり、遊びの前にまず遊びたいか尋ねること、誠実であること、ルールに従うこと、そして自分が誤っているときはそれを認めることである。犬とほかの動物はみんな、こうした遊びの規律を共有している。遊びのルールが破られて公平さが失われたとき、遊びも終わる。犬とほかの動物は、遊んでいる最中に起きていることを認識しながら遊んでいるし、私たちもそれをよく覚えておく必要がある。

もちろん犬もルールを破ることがあり、ルール破りの犬は彼らのやり方で「罰せられる」。ずるい犬はその先は遊びの相手に選ばれにくくなる。ほかの犬たちが一緒に遊ぶことを拒否して、別の犬を選ぶからだ。野生のコヨーテのこどもが遊び仲間のなかで優位に立つために遊び相手をだましたりしたら、もうほかのコヨーテのこどもを遊びに誘えなくなる。これは深刻な影響を及ぼしかねず、「ずるい」コヨーテのこどもは生まれたグループから離れてしまい、死の危険に晒されることもありえるのだ。フェアプレーをせずゲームのルールを守らないことと、「繁殖成功度」〔訳注：生物の個体がどれだけ多くの子孫を次世代に残せるかの尺度〕の間にはおそらく関係がある。これに関する情報は少ないが、この因果関係がどれほど確固としたものであるのかについては興味深いところである。

さらに公平な遊びの4つのルールは、犬が「心の理論」、つまり他者には自分とは別の思考と感情があるという概念を持つと思われる理由のひとつである。このことについては、6章で検討する。

遊びに勝ち負けはあるのか

同腹仔［訳注：母親が一回に身ごもった動物のこども］たちの遊びへの第三者の介入についての研究がある。カミーユ・ウォード、レベッカ・トリスコ、バーバラ・スマッツは、同腹仔たちが「すでに従属的に行動している同腹仔たちに向けて攻撃的行動を行うために便乗的に介入を利用する」ことを発見した。[26] 彼女たちの結論はこのような介入が同腹仔たちの間における優劣関係の構築を促進する、というものだった。

私の研究では、一連の遊びのひとつひとつに勝ち負けを当てはめるようなことをしなかった。なぜならそれらと、遊んでいる個体の集団内での社会的順位、リーダーシップ、遊び相手に対する順位などとの間にいかなる関係も見出せなかったからだ。ジャーダ・コルドーニらは、イタリア、パレルモのドッグパークにおける犬たちの研究に基づき、遊びは犬の順位や優劣関係を作る上で小さな役割しか果たしていないと述べている。[27] ゴードン・バーガートも著書『遊びの起源（The Genesis of Play）』で、遊びには勝者も敗者もいないと論じた。またセルジオ・ペリスとヴィヴィアン・ペリス夫妻は著書『遊び好きな脳（The Playful Brain）』で、実験用ラットの戦いごっこは、重要な戦闘技術の訓練には見えなかったと報告している。そしてジョン・ブラッドショーとニコラ・ルーニーも、「犬が遊ぶとき、社会的地位を上げようとする願望はほとんど見られない」と述べている[28]。

本書を書きながら、私は遊びと順位（優劣関係）についてもっと知りたくなった。そこで、遊びの権威であるセルジオ・ペリスに質問をした。彼は妻のヴィヴィアンや多くの学生たちと一緒に、ラット、犬、ビサヤブタなど多くの種における社会的遊びを研究してきた。彼は次のようなメールをくれた。

遊びで優位に立とうとする個体は真剣な争いを起こすか、遊び仲間から追放されたりするというデータがある（人間のこども、アカゲザル、ラットの研究の例に見られる）。これは動物たちの間に遊びの雰囲気を保って楽しいものにするために従い、監視するルールがあることを意味している。これはかなり一般的な原則だ。

しかしあなたが言うように、そんな理論が当てはまらない犬たちがいるのも事実だ。遊びにおいて犬たちに何が大切なのか、個々の犬の心がわからないまま単純に私たちのための理論を作っても、きっと誤ることになるだろう。実際、私たちが最近行ったラットの実験では、遊びにおいてどのような行動をとるかについてはかなりの系統差があったにも関わらず、いずれの系統のラットでも遊びの30%で役割の逆転が起きることがわかった。この結果が示すのは、動作自体に焦点を合わすことは確かに有意義だが、誤解を招く恐れもあるということだ。動作は参加者の視点から見た場合にのみ、意味のある解釈ができる。だから犬の視点に立つことが出来ない以上、私は彼らの関係が非対称であると判断するのには限界があると思う。「人間の観察者」ではなく犬自身が、関係を「非対称」と見ていなければならない。[29]

メールでペリスは「非対称」という言葉を使い、犬同士の社会的やりとりを不平等で公平でないと判断するためには、犬自身がそう感じている必要があると述べている。つまり彼は、観察している我々ではなく参加している犬たち自身が、遊びから得られる結果がそれぞれにとって違っていると思っていなければ意味がないと主張しているのだ。

犬は親しい犬とそうでもない犬とで、遊び方が違うのか

数年前、私はボールダーの中学2年生のアレクサンドラ・ウェーバーからメールをもらった。彼女からのメールは、サイエンスフェア［訳注：科学の魅力を生徒たちに広げるために教育機関が開催するイベント］のためのプロジェクトで犬の遊びをテーマにしたいので、力になってもらえないだろうかというものだった。私は彼女の母リサと妹のソフィアも野外調査の助手として参加してもらうことにした。アレクサンドラと私は、なぜ親しい犬同士は見知らぬ犬同士と異なる遊び方をするのか、という疑問に焦点を絞ることにした。アレクサンドラは、こんな疑問はすでに幅広く研究されていると思っていた

ようだが、実際はそうではなかった。いろいろな研究に少しずつヒントが散らばっていたが、この問題をまともに掘り下げている人はいなかったのだ。たとえばパトリシア・マクコーネルは次のように書いている。「私の観察によると、それほど親しくない犬同士は親しい犬同士に比べると、頻繁に遊びのお辞儀《プレイバウ》をするようだ[30]」。

アレクサンドラは、彼女の愛犬2頭を調査した。ティンカーベルはどんな犬とも遊ぶとても社交的な犬で、ハギンズは遊び友だちをもっと選り好みする。この2頭を使って彼女は地元ボールダーのドッグパークで調査を行った。彼女は、親しい犬同士が遊ぶときは遊びが激しくなることを発見した。犬たちは遊んでいる相手を知っているときは、形式にこだわらず、遊びにすぐ飛びこんでいく。調査したすべての犬が同じような行動を見せた。犬は知っている犬にもそうでない犬にも、私が個人的に親しい犬に対する場合とほとんど同じように友好的に接した。全体的に見ると、馴染みの犬同士は荒っぽく遊び、わざわざ互いのにおいを嗅いであいさつをすることに時間をかけない。そうでない犬同士は、最初はもっと形式的で礼儀正しく、においを嗅いで鼻のぶつけ合いをすることにたっぷり時間をかけて、相手をよく知るようにしていた。

もちろんこの問題にはもっと調査が必要だ。しかしアレクサンドラと彼女の家族が動物行動学者として力になってくれたことを誇りに思う。彼女の父も今までよりずっと犬に関心も持つようになったそうだ。彼らは何度も私に、調査はとても楽しかったし、ドッグパークで犬や人についてたくさんのことを学んだと言った。そしてアレクサンドラはこの研究でサイエンス

社会的な遊びは、どのくらいの頻度でケンカになるのか

私はよく「社会的遊びはケンカに発展するのか」といった質問を受ける。「犬が遊ぶと、必ず攻撃的になるわ！」と指摘する人も多い。

しかしそんなことはない。遊びはめったに本気のケンカに発展しないが、いったん起こると人目を引いてしまう。そんな数少ない例が、乱暴な犬にてこずっている飼い主やドッグパークを批判したい人のために利用されているのだ。また遊びがケンカに発展する際のサインも尋ねられるが、遊んでいる個体によるのでサインについての明確なルールを考えるのは難しい。犬同士がどのくらいお互いを知っているか、彼らは以前にどのくらい一緒に遊んだことがあるか、彼らの体の大きさの比率はどうかなど、いろいろな要素がある。重要なのは、犬が何者か、そして犬が通常どのように遊んでいるのかに注意をはらうことだ。遊びからケンカに発展することはめったにないので、正確な予測をするほど十分なデータを集めることは難しい。

私と学生たちは、犬の遊びのこの点に関して細かい記録をとっていなかったが、観察した何千という遊びのなかで、本気のケンカに発展した例は2％もなかったというのが全員の意見だった。コロラド州ボールダー周辺のドッグパークでの現在の観察も、私たちの結論を裏付けている。それに加えて私と学生たちは野生のコヨーテ、主としてこどもたちの約1000回の

遊び行動を観察したが、たった5回しか本気のケンカに発展した遊びを見たことがない。同じようにメリッサ・シャイアンらは、犬の「戦いごっこ」がケンカになった事例は0・5％以下で、その半数だけが明らかに攻撃的な接触だったことを発見した。[31]

リンゼイ・マーカムもドッグパークでこのテーマを調査して次のようなメールをくれた。

私たちの研究では、本気のケンカが観察されることはありませんでした。ただ分析した700回以上の遊び行動のなかで、1回だけ遊びから目につくようなケガをした例を目撃しました。おもしろいことに大きなドッグランより小さなドッグランのほうが、ケンカやもめ事の可能性がずっと高いことがわかったのです（混雑や飼い主たちの気配りのなさが原因かもしれませんが、この違いを生むほかの多くの要素もきっとあるでしょう）。そこでデータから私が導いたことは、以下のようになります。ドッグパークで犬同士の攻撃が起こることは確かにあり、そのリスクもあります（2頭以上の犬が出会う、どんな場所でもありえるように）。しかしデータは、指摘されているほどは多くないことを示しています。[32]

もちろん時々、特定の犬がとても興奮して遊びに夢中になり、きつく咬みすぎたり、遊び仲間に激しくぶつかりすぎたりして、いつもと異なる攻撃的な状態になることはある。私が見たある犬は、興奮してやんちゃになるあまり、ほかの犬の顔にぶつかっていったこともあった。そんなとき、その犬の飼い主は「そんな乱暴な遊び方はやめなさい！」などと叫ぶ。その飼い主が介入するまでは、犬たちの間ではなんの問題もなかったようなのだが。しかしこれは例外的なケースだ。遊びは公平な関係に基づいていて、遊びに参加する犬たちは互いに協力し、うまく折り合いをつけながら楽しく遊んでいる。遊びのルールが守られているかぎり「戦いごっこ」はめったに本当の戦いに発展することはない。

集団の大きさは遊びに影響するのか

もうひとつよく聞かれる質問がある。「大きなグループが目もくらむほどのスピードで走りまわっているとき、犬たちはどれくらいお互いの気持ちが読みとれるのだろうか？」という質問だ。この問題を誰もまだきちんと調査していないが、犬たちはかなりうまくやっているようである。遊びやほかの場面における調査は、攻撃性の低さや猛スピードでシグナルの交換が行われていることを示している。このときの混ざり合ったシグナルは、今何が起こっているか、これから何が起こるかについて、とても多くの情報を含んでいるのだ。

現在、私が関わっている研究の予備的なデータからは、いくぶん異なる2つの結論が導かれる。たとえば遊びがケンカや攻撃に発展する非常にまれなケースでは、グループの大きさは要因にならない。2頭、3頭、4頭、5頭、それ以上の犬たちのグループを比べてもそれほど差はないのだ。しかし私たちは大きなグループの遊びは小さなグループの遊びよりも、簡単に終了することに気づいた。これは遊びが攻撃に発展するからではなく、犬たちが大きなグループではお互いの心を読みにくいので、遊びがケンカに発展する前に終わるようだ。この研究が続き、もっと多くのデータがこの状態を解き明かしてくれることを期待している。エリザベッタ・パラージらは、犬たちがすばやく相手のマネをして気持ちを伝え、共感を高めることで遊びの雰囲気を維持していることを示すデータを持っている。[33] おそらく、即座に相手のマネをすることと相手への共感が大きなグループでは長く続かないのだろう。

パラージの研究結果のおもしろい点は「即座にマネをする行動が、お互いの親密さに強く影響されるということだ。社会的つながりが強ければ強いほど、マネをする頻度も高い[34]」。これはアレクサンドラ・ウェーバーのサイエンスフェアのプロジェクトでの「親しい犬同士は、そうでない犬同士よりも、すばやく激しく遊ぶ」という結論を支持するものだ。

遊びは即興——いつも同じではない

遊びはごちゃごちゃした行動に見えるが、実際その通りだ。遊びは本質的に多様性があり、さまざまなほかの状況から寄せ集めた動作を使っている。言い換えれば遊びは即興で、すべての犬が自分独自のやり方を即興でやっている。だから前にも書いたように、犬たちが友だちと大はしゃぎするとき、我々が持つ犬の行動についての規範的な理論は意味がないのだ。

犬の遊び行動について、もっと多くの調査が必要なのは明らかだ。私は遊びの研究が楽しいと自分の経験で言えるので、もっとたくさんの研究者が遊びを真剣に取りあげてほしいと思う。たとえば「ねえ、僕は大きいけど危険じゃないんだ！（Beware, I Am Big and Non-dangerous!）」という素晴らしい論文がある。アンナ・バリントらは、「犬は遊びの際に唸り声を使って、体の大きさを誇張することがある。それは、楽しい交流を維持しながらも、さらに遊びを盛り上げているのかもしれない」という事実を見つけた。「本当に攻撃的な犬の唸り声は体の大きさなどについて偽りのない情報となることがわかっていたので、私たちの研究結果は、動物の大げさな発声が遊びのシグナルとして機能している証拠になると考えられるのです[35]」。

遊びに関して定説はうまく働かない。多くの要因があってさまざまな結果が予想される。たとえば私は最近、おとなの犬の遊びに関する調査で、咬んでから頭を振る動作はまったく観察されなかったという報告を聞いた。しかし私と学生たちは、おとなの犬、若い犬、全年齢層のコヨーテ、オオカミ、アカギツネで、その行動を何度も見た。私がほかの学生たちに聞くと、彼らもその行動が観察されなかったことに驚いていた。これはいったいどうしてなのか。私たちは本当に同じ行動について話しているのか？　つい最近、私はキャンパスで3頭の犬が遊んでいるのを見た。彼らは互いの背中に飛び乗り、咬みつき、かなり激しく頭を振っていた。その犬たちと一緒にいた男性が言うには、その犬たちはいつもこんなふうに遊ぶが、順位を主張し合うような争いにエスカレートしたことはないらしい。それでも見慣れていない人の目には、彼らは互いをめちゃくちゃに攻撃しているように見えただろう。

犬やほかの多くの動物たちの比較動物行動学では、こうした個体差が当然予想される。たとえ遊び《プレイバウ》のお辞儀のような儀式的なシグナルでも、調査対象の個体や社会的状況、調査状況などによって異なる使い方をされるだろう。また攻撃的な接触で使われる儀式的なシグナルでも同じことが言える。共通するものもあるが、ケンカしている個体やそのケンカが起こっている場面によっても異なる使い方がされる。だから咬まないし頭も左右に振らない犬が存在してもおかしくないのだ。

それでもその個体差にはある程度の範囲がある。すべての調査から浮かびあがってくるひとつの傾向は、プレイバウは高度に儀式化しているシグナルで、進化を通じてはっきり明確に形作られてきたということだ。このシグナルによって、犬たちは「遊びたい」もしくは「一旦休憩した後で遊びを続けたい」という意思を伝える。犬は遊びが大好きなので、遊びたいという意思をほかの意思と区別することが、なによりも大切なのである。だからもし私たちが犬の遊びについての全研究から何かひとつ学ぶとしたら、それはもし遊びたくないならプレイバウをしてはいけないということだ。〈遊ぶイヌ《カニス・ルーデンス》〉（*Canis ludens*）は、公平な付き合いを望んでいるのだから。

第4章

犬社会の掟

体重34キロのオスの大型雑種犬、ウィリアムは、毎朝7時ごろドッグパークに到着する。一方ミリーは体重7キロぐらいのメスの雑種犬で、通常、ウィリアムより数分前に到着する（ちなみに、ウィリアムの飼い主は、スラングで「おちんちん」を意味する「ウィリー」ではなく、絶対に自分の愛犬を「ウィリアム」と呼ぶことにしているが、その話はまた別の機会に話そう）。ミリーはウィリアムを見つけるとすぐに彼のところに走っていって、その体に飛び乗ろうとする。いつものように落っこちると、「私がボスよ」とでも言わんばかりに彼女は唸って彼のまわりを回る。一方のウィリアムは穏やかな性格なので、その厚い毛皮にハエでもとまったかのようにすべてを受け入れる。そして彼はそのまま、友だちがいるほうへ歩き続ける。みんな彼が大好きだ。ミリーはと言うと、ずっとウィリアムの上に飛びのろうとして、落っこちて、彼のまわりを回って、唸って、また彼の体の真下に行って、彼の体にぶつかって跳ね返っている。誰もこの2頭のようなやりとりを、ほかで見たことがないだろう。ミリーはウィリアムを絶対に傷つけないし、ウィリアムも絶対にやり返したりしないし、うっとうしそうでもない。ミリーはどう見てもウィリアムをコントロールしたがっていて、彼がどこに行くか、誰と遊ぶかに影響を与えている。けっして暴力的ではないが、強引な彼女流のやり方で、ウィリアムを支配していると言ってもいいだろう。

ジョンソン（彼の飼い主は時々ドクター・ジェイとも呼んでいる）は小さいオス犬で、まったくどの血統か不明の雑種犬だ。このジョンソンはまれに見る支配欲の強い犬で、そんなところが飼い主にそっくりらしく、飼い主もきまり悪そうにその通りだと認めていた。ジョンソンはドッグパークにたくさん友だちがいて、彼らは常にジョンソンに注目しているようだ。ジョンソンの行く先、ジョンソンの行動、ジョンソンが付き合っている相手に。しかしジョンソン自身は、まったくほかの犬を見ない。彼はいかにも「俺がボスだ」とでもいうかのように自由に歩きまわり、それだけで明らかに友だちの行き先をコントロールしているのだ。こんなふうにジョンソンはさり気なく、しかし巧みに、彼らの行動を支配している。誰もジョンソンが歩きまわる以上のことをしているのを見たことはない。彼は行きたい所に行きたい時に行き、やりたいようにしているだけだ。誰も、彼が軽く唸るのすら聞いたことがない。ほかの犬たちはまるで「ああ、ジョンソンは今日も好きなようにやっているな」とでも考えているかのように、彼に自由にやらせてそれに従っているのだ。

数年前、誰かに「犬の社会に順位はあると思いますか」と聞かれて、私はとても驚いた。まず私は、「からかっているのかい?」と答えた。

そして、その人物が真剣に質問していることに気づき、その後は貴重な話し合いになった。この手の会話を今もすることがある。同じ質問をする人がたくさんいるということだ。犬社会の順位についての話題は熱い論争になり、今も多くの研究者やドッグトレーナー、一般の人たちの間で熱心に話し合われている。

たとえば、私の同僚は数年前に犬の研究会で起きた出来事を、次のように書いてくれた。

「また例の〈Dではじまる言葉〉［訳注：英語で優位や支配を意味するdominance］だよ。こんどは私が教えている大学院生が、犬の遊びについての研究発表でその言葉を口にした。というのも、彼女は遊んでいる時以外での順位関係が、犬の遊びのなかでの行動に影響を与えるかどうかを研究していたからだ。ところが彼女が〈Dではじまる言葉〉を口にした瞬間、ひとりの女性が立ち上がり、学生に向かって大声で「犬に順位なんてものはない」と叫んだ。その言葉にたくさんの人が手を叩いていたよ[1]」。

これに関連して、私はある時ドッグパークでジョンという名前の男性と話をした。彼はとてもフレンドリーな人だったが、ガブリエルという犬についてかなり憤慨しているようだった。ガブリエルは、ドッグパークでほかの犬たちの迷惑を顧みず我が物顔でふるまっていたのだ。ジョンは言った。「ガブリエルはここにいる犬たち全員の上に立っている。もう、うんざりだよ。僕たちがいくら文句を言っても彼女の飼い主は何もしない。このことをドッグトレーナーに話したけど、犬には順位関係は存在しないと言われた。もし本当に存在しないっていうなら、あれをいったいどう説明してくれるんだ」。

正直なところ私は、なぜ「犬に順位があるかどうか」という議論がわざわざ行われるのかがわからない。むしろ私は、自分がよく知っている動物で、人間でも人間以外でも野生のイヌ科の動物も含め、ある個体がほかの個体に対して優位をまったく示さないような動物を思い浮かべることができない。どんな動物でも他個体に対する自分の優位や順位を示すことはあるのに、なぜ犬がほかの動物と違う必要があるのだろうか。しかし、犬が「優位」であることが犬の間で何を意味するかを、多くの人が誤解していることがわかった。厳しい訓練手段を正当化するためや、好ましくない行動を罰するために、順位や優位の概念が利用されることがあるのだ。

犬が人の上に乗ってきたり、リードを引っ張ったり、おもちゃを取ろうと唸ったりした場合、人はその強情だったり興奮していたり、あるいは攻撃的だったりする犬の行為を、その犬が自分の「優位」を示そうとしている、つまり自分の方が「順位」が高いことを示そうとしている、と理解することがある。ドッグトレーナーでジャーナリストのトレイシー・クルーリックは以下のように書いている。「優位や順位といった言葉を使えば、どちらかと言えばして欲しくない犬の行動のほとんどすべてを便利に記述できてしまうかもしれない。けれどもそうしてしまえば、人々はそれ以上調べることをやめてしまい、なぜ犬がそんな行動をするのかを知るための手がかりが永遠に得られなくなってしまう。さらに悪いことに、この言葉を使うことによって犬がある種の権力闘争で優位に立とうとしたと解釈し、人は犬を罰するのである[2]」。

実際、犬に順位は存在するが、この事実を無視するのが一番良いという人もいる。というのも、順位は一部の人たちによって誤解されて使われ、彼らは犬に順位が存在するなら、犬をトレーニングするときに彼らを支配してもかまわないと考えるからだ。一方、順位なるものは作り話だと心から信じている人もいる。犬は哺乳類のなかでも順位を示さないユニークな生き物だという人もいるし、順位を示す動物はいないと言う人もいる。しかしこうした意見は、脊椎動物から無脊椎動物まで広範囲の動物における順位の進化に関する綿密な比較研究データを無視しているといえるだろう。

私は、事実を無視するべきではないと思う。私たちは、犬同士の関係と人と犬との関係や犬の扱い方を、慎重に区別するべきだ。犬（そして、ほかの動物たち）が順位関係を作っているからといって、私たちが犬を支配する必要はないのである。そこで、まずは犬の社会的階層を見て、順位が犬たちの社会の階層とどのように調和しているのか、また順位の意味とは、犬の順位のなかにないものとは何なのかを見ていこう。そうすれば私たちは、人がどれほど犬について誤解しているのかがわかり、支配的な関係が犬のトレーニングにまったく必要ないということもわかるだろう。

繰り返すようだが、犬やほかの動物が順位を示すからといって、私たちは犬たちを支配する必要はない。私たちは彼らに、人と仲良く暮らすことを教えようとしているのだから。同じ家に住み心を通わせ合って、犬と力を合わせていこう。これを信念として唱えていれば、きっと人にとっても犬にとってもうまくいくだろう。

犬の社会的階層

単刀直入に言って、順位は存在すると断言できる。これは前の節で述べた、動物の幅広い種についての綿密な比較研究データに基づいている。まずはそれについて考えていこう。ジョン・ブラッドショーらは、順位は個体間の関係のすべてであると、正確な指摘をしている。[3] これは、すべての種類の社会的相互行為について私が本書で強調する最大のポイントだ。

特に犬とその野生の近縁種たちは、支配服従関係に基づく「社会的順位制」［訳注：同種集団のなかで個体間に優劣関係があり、それに基づいて互いの行動が調整されているような社会構造］を見せる。動物行動学ではこの事実はよく知られていて、「屋根から飛び降りたら地面にぶつかる」のと同じくらい明らかなことだ。ついでに、いくつかの誤った通念も一掃させてもらおう。まずひとつ目は、優位な個体が常に劣位な個体より多くの子孫を残すという通説だ。これは誤りである。もうひとつの通説は、犬が群れを作らないというものだ。これも正しくない。私自身も犬の群れを見たことがあるし、犬の群れの存在は、イタリアにあるパルマ大学のロベルト・ボナンニらによってローマ郊外で行われた放し飼いの犬たちの調査や、ほかの研究者たちによっても十分に立証されている。[4]

順位制は「（鳥の世界の）つつきの順序」と呼ばれることもある。この言葉はノルウェーの動物学者で比較心理学者のトルライフ・シェルデラップ＝エッベがニワトリを使って行った古典的調査に由来する。彼はニワトリにとても興味を持っていて、1921年にこの研究で博士論文を発表した。

著名な動物学者、エドワード・O・ウィルソンは、その古典的著作『社会生物学』で、3つのタイプの階層構造を区別した。専制、直線的順位関係、非直線的順位関係である。専制では、特定の1個体が社会的集団のほかの全メンバーよりも優位であり、ほかのメンバーの間には階層がない。この関係は、A＞B＝C＝D＝Eと表される。直線的順位は、その言葉通りだ。それぞれの個体が自分より優位の個体に服従し、自分より劣位の個体に対して優位に振るまうといったはしご状の階層である。この関係は、A＞B＞C＞D＞Eと表され、この階層の中ではB＞DでもありC＞Eでもある。最後に、非直線的順位ではほかの全メンバーに対して優位になる個体がなく、個体間の関係が直線的にはならない。この関係はA＞B、B＞C、C＞D、D＞Eだが、同時にE＞A、D＞Bでもあるような関係として表される。また彼は、優劣関係に基づく階層に類似した「従属的階層」があるとも述べている。

綿密な調査の結果によって、ほとんどの犬たちが直線的順位を作っていることがわかった。論文「犬の社会的階層の理解（Understanding Canine Social Hierarchies）」でジェシカ・ヘックマンは、オランダの犬の集団で行った研究を示し、「この集団はあまり平和主義者とは言えなかった。順位の区別は厳格で、劣位の個体は優位の個体にあいさつをしなければならなかった。たったひとつ上の順位の個体にも、体を低くするなど、敬意を表す行動をしていた[5]」と報告している。そして、ロベルト・ボナンニによる先にあげた研究と同じく、ヘックマンは次のようにも書いている。「この集団の社会的階層は、まさにはしごのようだった。種によっては、目がまわるような階層的構造を持っていて序列がまったく直線でない形で輪になっていることもある。しかしこの犬の集団では、階層がきちんと直線になっていた。もし犬Aが犬Bより上位で、犬Bが犬Cより上位なら、犬Aは必ず犬Cよりも上位になった。たとえば犬Cが犬Aより優位になるような、奇妙なわかりづらい混乱は見られなかった」。

私はほかの多くの研究者たちと同じように、つながれている犬でも放し飼いの犬でも、あらゆる形の順位関係を見てきた。こうした関係は安定していて、並びかわることもあるが、時間とともにだいたいいつも直線的序列を取り戻す。私が山の中の家で一緒に暮らしていた2頭の犬は、明らかに路上で暮らすほかの犬たちに威張って喜んでいた。よく2頭はほかの犬たちに向かって唸り、私たちの家の周辺から追い出していた。こうした衝突は全面戦争に発展することはなく（一度だけ心配することがあったが）、どの犬も特に相手のことを怖がっているようなふしはなかった。このことは隣人たちも確認している。それなのに、全部で5頭の犬たちが一堂に会すると直線的序列が簡単に見てとれた。ほかの動物でもそうであるように、この序列は個々の犬たちの行動を制限していたので、彼らは集団のなかの地位を何度も主張することなく、遊んだり走りまわったりできた。時間とともに序列は変わったが、そのたび個々の犬は単純に自分の地位を受け入れていた。その集団はきわめてうまくいっていたのだった。満足するまで十分においを嗅げて、疲れて家に歩いて帰れないくらいへとへとになるまで遊べるなら、犬たちが文句を言うわけがないだろう。

以前あるドッグトレーナーが、直線的順位を作るには何頭の動物が必要かと私に尋ねた。彼女は最低6頭の個体が必要だと聞いたことがあったという。私もこの通説を何度も聞いたことがあるが、これは誤りだ。3頭いれば安定した直線的順位が簡単に形成できる。あるドッグパークで、モード、マルコム、マディーの3頭は直線的序列を3ヶ月で形成した。たった一度だけリーダーのモードがマディーに向かって短く唸り咬みついた時を除いて彼らは争うことなく直線的順位を作り、3頭全員がとても満足しているように見えた。彼らはやりすぎなくらい乱暴に遊んでいたが、モードは自分がボスだというように威張ることもなかった。3頭の関係はマディーの飼い主が別の市に引っ越したときに終わったが、残ったモードとマルコムはその後も何事もなかったかのように遊び続けていた。

　2頭の犬が唸りあったあと、そこでの地位を受け入れてお互いに唸りあったことを少しも気にせず公平に楽しく遊ぶ、という光景をよく見る。ある女性が私に、こんな質問をしたことがある。「どうしてジェシーはいつもマティルダに唸って歯を剥きだした後で、遊びのお辞儀《プレイバウ》をして、心ゆくまで仲良く遊ぶのかしら」。私は彼女に、プレイバウやほかの遊びのシグナルがどのように遊びをスタートさせて、維持させているかを説明した。自主的な活動として、遊びには協力や合意が必要だ。そして遊びでは、ほかの状況では脅しと受け取られるような動作や行動も許される。簡単に言えば、ジェシーとマティルダはお互いに遊びたかったので遊んだというだけなのだ。彼らが公平に遊んでいるかぎり、遊びの間にしたことが彼らの確立した関係を脅かすことはないのである。

　人が犬の間にある順位を誤解したり、順位がないと考える理由は、優位の犬がめったにあからさまに攻撃的、脅迫的、あるいは傲慢な行動をとることがないからだろう。順位は普通とらえにくく、目に見えて無礼な行為として表れることはない。ウィリアムとミリー、ジョンソン、ジェシーとマティルダの話のように、犬は直線的序列のなかにいるのが快適なようだ。序列が、彼らが仲良くやっていくのを助けていると言ってもいいだろう。

オオカミは順位を示すか

科学者や一般の人たちの間で、オオカミが順位を示すか、社会的順位とはオオカミにとって何を意味するか、ということについて混乱や論争が起きている。率直に言うと、オオカミは順位を示す。オオカミも犬も支配服従関係を築いているが、彼らは必ずしも同じ理由や方法によって社会的関係を築いて階層を形成しているわけではないし、そうする理由は何もない。オオカミは野生動物だが、犬は一緒に暮らす飼い主に生活のほとんどを依存している家畜であるからだ。

オオカミの専門家であるL・デイヴィッド・ミッチは、順位についての彼の意見をよく誤って引用されてきた。たとえば、オオカミや犬には順位が存在しないとミッチは主張していると、信じている人たちがいる。しかし、ミッチは私へのメールでこう語った。「この誤った解釈やデマに、もう何年も私は苦しんできました。私は、順位の概念をけっして否定してはいません[6]」。

そこらじゅうを駆け巡るこの作り話を、正す必要がある。というのも、もしオオカミが順位を示さないなら犬も示すはずがないだろうと言う人たちがいるからだ。ミッチの主張は（ほかの学者も同じような主張をしているように）、オオカミにおける社会的順位の概念は一部の人が言うほど至る所にあるものではない、というものだ。しかしミッチは、オオカミの社会的順位の概念を全面的に否定しているわけではない。彼はほかの場所で次のように書いている。「同じように、仔犬は両親や兄姉たちよりも劣位だが、彼らは両親や兄姉たち優位の犬から優先的に食べ物をもらうことができる。また、食べ物が少ない時は年上のこどもたちの食べる量を制限して、仔犬に食べ物をやることもある。このように、社会的順位が持つ最も実用的な力は、優位な個体が誰に食べ物を割り当てるかを決定できることにある」[7]。

犬の専門家ジェームス・サーペルも、犬やオオカミにある順位は一般の人々が想像するほど敵対的なものではないと説明している。彼は次のようにも書いている。「野生に暮らす犬やオオカミは、社会的階層を形成して維持する。しかしその集団内の序列は、主として若い個体が年上の個体に従うことによって維持されていて、アルファ［訳注：群れの第1位］たちによるトップダウンの肉体的な強制によるものではない」[8]。

以上の点をまとめると、犬やほかの多くの動物たちには順位というものがあるということになる。この主張は広範囲の動物に実施された綿密な調査データの比較が裏付けているので、議論の余地はないだろう。空想的な理論や激しい思い込みは、厳密な調査によって導かれた事実によって一掃できるはずだ。

順位――順位とは何か、順位とは何でないのか

順位を意味する〈Dではじまる言葉〉を避けたがる人もいる。それは、彼らが犬についての

議論において、順位や優位であるということが科学者にとって何を意味するかを理解していないからだ。この言葉は、「管理する」「影響を与える」「ほかの個体に注意を注ぐ」といった意味も含んでいる。しかし基本的に研究者は「優位」という言葉を、犬社会の直線的順位のなかで特定の犬たちが占める相対的な位置を表すときに使う。

「順位」は、必ずしも犬たちの明確な行動によって示されるわけではない。つまり、優位の犬だからといって、ケガを伴うような激しい闘争を行ったりほかの犬を痛めつけたりするわけではない。犬に限らず多くの動物は危険な闘争の可能性を減らすための行動を進化させている。だから、私たちはみなドッグパークに行って犬をよく観察し、彼らが相手の体にまったくふれることなく相手より優位になりえていることを理解しなければならない。犬は、とても繊細なやり方やまったく相手の体にふれたり傷つけたりしないやり方など、さまざまな方法を使って相手をコントロールしたり、相手に影響力を及ぼすことができるのだ。そして劣位の犬は、社会的な階層で「低い」地位だからといって、不快な気持ちや孤独を感じたり、何かを奪われたり、いじめられたりするわけではない。

動物行動学者は「優位」である犬を、別の個体の行動を管理したり行動に影響を与えたりする存在であると見なしている。彼らが与える影響は、個々の犬によってさまざまだ。犬はほかの犬をじっと見たり、近づいたり、声を出したり、特定の表情をしたり特定の姿勢をとったりすることで、相手の体に触れることなく相手の行動に影響を与えることができる。犬たちが優位や順位の概念自体に自覚的であるにせよないにせよ、自分がほかの犬との社会的やりとりをうまくやれているのはどういう時なのか、自分が集団の社会的階層のどの位置ならぴったりくるのかを知っているのは確実だ。

私の推論は以下のようになる。これが優位を示す行動だという単一の行動があるのではなく、複数の行動がその使われ方や文脈によって優位や順位を示す行動になるのである。犬がある状況で行ったある行為が順位を表すものではなくても、別の状況では同じ行為が順位を表すこともありえるということだ。順位は多くの関係の反映である。だから、関わっている個体間のそれぞれの関係をしっかり見ることが順位の判断には不可欠である。順位や優位の判断は状況によるのだ。

では、犬たちが順位を作る目的は何だろうか。犬やほかの動物が他個体よりも優位であることには、多くの理由がある。優位な個体は、食べ物や潜在的あるいは実際の交尾の相手、縄張り、休息場所や眠る場所といった多様な資源（訳注：その動物にとって価値ある対象や場所）へのアクセスを支配したりコントロールしたりできる。彼らは、集団内で肉食動物から最も安全な居場所を求めるかもしれない。あるいは、ほかの仲間の動きに影響を与えたり、ほかの仲間からの注目を集めたいのかもしれない。実際には、順位にもとづく相互行為はめったに行われない。だから、よく知っている個体を長時間かけて慎重に観察することが重要だ。研究者たちは集団内の個体を識別できるようになると彼らが多様な社会的メッセージを伝えている微妙なやり方をますます理解できるようになる。そこには、ある個体がほかの個体をコントロールする時に使われるやり方も含まれている。

全体像を複雑にしているのは、状況的な優位という現象だ。たとえば、下位の個体が上位の別の個体によって挑まれても、状況によっては食べ物を所有し続けることがある。私はこの実例を野生のコヨーテ、犬、ほかの動物や多様な鳥たちの間で目撃した。この場合、大事なのは実際に「所有している」という事実である。状況的な優位という現象では、確立されている序列が、特定の場合や一定時間だけ逆転することがあり、観察者を驚かせるのだ。では、「順位の最高位」にいることの意味は何なのか。常に、あるいは、少なくとも望んでいるときに欲しいものが手に入らないのなら、その地位にはいったい何の意味があるのだろうか？

このような、優位であることは他者を犠牲にして勝ち取ることだという思い込みこそが、一部の人々が犬について最初に誤ることなのである。

犬は引っ張りっこ遊びをするとき、競争しているのか

今度は、順位に関するいくつかの誤った通説をくつがえしながら、私は犬がよくやる「引っ張りっこ遊び」について考察しようと思う。「引っ張りっこ遊びは競争や優位を表している」と言う人がいるが、犬が引っ張りっこ遊びをするとき、必ずしも相手と競争したり、相手より優位に立とうとしているわけではない[9]。

犬の引っ張りっこ遊びは、実際にはただ競争しているというよりも、もっと複雑で興味深いものだ。私は幾度となく、犬や野生のコヨーテの引っ張りっこ遊びを観察してきた。たとえ

ば、犬のモーリーが彼女の仲良しの犬シャーロッタとこの遊びをしたときは、彼女たちはロープの端をしっかり口にくわえ夢中になって走り回った。それから、どちらかがロープを離して相手をからかい、さらに走り回ってまたどちらかがロープを口にくわえるのだ。このゲームは延々と続いたが、これは競争ではなく最終的な目標や勝者もないようだった。モーリーとシャーロッタは、数分おきにロープの持ち役を自由に交代していた。彼女たちが仲のいい友だちで、その行為をとても楽しんでいたことは誰が見ても明らかだろう。

しかし、犬たちが引っ張りっこ遊びをしながら競争している時もある。私は以前ドッグパークによく来る犬たちを集めてデータを収集し、無作為に100回余りの引っ張りっこ遊びを分析した（同日の観察ではなく、複数の機会に観察）。このデータは予備データと呼ばれるものにすぎないがが、これだけ多く観察したのにその中で起こったことが競争だと言える明確な証拠が観察されたのはたった1回だけだった。私は常に自分以外の人物もパートナーとして一緒に観察してもらい、相手も同じ考えであることを毎回確認していた。ほとんどの人がこの観察を楽しんでくれて、これは犬の動物行動学に関する私的な講義の一環だったのだが、彼らからは自分たちの愛犬についてもっと学びたいという熱意が感じられた。調査のパートナーと私の意見が合わないことも、4回あった。

以上の調査から、私たちは次のような同意にいたった。100回の引っ張りっこ遊びのうち、7回には競争の要素があった。そのうち6回で唸り声や片方の犬がロープを独占したい様子がはっきりと見えたが、声を出した後は何も起こらなかった。1回だけ、もし片方の犬がロープをあきらめなかったら、ケンカになっていたかもしれないケースがあった。こういった様子を見れば、犬がいわゆる資源防衛［訳注：動物が価値を置くもの（食べ物、場所など）を守る行動］をしているとみなす人は誰もいないだろう。犬はロープを（相手から守ろうとしていたのではなく）それを遊びのきっかけにして喜びを得るために使っていたのだ。

この予備的な研究は次のように行われた。まずたくさんの変数が考慮される必要があった。それらの変数とは、犬たちの大きさ、社会的関係、親しさ、性別、引っ張りっこ遊びをする前は何をしていたかといった状況、年齢、犬種などのことだ。私たちは、これらの情報を確認した。性差や犬種の差は認められなかった。またほとんどの犬は雑種だった。

私たちは、異なる大きさの犬たちが引っ張りっこ遊びをするとき、彼らがセルフ・ハンディキャッピング（3章参照）をすることに気づいた。ゲームを続けるためには、大きいほうの犬がロープを引く強さを加減しなければならない。大きいほうの犬がロープを強く引きすぎると小さいほうの犬は遊べないので、そこでゲームは終わってしまう。あるケースでは、大きいほうの雑種犬がロープを強く引きすぎたので、相手の小さな友だちは宙に浮きそうになっていた。それを見た大きいほうの犬は、ロープを離して小さいほうの犬のところに走っていき、遊びのお辞儀《プレイバウ》をしてみせた。大きいほうの犬は遊び続けたかったので、また2頭は遊び始めた。体の大きさや強さが異なる犬同士での引っ張りっこ遊びは、譲り合いがなければうまくいかないのだ。

また、親しさも重要なポイントだと思う。モーリーとシャーロッタのような親しい犬同士が引っ張りっこ遊びをする場合はロープの交換も頻繁で、喜んで相手にロープを持たせていた。こうしたやりとりを見た人たちに質問すると、誰も犬が競争しているとは思っていない様子だった。これより評価が難しいのは、ゲームの前にどんな出来事があったかという点である。その犬たちはずっと一緒に遊んでいたのか、合流したばかりだったのか、ほかの犬に出会って興奮していたのか。そうした出来事は、引っ張りっこ遊びの結果に影響を与えたと考えられる。きちんと評価するのは難しいが、その2個体が別の遊びをしていた途中や、どちらかの個体が遊びを終えた直後にロープを拾った場合に、互いにロープを引っ張ったり走りながらロープを交代でくわえたりして、遊びが続けられたという印象を持っている。

　また、飼い主と犬の間の引っ張りっこ遊びも、必ずしも順位や優位と関係しているとは言えない。このゲームは楽しいだけではなく、人と犬の間に強い絆を築きトレーニングの経験を積んでいくためにも重要である。ドッグトレーナーのパット・ミラーは著書『愛犬と遊ぼう（Play With Your Dog）』で、「引っ張りっこ遊びでは思いっきり引っ張りましょう。あなたの愛犬が唸っても気にしないで大丈夫。すべて「ゲームの一部」なのだから、もし犬のほかの行動が適切ならば愛犬に唸りたいだけ唸らせたらいいのです[10]」と述べている。だから気合いを入れて、本気で愛犬と一緒に泥だらけになればいいのだ。プレイバウをして、引っ張りっこ遊びをして、愛犬との関係をいっそう生き生きとしたものに育てていこう。

　私にとってこの引っ張りっこ遊びの調査は、何が犬の意思なのかを勝手に決めつける前に、まず犬をじっと観察する必要があるということの良い例だ。綱引きは人間同士のゲームでもあるが、犬たちは人間のルールで遊んでいるわけではない。彼らが人間のルールで遊んでいると勝手に思い込んでしまうから、私たちはトラブルを起こすのだ。

順位についての誤解――人間、権力の誇示、そして「悪い犬」

ここまでで私が明確にできていたら良いのだが、動物学者や動物行動学者は犬における「順位」や「優位」をかなり限定的で専門的ともいえる形で定義していて、一般的なこの言葉の解釈とは意味が異なる。日常生活で「競争で支配的な立場に立つ、優位に立つ」というとき、一般的にはほかより得な立場に立つことを意味する。優位に立つものが「勝者」で、それ以外が「敗者」である。一方、服従的な劣位の立場を占めることは「敗者になる」ことであり、傷つき、弱ることであり、恥ずかしいことであるともされている。

それなら、人々が犬によって「支配される」「優位に立たれる」ことを不安に思うのも無理はないだろう。その人たちは「順位」や「優位」という言葉が持つ一般的な意味と動物行動学における限定された意味とを混同しているので、犬との誤った権力闘争になり、犬をコントロールするために支配的な行動をしなければならないと考えている。ドッグトレーナーのなかにははっきりとこの意見を口にして、客である犬の飼い主たちに、必要なら力によって問題行動をする犬に飼い主の考えを強制するようにと教えている者もいる。

実例として、ドッグトレーナーのトレイシー・クルーリックが私にくれたメールを掲載しよう。このメールは、私が書いたエッセイ「犬、順位／優位、繁殖、法律——寄せ集め[11]（Dogs, Dominance, Breeding, and Legislation: A Mixed Bag）」への感想だ。

犬との関係で「順位」という言葉を考え続けて、私はこの問題は単なるトレーニングを越えていることに気づきました。飼い犬を「優位に立とうとしている」と主張する飼い主たちは、犬との権力闘争に巻き込まれています。彼らは、「犬を教育するために犬より優位に立たなければ」と考えています。また、「私の犬はものすごく頑固だから、私に見せつけるために、あんな問題行動をやっているんだ」と思い込んでいて、だから犬に教えてやろう！と思っているのです。私は「優位」という言葉が万能語になっているのではないかと思います。「私の犬は私が望まないことをするから、思い知らせてやらなきゃ！」と言う人たちは、彼らの犬が「犬」であることを理解していません。つまりその人たちは、犬がおもしろいから物を咬み、やっていて楽しいから土を掘るのだということがわかっていないのです。彼らの考え方はとても短絡的だと思います。犬が飼い主の枕を咬むのは、「置いてきぼりにされて私に怒っているから。だったら犬には教訓を与えてやらないといけないわ」というように。[12]

また、犬が歩いていて先にドアを通るのも、必ずしも順位と関係あるとはいえないだろう。人間用のソファにすわったり、マウンティングをしたり、分離不安〔訳注：世話をしてくれる人から離れることへの不安〕を見せたり、あなたがほかのことをしているのに体や腹を撫でさせたりするのも、同じく順位とは関係ない。[13] 私たちは、支配とケンカを混同しがちだが、これらは混同すべきではない。多くの動物たちが、威嚇のシグナルをかなりわかりにくく進化させた。それは、「もし自分に近づいたり邪魔したりしたら、ケンカになるぞ」というシグナルだ。また、ある動作はほかの個体に「あなたが私より優位であることを私は受け入れるし、それで問題ないよ」と告げるために使われている。実際、種によっては、劣位の個体は集団の一部であることから恩恵を受けていて、彼らは劣位であることを喜んで受け入れている。優位の個体は、その集団のまとまりが全員がうまくやっていけるかどうかにかかっていることを知っているのだ。だから、あのやたらと偉そうな態度のジョンソンという犬の例では、彼は自分の好きなように行動し、ほかの犬たちに彼をじっと見させることで「コントロール」していると言える。ジョンソンはほかの犬たちからの注目を一手に集めて支配しているが、彼には特別な目標があるわけではない。霊長類学者によると、人以外の霊長類でもほかの個体の注目を支配することに熱心なものがいて、これは順位に関する注意構造理論と呼ばれている。

私が受け取ったもう1通のメールは、順位に焦点を当てると誤解を招きやすく、実際に解決に到達しないばかりか問題を起こすこともありえるということを、よく示している。犬と暮らすことを決めた人なら、犬の問題行動が起こる背景や社会的状況にじっくり注意をしてほしい。私としては次に書くような状況はめったになく、めずらしいことだと言いたいが、残念ながら長い間に同じような報告をたくさん受け取っているので、こうした状況はとてもありふれたことのようである。

金曜日に友人と会ったとき、ちょっと変わった（でも気懸りな）ことがありました。彼女の店に入っていくと、彼女が飼っているジャーマンシェパードが柵の後ろで吠えながらジャンプしていたのです。友人は振り返って歩いていき、シッシッと追いはらい、「ダメ！　ダメ！」と怒鳴りました。その犬が静かになったので、私は友人にその犬が何歳か尋ねました。友人は、「8歳くらいだと思うわ。彼女は今まで保護したなかでも一番神経質な子よ」と答えました。

その犬を見ると、首にプロング・カラー［訳注：突起物が内側に付いたトレーニング用の首輪］が見えたのです。

「この子は人がまわりにいると、とてもうるさいのよ。あなたが来たときも吠えたでしょ。とにかくその場を支配しようとするの」と彼女は言います。

私はプロング・カラーについて、その犬がすでに「神経質」なら、悪い影響がないか心配だと友人に尋ねました。

「ほかにどうしようもないの。これを付けていても、じっと私のそばに捕まえておかなきゃいけないのよ。彼女は人に飛びかかるし、ほかの犬にも突進するし……」。

そう彼女は答えました。

友人によると、その犬は多頭飼育崩壊の現場から救出されたそうです。「この子がいつもあんなに優位でいたがるのは、多頭飼育の現場で一番優位だったからにちがいないわ。そうやってこの子は生きのびて、食べ物を得ていたのだろうし」。

　この状況について、次に私の意見も書いておきます。

　その犬は、人が入ってきたら、きっと「こんにちは」と言いたかったのだと思います。彼女の体はゆったりリラックスしていて、尻尾を振っていました。それに、彼女が飛び上がっていたのも、すべて社交的な行動でした。彼女が飛び上がっていたのは、「優位」だからではありません。彼女はただ、人に挨拶をしたがっているだけなのです。柵のせいでそれができないので、きっとイライラして吠えたのでしょう。

　人に飛びかからないで、座るように彼女に教えるのは簡単。彼女を人が近づいている方向に行かせるだけでも、彼女が座るきっかけになるでしょう。

　私は彼女がリードを付けているところや、ほかの犬のそばにいるところを見たことがないのですが、プロング・カラーの首への刺激がほかの犬を嫌な気持ちにさせていても不思議ではありません。彼女が歩いているところに別の犬がやってくると、彼女は近づいて「こんにちは」と言い相手を嗅ごうとしてリードを引きます。すると、彼女の首輪がしまり「痛い！」となるわけです。これが何度もあると、彼女はそのうち「よその犬」は「痛い！」と覚えてしまいます。だから彼女はよその犬を脅威と思い、吠えるのです。

　その犬はすでに潜在的に不安を持っているという事実を加えると、この首輪と柵へのイライラに対する説明は、さらに現実味が増します。

優位。友人はたった5分の会話でこの言葉を5、6回使いました。彼女のいる街では、90％近くの犬が同じスクールで訓練を受けています。そのスクールでは犬を教育するために、痛みや恐怖を利用しています。イヌが「優位」を示そうとすることがあらゆる「問題」行動の根本的な原因だとされていて、犬が少しでもそのように振舞っているとみなされると罰せられるのです。私はこの出来事に遭遇して、ああいった教育法がどれほどひどいものだったかを思い出したのです[14]。

雑誌『獣医行動学雑誌（Journal of Veterinary Behavior）』ではカレン・オーバーオールが冒頭にエッセイを寄せている[15]。私はオーバーオールの結論に大賛成だ。彼女は次のように述べている。「問題行動のある犬の飼い主に対して、犬より「優位であれ」、〈問題のある〉犬に〈誰がボスか〉を教えろというアドバイスをすることは、最も悲惨でまったく正当な理由がない。人と飼い犬との関係において、「優位性の高い犬」という考え方は妥当でも有用でもないばかりか、犬にとっても人間にとっても不健全で、命を奪うような行為を誘発してしまうこともあるのだ[16]」。

スウェーデンのドッグトレーナー、アンデシュ・ハルグレンは、オーバーオールたちに、飼い主が親分風を吹かす必要がないという点で賛成している。彼は、飼い主は愛犬が実権を握って支配するかもしれないなどということを心配すべきではないし、飼い主がボスだと愛犬に示す必要もないと言う。親切で愛情があれば、うまくいくのだ。ドッグトレーナーのリンダ・マイケルズは、アブラハム・マズロー［訳注：人間性心理学の生みの親］の「人間の基本的欲求の階層」から考えだした、「犬の基本的欲求の階層」を論じた。強制のないトレーニング、思いやりのある世話、愛犬へ親切にすることの重要性を、ほかの犬や人間と仲良く暮らすことを犬に教えるための最高の方法として力説している。[17]

ドッグパークにいると「過干渉な飼い主」が、犬に声をかけるというか大声で怒鳴るというか、「あれをするな」とか「それはやめろ」とか「ダメ！」と叫ぶのを聞く。これは、「いい子だね」とか「お利口にしてくれて、ありがとう」とか言うのを聞くよりも、ずっと多い。時々、私は犬のところに行って「本当に君はいい子だね」とか「いい子、いい子」と声をかけるが、犬が特別何もしていないときや、ただ犬たちが犬らしくしているだけのときなので、なぜわざわざ声をかけるのかと不思議に思う人たちもいる。しかし、犬だって人間と同じように親切にされたいし、丁寧に扱われたいのだ。こちらから友情を深めるために、突然積極的な行動に出ても、少しも悪いことはないだろう。

順位を教えるのは悪いトレーニング

順位や優位が論議を呼ぶ話題である主な理由は、この概念を犬のトレーニングに応用する方法にある。犬のトレーニングに関して科学的な議論がなされることはあまりなく、イデオロギー、政治、動物の福祉の点から語られることが多い。つまり、一部のドッグトレーナーは犬が順位を示すので、犬に優位を示す方法を人も学ばなければならないと主張するが、これは順位という言葉を誤解している。一方、正反対の主張をするドッグトレーナーもいる。彼らは、犬たちの間に順位などは存在しないと主張している（現実的には存在することを私たちは知っているが）。彼らの主張は、強制のないトレーニング方法を正当化して、順位の考え方に基づく「嫌悪療法」［訳注：不適応行動に嫌悪刺激を与え、不適応行動を除去しようとする行動療法の技法］を批判するための手段になっている。

私からすれば、両者とも犬の順位について誤った主張をしていると考えられる。確かに動物行動学は、犬たちが順位を示すことを明言している。しかし、犬へのトレーニングや教育の場で、順位の高い人間による支配など存在すべきではないのだ。

再度言うが、飼い犬へのトレーニングは生涯にわたる関係のための土台になるので、順位に基づくものではなく、相互の寛容、理解、敬意に基づくものであるべきだ。

犬にとっての順位の意味を誤解すると、犬が人間に虐待される結果になる。なぜなら、もしも犬がほかの犬を順位によって支配しているなら。犬より順位の高い人間が犬を支配してもまったく問題がないと思う人がいるからだ。この考え方は、ドッグトレーナーのジェニファー・アーノルドが、「飼い主の言う通り」と呼ぶ訓練方法で、失敗も多く、「公平で相互にとって利益がある関係にならない[18]」。

個人的に言って、どうやって「犬に誰がボスか教えてやる」というアプローチで人と犬の関係を良くすることができるのか、私には理解できない。順位や優位の考え方がトレーニング・プログラムに含まれなければならない理由などないのだ。それに犬は、行動の中で服従、妥協、疑念などを示すので、私たちは犬が何かをすることへの嫌悪を示したら見逃さず、尊重しなければならない。強制したり、犬がわざと「問題行動をしている」とか意識的に私たちに反抗していると解釈すべきではない。イギリス、ハートフォードシャー大学で哲学の講師を務めるトニー・ミリガンは、エッセイ「動物訓練の倫理（The Ethics of Animal Training）」で、関連する諸問題について見事な議論を展開している。

また、イラナ・ライスナーが「人と犬の相互行為の基本としての「優位の理論」の誤解は、ドッグトレーナーや行動学者の間で順位にもとづく支配の考え方を広く実践させる結果につながっており、犬を厳しい方法や規律でトレーニングすることを正当化させている（＊19）」と書いているように、犬の世界の順位が何であるかを人が正しく理解すれば、プロング・カラーやチョーク・カラー〔訳注：嫌悪刺激を与えるために首を絞めるトレーニング用のチェーン〕やショック・カラー〔訳注：嫌悪刺激を与えるための電流が流れるトレーニング用の首輪〕を使用する必要はないのだ。

また、前出のジョン・ブラッドショーとニコラ・ルーニーは次のような見解も示している。「犬と人の関係が、犬に対して人の優位を常に強制すること（それは例えばトレーニング中などにおこなわれるのだが）にもとづいているとすれば、それは正当な理由がないだけではなく、飼い主の安全と犬の福祉の両方にとって潜在的に有害だとする意見が増えてきている[20]」。

ジョン・ブラッドショーは、この問題について特に熱心に執筆を続けていて、次のような私へのメールでも、誤解と倫理の重大な案件として、科学者が声を上げる義務について指摘している。

私にとって真の問題は、倫理的問題である。「順位」の概念が、いかにドッグトレーナーやそのアドバイスを受ける飼い主たちに影響を与えるか……多くのドッグトレーナーが、犬に日常的に体罰を与えることを正当化するために、「優位性の弱体化」といった言葉を使う。すべての責任感ある動物行動学者は、ある種の社会的相互行為を表す専門用語としての（定着した）「順位」や「優位」の概念と、攻撃的、脅迫的、圧力的な傾向を意味する日常的な「順位」や「優位」の意味の違いを区別することに真剣に取り組むべきだ。多くのドッグトレーナーが、この2種類の意味を混乱して使っていて、学者たちも同じ使い方をしているのを見て喜んでいる。しかし結果として、それによって苦しんでいるのは犬なのだ[21]。

これでも十分でないなら、アメリカ獣医行動学会（AVSAB）が発表した見解を見てほしい。「動物の行動改善における優位性理論の使用」と題し、以下のように述べている（部分抜粋）。「AVSABは、行動を専門とする獣医の標準的ケアには、優位性理論を行動改善の一般的な指針として使うべきでないことを強調する。代わりに、行動改善やトレーニングのためには望ましい行動を強化し、望ましくない行動の強化を避けて、潜在する感情や動機の解明に取り組むことに集中すべきである。潜在するものとしては、望ましくない行動を起こしている医学的、遺伝学的要素も含まれる」。「昨今の優位性理論の再浮上や、問題行動の予防や改善の手段として犬やそのほかの動物を無理やり服従させる方法を憂慮している」[22]。

順位が存在しないふりをするほうが、犬にとって良いことなのか

犬やほかの多くの動物の社会に順位が見られることや、優位な個体がいることを「知っている」人々の心配が私にはよくわかる。しかし、トレーニングで支配や優位の言葉が使われることを心配する人々のこともよくわかる。善意ある人々が、ドッグトレーナーも含めて、犬の順位について書かれているものには注意すべきだと語るのは、そのデータは犬の福祉を危険にさらすかもしれないからだ。彼らは心から犬たちを守りたいと思っているのだろう。

たとえば、動物行動学者のジェイムズ・オヘアは、著書『優位性理論と犬（Dominance Theory and Dogs）』で順位や優位に関する綿密な分析を行っている。彼は、「社会的順位の概念によって虐待されてきた、すべての犬たち」に本を捧げ、著書を「現実の状況では、社会的順位についてのすべての理論を捨てることを私は提案します[23]」という言葉で締めくくっている。

私も社会的順位の概念が誤用されてきたことで犬たちが苦しんでいることは認めるが、その先の、犬たちのなかに社会的順位が存在しないふりをすることには同意できない。私たちは、社会的順位が存在していることを受け入れた上で、それが犬のトレーニングや教育にふさわしくないことを理解するべきだ。

動物行動学者やほかの分野の研究者たちは、これからも犬の順位について研究を続けるだろ

うが、そこには疑問が生まれる。犬たちが優劣関係を形成していることを示す科学的調査のデータを、私たちはどのように扱うべきだろうか。その疑問には、何通りかの答えが考えられる。よく調査された論理的なデータの場合、私たちは情報に感謝し、新たな知識として受け入れるべきだ。それが科学の真髄だと思う。

しかし、まだ倫理的な疑問が残る。すなわち、もしデータが使われて犬への害になったら、私たちはどうしたら良いのか、ということだ。その場合、犬への有害な使用を避けるために、真実を歪めてもかまわないのか？　そんな倫理的な懸念がある。こうした疑問は、犬の福祉への、人間の行動と義務の問題を提起している。

私が考える進むべき道は、知識と、犬をはじめ全動物の福祉に対する人間の道徳的義務の両方を、人々がしっかりと受け入れることだ。両方を受け入れたら、人間は人道的な方法で行動し、ゆっくりと考えを変えていくだろう。順位に注目した訓練方法や嫌悪療法は、科学に基づいているわけではない。科学を誤用しているのである。もちろん、犬は順位関係を築き、個々の犬の中には優位個体と呼べる個体もいる。しかし、犬にとっての順位は必ずしも攻撃性と関連したものではないのだ。さらに、優位や順位に対する人間の理解を犬やほかの動物に対して適用するなら、私たちは操作的で懲罰的なやり方をしてしまうだろう。それが犬やほかの動物たちにとって有害であるのは明らかだ。私たちは、犬を尊重しつつも科学を尊重することができる。人間は、痛みを伴う方法で犬たちの優位に立ったり支配したりするべきではない。私たちの目標は、平和で健全な愛にあふれた関係を作ることなのだから。

第5章

誰が誰を散歩させているのか

「いいかいハリー、僕は会議があるからすぐにオシッコとウンチをしておいで」

「エスメラルダ、遊んでいい自由時間は5分だけね。5分後には行くわよ」

「おいでテッド、小便をちゃんと1回で済ませろ。ちょこちょこ漏らすのはやめてくれ」

「サラ、クルクル回ってないで早くウンチをしなさい！」

「またか。いつもこのフェンスでオシッコをするけど、何がそんなにいいんだ？」

「スタンフォード、引っ張らないで！　そんなに走ったら追いつけないでしょ」

「おい、その場所はもう十分においを嗅いだだろう。早く行くぞ」

「もういや、いいかげんになんでもにおいを嗅ぐのをやめて、さっさとオシッコしてくれない？」

「なんでいつも帰る前に小便のかけあいをするんだ？」

「家に帰るわよ。さぁ、もうおしまいにして」


犬の散歩は毎日の仕事だ。運動になるし、犬との心のふれあいにもなるし、楽しくていいことずくめだ。少なくとも、そうあるべきだと私は思う。スウェーデン人のドッグトレーナー、アンダース・ホルグレンは、犬の散歩のときには知的なトレーニングもすべきだと力説している。肺や筋肉と同じように、犬の感覚もトレーニングすべきだということは前にも書いたが、これについて具体的に説明したい。あなたは犬を飼うと決めたなら、たとえほかの事がしたくても相棒の犬にリードを付けて散歩に向かうだろう。犬がリードでつながれていようがいまいが、犬と人の息の合った様子にはいつも驚かされるし、見ていてとても良いものだ。目で見える以上に彼らは調子を合わせているし、お互いの動きのパターンを学んでいる。これはとてもおもしろい研究分野になるだろう。

さて、ここでの問題は、誰が誰を散歩させているかということだ。実際には、その散歩は誰のためのものなのか、と言い換えてみても良いだろう。散歩が犬のためであるのは確かだが、それと同時に人のためでもある。人は犬に屋内でオシッコやウンチをされたくないし、犬は運動しないと神経過敏になってしまうので、暮らしのパートナーとしてやりづらくなることがわかっている。だから散歩は、人と犬、両者のためのものだと言えるのだ。散歩は居心地の良い家庭を作る。散歩には犬と飼い主の性格が表れるので、散歩の仕方によって絆が強まったり、逆に弱まったりもする[1]。

私たちはみんなストレスの多い世界に生きているので、このことを心に留めておくことが大切だ。人は急いでいるからといって、よく飼い犬を急がせる。いつもよりゆったりした日もあるにはあるが、何千回というドッグパークへの訪問や犬の散歩道で、私はこの章の冒頭に書いたような飼い主たちの不平不満を聞かなかった日は1日もない。飼い主は常に、犬にさっさと用事を済ませてもらいたいと思っている。飼い主たちにはほかの用事があるし、なぜ犬がにおいを嗅ぐことにそんなに時間をかけるのかが理解できないのだ。それなのに犬たちはどうして毎日、目に見えるものをすべて嗅ぎたがるのだろうか？

だから、この章ではみなさんと一緒に考えたいと思う。犬は散歩中に何をしているのか？犬はやっと外に出られたときに何がしたいのか？　排泄以外にも、彼らには散歩中にやることがたくさんあるようだ。

2章では、犬の最も素晴らしい器官である彼らの鼻について話した。ここではまず、犬が素晴らしい鼻を使っていかに世界を探索して、社会的な環境と折り合いをつけているかを考えよう。それは、においに満ちた探求だ。犬が豊富なにおいに満ちた世界でいかに物事を感知してやりとりしているかを、私たちは知ることになるだろう。また、リードを外した散歩や運動が、犬にとっていかに大切かを理解することも大事だ。犬は長い時間つながれて過ごしているが、リードを人との絆のひとつの形とか、綱引きみたいだと考えることをやめて、散歩を犬の視点から考えることは意味のあることだ。

リードをゆるめて――犬はにおいを嗅ぎたい

誰でも、犬が飼い主に引きずられているところを見たことがあるだろう。「さあ行くぞ。仕事があるんだ」とか、「ほらほら。そこには何もないわよ」などという飼い主の言葉も聞いたことがあるはずだ。その時、たとえ人間が何も感じていなくても、犬は鼻で調べている場所に何かを発見しているかもしれない。それはきっと強い刺激のにおいで、ほかの犬たちが通ったことや、その犬たちの感情まで示しているのだ。飼い主はよその犬のことなど気にかけないし、よその犬のにおいなんて嗅ぎたいとは思わないだろう。しかし犬はよその犬のにおいにとてもワクワクしている。私は実際、犬がわざわざ足を止めて立ちどまり、きついにおいを吸い込んでいるのを見たことがある。

犬の鼻が散歩の案内役であることは、今さら耳に新しいことではない。多くの犬は驚くほど長い時間をリードとともに過ごしていて、移動スペースは固定されたままだ。私が飼っていたジェスロは〈(オシッコがしみて) 黄色くなった雪の研究〉の中心となった犬で、99・9%の時間リードを付けていなかった。彼は25~30%の時間、においを嗅いだりオシッコをしたりしていた。この数字は、故ソフィア・インがリードを付けた犬で推定した33%の範囲内だ。しかし、これほどまでに膨大な時間をかけて犬がにおいを嗅ぐことが、散歩のもめ事の主な原因になっていることも事実である。急いでいる飼い主は、愛犬の鼻が地面をうろつくたびにリードを引っぱる。だが、においを吸い込み自分のにおいを残すことは、犬にとって1日にやるべきことの3分の1をも占めているのだ。

また、においを嗅ぐことは、メールのやりとりにちょっと似ているかもしれない。においを嗅いで、犬はほかの犬によって残されたメッセージを読み取る。オシッコは、返事の手段だと言ってもいいだろう。犬が〈メール〉をしているときに無理やり歩かせるのは、まるで十代の若者の手からスマートフォンを奪いとるようなものだ。私が暮らしていた場所の山道沿いに住んでいた犬たちは、1日中メッセージを交換していたにちがいない。

ジョン・ブラッドショーとニコラ・ルーニーは嗅ぐことに関して次のように簡潔にまとめている。「犬が尿の跡を嗅ぐことに非常に興味を持つのは、多分自分の行動圏内にいるほかの犬の情報を得たいという動機によるものである。犬は、尿の跡を残していった犬の性別や生殖状態の情報収集に加えて、残されたにおいを出会った際に嗅いだ犬たち自体のにおいと比べているようだ。2種類のにおいをマッチングして、これらの犬たちの行動圏を調べているのである[2]」。

犬の行動のほかの多くの面についてと同じく、犬がオシッコをするときの行動の理由やほかの犬のオシッコから何を嗅ぎとっているかは、まだよくわかっていない。しかし犬はにおいを嗅ぎたがっているのだから、犬に鼻が満足するまで嗅がせてやろうじゃないか。犬がにおいを嗅いで、それからもしオシッコをするなら、そうさせてやってほしい。犬の研究者で作家でもあるアレクサンドラ・ホロウィッツは、犬を消火栓や木の幹といった豊富なにおいの環境から引き離すことは、彼らのにおいを嗅がずにはいられない性質を失わせるかもしれないと警告している。ホロウィッツは、犬が「人間の視覚中心の世界」で暮らしていると「人の指差しや身ぶり手ぶり、顔の表情などに注意をはらうようになって、においへの関心が少なくなる」と語っている[3]。

ある日ドッグパークに行くと、ひとりの女性がとても深刻な様子で私に話しかけてきた。彼女の心配は、犬が好きなようににおいを嗅げなくて深刻な精神的問題を起こすことはないだろうか、というものだった。それ以来、私はそのことをずっと考えている。犬がにおいを嗅いでオシッコをしたいのに止められてできないとき、彼らが精神的に苦しむのかどうかは私たちにはよくわからない。もちろん、犬は急がされているとき、においをちゃんと嗅ぐことができないし、さまざまなにおいに関する情報を処理することもできない。だがこのことが犬にどんな影響を与えるかは誰にもわからないのだ。犬はこの感覚遮断によってひどい影響を被っているかもしれない。なぜならこれによって彼らは、身の回りの社会的、非社会的情報の細部を失ってしまうのだから。

「においマーキング」――犬の会話

もちろん犬は単に排泄の必要に迫られてオシッコをするが、それと同時に動物行動学者がいうところの「においマーキング」のためにも使われる。「においマーキング」をするとき、犬はわざとオシッコを幾筋か特定の物や場所にかける。この行動は多くの動物たちの間で広く見られる。ウンチもマーキングの手段のひとつかもしれないが、オシッコほどはっきりその目的でコントロールされているわけではない。犬は（大部分の動物も）それほど頻繁にウンチをしないし、さっとできるわけでもない。逆に、オシッコをかけるのは簡単だ。

マーキングはコミュニケーション手段であり、たくさんの犬によるたくさんのオシッコの跡が一種の会話になっているようだ。マーキングによって、彼らはこんなことを言っているかもしれない。「ここは俺の場所だから、君は出ていけよ」とか、「いま発情期なんだ」とか「ボク、ここにいたよ」とか、「あなた、ここにいたでしょ。においでわかるわよ。わたしもこの辺にいるわよ」というふうに。犬がマーキングによってどんなことをコミュニケートし、理解しているのか、私たちにはよくわかっていない。我々が考えているよりも、それはずっと幅広いものだと私は思う。

もうひとつの不可解な行動は、犬やほかの動物がオシッコやウンチの後に地面を引っかくことだ。この行動はにおいを拡散させるためか、地面に視覚的な跡を残すためかもしれないが、単に興奮して引っかく個体もいるかもしれない。私は、犬たちがオシッコやウンチをしてから思いっきり地面を引っかいて、オシッコがしみた砂や草が人に降りかかるところを見たことがある。ウンチのかけらも飛び散っていた。犬たちが、どんな時にこの行動をするのかという理由がわかれば、飼い主もひどい目に遭わないで済むのだが……。

私はオシッコについてのこうしたさまざまな疑問について考えながら、ウィスコンシン大学ホワイトウォーター校のアネク・リスバーグに質問をしてみた。彼女は最新の研究の結果を要約して送ってくれたので、後で紹介しよう[4]。

オシッコを嗅ぐと、犬は何がわかるのか

私は、においを嗅いでオシッコをしない犬には1頭も会ったことがない。生まれたばかりの仔犬を除けばオスもメスも、すべての年齢、犬種、社会的階層の犬が、ほかの犬のオシッコを

立ちどまって調べる。犬が立ちどまる理由や彼らが得る情報は多様だろうし、それぞれの犬がほかの犬のオシッコを調べることにどれくらい時間を割いているかもさまざまだろう。すべてのオシッコが同じであるわけではないし、私たちが予想するように、オシッコが運ぶメッセージや情報は、においを嗅いでいる犬やオシッコをした犬によっても、重要度が異なる。

研究を要約して、リスバーグは次のように述べた。「尿は、ひとつには、メスの生殖状態（特に去勢手術を受けていないオス犬への関心）を知らせたり見つけたりするために使われているが、明らかにそれ以外の状況でも使われることがある。たとえば、避妊・去勢手術を受けていない犬はよく知らない犬の尿に同じように高い関心を示して、オスとメスの尿を同じように調べた。去勢手術を受けたオス犬は避妊手術を受けていないメス犬の尿にほとんど関心を示さなかったが、去勢手術を受けていないオス犬の尿には高い関心を持っていた」。

この結果は、犬がよく知らない犬のことを調べるためにオシッコを嗅いでいるということを示している。犬たちが感知できることの大部分はまだわからないが、オシッコを嗅ぐことがお互いを知るために重要らしいことはわかった。犬が（顔と顔を合わす前に）お互いのオシッコの跡を確認することに時間をかけさせてやれば、犬は円滑な自己紹介ができて、犬が取るべき行動へと導いてくれる社会的な手がかりを得ることができるのかもしれない。このことはドッグパークや、新しい犬を家庭に迎え入れるときにも当てはまることだ（仲間たちに混ざる前に、こっそり新入りににおいを嗅がせる秘密の通路を作れるだろうか？）。

もうひとつ興味深い考え方が、アネク・リスバーグとチャールズ・スノードンによって発表されている。彼らは、「生殖腺ホルモンは、オスにおいて性的な動機による尿の探索を増やしたり、潜在的に危険な同種の動物を判断できるようなシグナルを尿中に作ることで、尿の探索パターンに影響を与えているかもしれない」と報告した。[5]

犬は「においマーキング」で何をしているのか

さらに難しいのが、犬がマーキングをするときに残すメッセージを正確につかむことだ。つまりオシッコは、それを残した犬についていろいろな情報を持っているかもしれないが、ある犬が故意にほかの犬たちに向けて送ったメッセージが含まれている場合もあるのだろうか？　調査によると、答えは「イエス」だ。犬たちは彼ら自身の社会的地位を知らせ、縄張りを主張したり、あるいはメス犬たちは生殖状態を知らせているかもしれない。犬たちは何気なくでたらめにマーキングしているのではない。マーキングの意味は誰がやっているか、以前に誰がやったかによって変化するのである。

リスバーグは次のように語った。「地位の高い野良犬と、尾の付け根が高い位置にある飼い犬は似たパターンを示す。高い地位のオスとメスはマーキングをするし、カウンター・マーキング［訳注：マーキングされた場所の上に重ねてマーキングすること］もする。特にオスは劣位の犬や尾の位置が低い犬よりも頻繁に、知らない犬の尿の上にマーキングをする。この基本的なパターンは、多くのほかの哺乳類でも同じように見られる」。

もしもマーキングの行動が時間とともに変わるとしたら、それは関係が変わったことを表しているのだろうか？　もしもはじめて犬たちが直接顔を合わせる前に、マーキングでお互いの関係を確立させる機会を与えていたら、攻撃的なやりとりは減らせるだろうか？　まだはっきりとは言えないが、その可能性はありそうだ。

リスバーグは、次のようにも書いている。

尿には、におい以上の意味がある。高い地位の犬ほどマーキングを頻繁に行うので、単にある尿のシグナルに頻繁に（あるいは最初に）出あうことが、そのシグナルをマーキングした個体の地位を確かなものにするのに役立つだろう。なぜなら低い地位の犬は、縄張りを守ったり、ほかのマーキングに尿をかけて上書きしたり書き換えるといったことが、高い地位の犬ほどうまくいかない可能性があるからだ。私の未発表のデータは、このマーキングの頻度と順序が、尿というシグナルの重要な要素かもしれないことを示している。同じように、一番上の尿の跡（上書きした尿）が、高い地位にあるというシグナルを強めるかもしれない（高い地位のオスが上書きしやすいことを思い出そう）。すでにあるマーキングに対するマーキング位置（〈上〉VS〈下〉）の効果については、数種類の齧歯類による素晴らしい研究があり、私も順化テストのデータ収集を終えようとしているところだ。このデータは次のことを明らかにするだろう。すなわち、マーキングの上書きが、a. それ以前のシグナルを隠す、b.

それ以前のシグナルと混ざる、c.一種の「掲示板」を作り、それぞれのマーキングが別個に識別される、d.以前のシグナルより好まれる、あるいはより注意を向けられる

リスバーグの次の言葉も重要だ。「尿の跡はとても複雑なシグナルで、犬たちは、何を嗅ぐか（どのくらい嗅ぎ続けるのか）、どの尿にカウンター・マーキングするか（もしカウンター・マーキングをするならば隣に付けるのか、上書きするのか）などを決めるとき、たいていの飼い主が考えるよりもずっと頭を使っているようだ。犬を散歩させるとき、私たちが気づくのは犬たちが大きな反応をするものだけで、彼らが無視したり避けたりしているであろう〈たくさんの〉シグナルに私たちが気づくことはない。多くの場合、犬たちは（そうは見えなくても）気まぐれに走りまわったり、あらゆるものを嗅ぎ回って尿をかけたりしているわけではない。彼らは、どのマーキングが重要で注意をはらうべきか、どのマーキングにどのように反応すべきかを判断しているようだ」。

イタリア、ローマ郊外で、野良犬の群れを対象にした「においマーキング」の調査をして、シモーナ・カファゾらは、「オスメスともに、自分の優位を主張するためににおいマーキングを利用し、おそらく食べ物を移動させたときやその所有権を主張するためにもにおいマーキングを行っていた」という報告をしている。「足を上げたポーズでの排尿や地面を引っかく行為は、オスとメスの両方で、嗅覚的・視覚的なコミュニケーションの役割を果たしているようだ。メス犬による排尿は、特に膝を曲げたポーズの場合、彼女の生殖状態の情報も伝えている

かもしれない」[6]。

犬のマーキングについては、まだまだ多くのことが謎だ。それは、私たちが想像している以上に複雑かつ日常的なものだが、遊びの研究と同じように、排尿パターンへの「シンプルな」動物行動学的な取り組みが、非常に興味深く有意義な成果を生むかもしれない。次に紹介する話でわかるように、ときに自宅にいる犬たちが解決の糸口をくれる場合もあるのかもしれない。

カウンター・マーキングは、縄張りのための「小競り合い」なのか

私は人からよく、犬は彼らの野生の近縁種たちのように、縄張りのためにマーキングをするかと聞かれる。犬は、ドッグトレーナーのトレイシー・クルーリックが「嗅ぎ合い」と呼ぶものによって、「ここは僕の場所だ！」と言い争っているのだろうか？ 犬は縄張り意識によってマーキングをしているわけではないと主張する人がいるが、そのように言い切ってしまうのは勇み足だ。実際、私は、野生のコヨーテやオオカミが縄張りの境界にマーキングをするのと同じように、山道で野良犬たちが行動するのを見たことがある。その犬たちは、オシッコをして、地面を引っかいて、よそ者が周囲にいるかを見て、またオシッコをする。時々彼らは片足を上げるが、オシッコはせずに少し歩いてから、今度はもう片方の足を上げて、オシッコをする。同じことが、シモーナ・カファゾらによってイタリアの野良犬でも観察された。ジョン・ブラッドショーとニコラ・ルーニーは次のように書いている。「野良犬たちの間では、オスは

縄張り行動のひとつとしてマーキングをするのかもしれない。一方、メスは彼らの密集地域で、頻繁にマーキングをする」。

また、リスバーグは次のように語っている。「〈縄張り境界の表示〉や〈縄張り防衛〉の意味を持つ縄張り境界部での尿マーキング箇所は、私にとって興味深い測定項目のひとつだ。しかし、これまでの大部分の調査では、縄張り境界部に残された〈最初の〉マーキングと、それに対抗するカウンター・マーキングを区別していない。縄張りの境界は、異なる社会集団のメンバーのマーキングに出会いそうな場所だ。だから彼らは、境界線を示す〈囲い〉や〈道しるべ〉を作るために縄張りの境界をマーキングしているのだろうか？　それとも、彼らは自分の縄張りで見つけたよく知らない尿にカウンター・マーキングをしているだけなのだろうか？もちろん、この2種類のマーキングは、それぞれの働きとして重なりあう部分もあるだろうが、これからの調査で解明する価値があると思う」。

私も同じ意見だ。犬のオシッコやウンチにはまだ解明すべきことがたくさんあり、ドッグパークはそうした調査に最適の場所だ。

しかし、「マーキング合戦」は必ずしも戸外で起こるわけではないようだ。私のサイクリング仲間のジョン・タリーと彼の妻タイラは、愛犬リグビーとボディの間で続いている「マーキング合戦」を、当然のことながら、とても心配していた。ボディはリグビーの父親だが、先にタリー家の一員になったのはリグビーだった。リグビーが落ち着いたところにボディがやってきて、ボディはすぐに家のなかでオシッコをしはじめた。リグビーはすでに屋内でオシッコをしないようにトレーニングができていたのに、ボディがはじめると、リグビーまでするようになった。おまけに、リグビーはいつも最後のオシッコをしなければならないようで、タイラが言うには、彼はタイラの前でもオシッコをする。まったく羞恥心なしだ！

それに、ボディはオシッコの後で床を引っかくようになり、これが今ではすっかり彼らの「マーキング合戦」の一部となってしまった。リグビーはボディが来るまで床を引っかかなかったのに、今ではボディが周囲にいないときでも定期的にやっているという。

これは、縄張り争いなのだろうか？　ボディは、犬が新しい住処でやることを、ただやっているだけなのか？　リグビーはボディに侵入された家で、ただ自分の場所を「守っている」だけなのか？　私は、正直言って、わからない。長年、何百というマーキングを見てきたが、それはすべてが戸外だった。私が納得できる意見をリスバーグは語っている。「本当に多くの犬たちが一緒にさせられても、普通はマーキング合戦やとっくみあいになることもなく家のなかでスペースを分けあえることは、犬の高い社会的技術の証明だ」。

テイラー夫妻が見たのは、オーバー・マーキング〔訳注：先に残されたマーキングの上から付けられたマーキング、上書き〕とかカウンター・マーキングとよく呼ばれるもので、その行動の理由は全面的にはわかっていない。オス犬はメス犬より、この行動をよくするのかと私は尋ねられることがある。この行動を対象とした調査によると、見かけほど単純ではないようだ。その調査で、リスバーグとチャールズ・スノードンは、次のように報告している。「オスとメスは同じくらいカウンター・マーキングをして尿を調べる。カウンター・マーキングをした犬はオスとメスで同じくらいの割合だった[8]」。リスバーグは私に次のように語った。

ドッグパークでは、オスはメスより多くのマーキングとカウンター・マーキングを行なっていた。マーキングをしているオスは、ずっとマーキングをし続けているエナジャイザー・バニー［訳注：長持ち電池のイメージ・キャラクターのウサギ］のようだった。メスのマーキングは1〜2回尿をして終わるのが典型的である一方、オスでは2〜3回かそれ以上尿をした場合が多かったようだ。つまり、尿によるマーキングの割合は、ほかの調査でも見られたように、オスに強く偏りがあるようだ。同じ性別で比べると、尾が高い位置にあるメスは低い位置にあるメスよりもマーキング回数が多かった。同様に、尾が高い位置にあるオスは低い位置にあるオスよりもマーキング回数が多かった。尾の位置が最も低かったオスやメスは、カウンター・マーキングをまったくしなかった。また、尾の位置が一番低かったメスは、ドッグパークの入り口でまったく尿をしなかった。

再度言うが、あなたがドッグパークで動物行動学者になりきることで犬の行動についてたくさん学べば、いつかきっと「市民科学」を行うことができるようになるだろう。

犬は、右か左、どちらかの後ろ足を上げるのが好きか

犬の散歩をしたことがある人ならば、オシッコをするときに犬がどちらの足を上げるかがわかれば、散歩がぐっと楽になることがわかるだろう。この質問もよく聞かれるが、こればっかりは、本当にあなたの愛犬次第だ。結論から言うと、上げる足の好みに左右差があるかはわからない。犬は両方の足を上げられる。これは、コーネル大学のベティ・マグワイアとウィリアム・ゴフの実験でもわかる。しかし、個々の犬はどちらかの足を上げるのを好むかもしれないので、それがわかれば、愛犬を道のどちらの側で歩かせるかを決められる。マグワイアとゴフは、次のように結論付けている。「散歩中の、犬の後ろ足2本の自然な動きの左右差の調査には、簡単にできる部分と難しい部分がある。散歩という犬のためにもなることを観察すればいいのは楽だが、各個体について左右差があるという十分な根拠を得ることは難しかったのである」[9]。

なぜ犬は時々、オシッコでもないのに後ろ足を上げるのか

この質問も、私はとてもよく聞かれる。普通、この質問をするのは男性だ。シモーナ・カファゾらは、犬が尿をするために足を上げるのは（実際に尿が出ても出なくても）、もし必要ならば

争う準備ができていることを示しているからだろうと言う[10]。

ドライ・マーキングと呼ばれるこの行動についてもっと知るために、私と生徒たちは、野良犬のふたつの集団の排尿パターンを調査した。ひとつは、ミズーリ州のセントルイス・ワシントン大学のキャンパスの集団で、もうひとつは、コロラド州ボールダーの約27キロ西にあるネダーランドという小さな山間の町の周辺の集団だった。27頭のオスと24頭のメス（発情期でないもの）がすべて個体識別された上で、観察された。マーキングは、主としてふたつの点で単なる排尿から区別された。ひとつ目は、尿が特定の物体や場所を狙っていること（動物行動学者が指向性と呼ぶもの）で、ふたつ目は一般的にマーキング中は尿の量が少ないことだ。また私たちは、犬が足を上げるが実際にオシッコをしない、足を上げるディスプレー［訳注：動物の示す誇示行動］が起こる頻度も記録した。

結果は次のようになった。

・オスはメスよりも高い率でマーキングをした（オスは71・1％の排尿行為がマーキングであり、メスは18％だった）。
・オスは、マーキング後にメスよりも地面を引っかくことが多く、この行動はほかの犬が見ていないときよりも見ているときに多かった。
・オスもメスも、彼らが一番長く時間を過ごす場所ではマーキングの割合は最低だった。
・別のオスがマーキングをしているのを見ることは、オスによるマーキングの強い視覚的「リリーサー」［訳注：動物に特定の生得的な行動を起こさせる外的刺激］になった。

・オスもメスもにおいを嗅ぐ行動が、必ずしも常にマーキングに先行して行われているわけではなかった。
・足を上げるディスプレーは、視覚的なディスプレーとして機能していたようだった。
・オスは、ほかのオスが視野内にいるときに、頻繁に足を上げるディスプレーを行なった。

私たちの結論は、足を上げるディスプレーは、オスが別のオスに尿を使わせるための策略かもしれない、ということだった。足を上げる動作は、ほかのオスにとって排尿への強い視覚的リリーサーや誘因になったからだ。また私たちは、においの付着（ここでは尿について取り上げたが）に関連する姿勢や行動パターンの視覚的な面にももっと注目をする必要があると考えた。犬の観察によって得た成果は、今後ほかの種を研究するためのモデルとしても役立つはずだ。

犬のサイズはマーキングに影響するか

みなさんは、犬の大きさがオシッコと何の関係もないと思うかもしれないが、実はそうとも言い切れない。少なくとも、保護施設にいる犬の場合は。「保護犬の〈においマーキング〉――体のサイズの影響（Scent Marking in Shelter Dogs: Effects of Body Size）」という研究で、ベティ・マグワイアとキャサリン・バーニスは「小さな犬は大きな犬より、高い頻度で排尿して、より多くの量の尿をかけた」ことを発見した。彼女たちは、「小さな犬は、自分にとってかなり危険かもしれない直接的な社会的やりとりよりも、マーキングを好む」という仮説を立てた。[11]

私は、今までそんな可能性について、あまり考えたことがなかった。しかし、先に記したように、リスバーグも、犬はにおいを嗅いだりマーキングしたりすることで争いを避けているかもしれないと考えている。そしてまた、犬のサイズという素晴らしく重要なテーマについて、保護施設の犬だけでなくドッグパークにいる犬を対象に調査できれば、マグワイアたちが出した結果はさらに強固になるだろう。私がよく疑問に思うのは、オシッコのにおいを嗅ごうとして一生懸命頭を上げなければならないような小さな犬たちが、大きな犬が残したオシッコがわかるかどうかだ。やはり、犬のサイズは重要かもしれない。

なぜ犬は臭い物のなかを転がるのか

ドッグパークにいると、時々、誰かが大声で話すのが聞こえる。「まあ、ブルータスったら、よそのワンコの糞の上に転がったわ。ちょっと、見てよ！　彼ったら自慢げに、みんなに見せようとしているわ」。犬たちはウンチや、誰かが言った「ムカムカするくらい嫌な」物のなかで、平気で転がる。こんなことが起きたとき、もし私がそばにでもいると、たいてい誰かが私のほうを向き、すがるような目で、「犬は、どうしてこんなことをするのですか？」と言うのだ。

残念ながら、私たちはまだ、犬が臭い物の上を転がる理由がわからない。まるで、夢が実現したみたいに喜びいさんで飛びこむ犬もいる。犬は強烈なにおいや、周辺に広がっているにおいを身につけて、自分自身のにおいを隠したいからだと言う人がいる。また、犬は自分自身のにおいを周囲に広げようとしているのだと言う人もいる。私の観察から判断すると、犬は普通、自分たちよりずっと臭い物のなかを転がる。それに、ブルータスの例のように、犬は自分たちがやっていることをみんなに知らせたがることが多い。犬が自分たちのにおいを隠そうとしているという理論を裏付けるものとして、アカギツネがクーガーの残したにおいの上を転がって自分のにおいを隠し、肉食動物を混乱させることを示した調査もある。[12]

　このテーマについて深く研究している人たちがいる。たとえば、北カリフォルニアに住むグレッグ・コフィン［訳注：愛犬家のユーチューバー］は、愛犬ソフィアが行う転がり行動の評価システムを思いついた。これは、とてもおもしろい人気のビデオだ[13]。コフィンは私に、次のように書いてくれた。「一緒にビーチを歩いていくと、私のローデシアンリッジバックが喜んで転がる楽しい物がたくさんある。ソフィアがあまりに頻繁にやるので、私は簡単な評価システムを作って、最高から最悪まで分類した。死んだ鳥はまだいいほうだ。少しカビ臭いが、まだそれほど不気味じゃない。魚は、まさに魚臭い！　陸の哺乳動物がその次に来る。かなり悪趣味だ。そして、どんどんひどくなる。トップランクは、海の哺乳動物の死体だ。それも、大量の油脂に浸かった腐ったぜい肉の塊だ[14]」。

　ここから何がわかるだろうか？　多分、においマーキングとは関係ないだろうが、この行動に犬が強いこだわりを持っていることは確かだ。

ただ、そうするしかない時もある

犬はオシッコやウンチが大好きだ。人にとって普通はタブーなこんな話題も愛犬に関することなら自由に議論できるようで、飼い主たちも愛犬のオシッコやウンチのことを話すことを好んでいる。ドッグパークに行けば、あなたも排泄のことをたくさん聞くことになるだろう。マシュー・ギルバート［訳注：犬好きのテレビ評論家］は、彼の著書、『リードをはずして――ドッグパークでの1年（Off the Leash: A Year at the Dog Park）』で、「ウンチはドッグパークで、想像していた以上に重要なことだった」と書いている。[15] 彼自身もウンチの世界に入りこんで、「よその見知らぬ犬の野糞」を「ボリューミーなカチコチの静物」[16] と表現している。アレクサンドラ・ホロウィッツは、オシッコをグラフィティと表現して、人の目や鼻にはオシッコより汚くて目立つウンチも、同じようなものだと書いている。[17]

犬は本当にウンチをするのが好きなのかと尋ねた人が何人かいた。私にはよくわからない。ある女性が、彼女の愛犬のイシュマエルはきっとウンチをするのを楽しんでいるから、いつでも外に出たがるのだと言った。それに、人間だってウンチをすることを楽しんでいることがある。きっと、犬だって同じように楽しいだろう！　ウンチを嗅ぐのが好きで、そのにおいやウンチが付着した唾液を飼い主と分けあいたがる犬もいる。私のボールダーの友人、ステファニー・ミラーは、母親と一緒に飼っている愛犬、スムーチーに、「もし、あなたがウンチを嗅いだのなら、今は私にキスしちゃだめよ」とはっきり言っている。これは、しょうがないだろう。ウンチのにおいを嗅いで、すぐそれを飼い主と分かちあいたい犬と暮らしているのだから。

しかし、オシッコとは違って、犬が意図的なマーキングのためにウンチを使っているという証拠はあまりない。イタリア、ローマ郊外の野良犬の群れで実施した、においマーキングに関する調査で、シモーナ・カファゾらは、次のように報告している。「私たちの観察から、排便は野良犬たちの間で、嗅覚コミュニケーションで不可欠な役割を担っていないし、立ったままとしゃがむ姿勢の両方が正常な排便に使われていることがわかった[18]」。

私が聞いたなかで、一番おもしろくて予想外だったウンチについての質問は、「どうして動物はトイレットペーパーが必要ないのですか？」だった。簡単に言うと、それは身体構造的な理由からだ。動物が紙を使わなくてもいいのは、彼らが自分たちの体を汚さないでウンチができるからだ[19]。

最後に、もうひとつ、ちょっと素敵な話をしよう。多くの犬たちが、地球の磁場に合わせてウンチやオシッコをしていることを、あなたは知っていただろうか？ 私はまったく知らなかった！ しかし、犬が排泄の前に、自分の体の向きを熱心に整えているのを見たことがある人は多いだろう。より端的に言えば、37犬種からなる70頭以上の犬の分析から、犬たちは「磁場が安定している時には、その南北の向きに体の向きを合わせて排泄するのを好む」ことがわかった。磁場が安定しないとき、犬たちは「それほどこだわらなかった[20]」。しかし私たちは、多くの動物が排便、睡眠、狩りなど異なる状況でなぜこうした体の向きを好むのか、よくわかっていない。[21]

私はこの現象について読んだ後、その妥当性を地元のドッグパークの人たちと確認しようとした。私たちが集めたデータは、はっきりしなかった。私たちは、オシッコやウンチをする前に歩きまわる3頭の犬を観察した。彼らは、最終的に南北の軸線にかなり合わせて位置をとった。ある女性が、これが多くの犬たちがオシッコやウンチの準備で動きまわったりクルクル回る理由だろうかと尋ねたが、それはよくわからない。便意をもよおしたとき、犬がいつでもその位置をとる時間があるとはかぎらないだろう。その女性にもっと研究してくれと頼んだが、残念ながら彼女はやらなかったようだ。

リードをはずして——歩く、走る、遊ぶ

さまざまな理由から、ほとんどの場合、人間は犬をリードにつないで歩かせている。私たちは、犬たちを自動車から守る必要がある。また、彼らを傷つける恐れのある動物からも守る必要がある。それに、彼らがよその人や犬に飛びかかることや、困ったことをするのを防ぐ必要もある。毎日、犬たちに課せられる要求は本当に多い。人が犬たちに頼んで要求していることは、ストレスフルなことかもしれない。奇妙に聞こえるかもしれないが、人間と一緒に暮らしている幸運なはずの多くの犬たちが、ストレスを受けているのだ。そのことが、ジェシカ・ピアスの著書、『走れ、スポット、走れ（Run, Spot, Run）』や、ジェニファー・アーノルドの『愛こ

そすべて（Love is All You Need）』で、強調されている。

ほとんどの犬が運動好きなので、これも犬を散歩に連れていく大きな理由だ。また、ドッグパークがある主な理由でもある。ドッグパークには、犬をリードなしで走らせることができる安全なスペースがある。ドッグパークだと、犬に追いつけなくても、私たちの腕の関節がはずれるほど引っぱられることもない。

適度な運動を欠くと、ストレスの元になる。運動は犬がストレスを発散し、肉体的な健康を保つ方法である。しかし、すべての犬が運動好きでないのも事実だし、どんな犬にも運動に行きたがらない時はある。必要な運動の量や種類、リードの有無の差は、犬によって異なる。あなたの愛犬を知り、愛犬が幸福かつ健康でいられるために何が必要かを知ろう。あなたの愛犬についてもっと知れば、彼らのニーズに合った運動メニューを組み立てることができるようになる。私が一緒に暮らした犬たちでも、満足するのに必要な運動量はさまざまだった。ミシカはかなり大きいアラスカンマラミュートで、早朝に1時間、夕方はそれより少し短めの散歩で喜んでいた。ジェスロは興奮気味の雑種犬で、私は彼と毎朝6時ごろ町まで6キロ以上歩くか走るかして、往復で13キロほどすると彼は満足しており、また午後遅くには、一緒によく何キロか散歩したものだ。

山の家で一緒に暮らしていた犬たちは、年をとっても自分のペースで山を歩きまわるのが大好きだった。外に行きたくない場合は、はっきりそのように私に伝えた。たとえば、ジェスロが老犬になったとき、彼はあちこちにおいを嗅ぎながら道を歩き、犬や人間の友だちにあいさつしただけで帰宅したものだ。時には、彼はただ外に出て、食事をして、寝てしまうこともあった。彼はやりたいようにやっていて、私自身は犬が自由に歩きまわれる場所で暮らせて、本当に幸運に感じていた。

最後に、私たちは犬をつないで散歩させるとき、個々の犬が必要としていることに注意をはらわなければならない。少なくとも、犬に彼らの鼻のおもむくままに行かせてやろう。嫌でも犬たちは人間の思いどおりにさせられているので、せめて彼らから生命の維持に重要な活動、感覚の刺激、コミュニケーションなどを取りあげることがないようにしよう。犬の散歩の時間がきたら、先導役はあなたの愛犬だ。

第6章

心ある犬

2016年8月、メアリー・デヴァインは、彼女の愛犬ミーカについての素晴らしい話を私にしてくれた。これは、市民科学と犬の心のなかで何が起こっているかについてを知ることができる絶好の例だ。

夫と私は、動物保護施設から仔犬を「引き取りました」。ミーカと名付けて、家に連れ帰ったのは、彼女が3カ月のころでした。ミーカはドーベルマン、シェパード、ラブラドール、チャウチャウのミックスで、獣医が「雑種」と呼ぶ犬です。ミーカは、成長すると体重が23キロ近くになりました。彼女は、とても頭がよくて「縄張り意識が強い」犬でした。それに、ものすごくたくさんの言葉を聞き取ることができました（私は日記のあちこちに、彼女が理解した数百語を書き留めたはず）。ミーカは複数のコマンド（指示）も聞きとって従うことができました。「ミーカ、おもちゃをお片づけしなさい」と言うのは、私の癖のようなものでした。するとミーカは、自分のおもちゃをひとつひとつ拾い、自分のおもちゃ箱にきちんとしまい、床に何もなくなるまで続けました。犬は色彩がわからないこと（少なくとも人間のようには見えないこと）を知っていましたが、彼女は「青いボールをとって」という指示がわかったのです。きっとその「青いボール」を識別する、色以外の特徴がわかっていたのでしょう。

ミーカは、特に縄張り意識が強い犬でした。いつも我が家の庭の境界を歩き、私たちがほとんど何も教えなくても、絶対、庭から離れませんでした。誤って飛んだボールや大嫌いな猫を追いかけたりも絶対にしませんでした。彼女が追いかけていたボールが通りに転がりでても、車を急停止させることになったものの、ミーカ自身はきちんと庭の端で止まりました。

以前、別の州にある私の両親の家に滞在したとき、私たちはミーカを裏庭においてランチに出かけました。帰宅すると、ミーカは両親の家の玄関の階段にすわっていました。お隣さんがすぐやって来て、私たちが留守中の状況を説明してくれました。お隣さんは、ミーカが裏庭から逃げたのを見ていたので、とても心配しました。しかし彼は、ミーカが前庭の範囲内だけを歩き、玄関の階段にすわって私たちを待っているのを見ました。もちろん、彼は驚いていました！

いろいろなエピソードのなかでも、ミーカの最も素晴らしいところは、私たちの娘を受け入れてくれたことでした。ミーカが3歳のとき、私たちの娘が生まれました。友人たちは、「その犬はこどもを食っちゃうぞ」なんて言いました。そんな心配は、ミーカの激しい吠え方や私たち夫婦に対する防衛意識や愛着の強さから出たものでした。

夫は少し心配になって、フリーランス・ライターとしての立場を利用して雑誌『ベターホームズアンドガーデンズ』（だったと思う）で、愛犬に赤ちゃんを迎える準備をさせる方法、という企画をなんとか通してもらったようです。

私たちは（犬の専門家たちと夫の会話から）重要なことを2点学びました。1．娘を家に連れ帰る前に、娘のにおいをミーカに教えておくこと。2．娘のサラが眠っているときにはミーカを無視し、サラが目覚めているとき（目覚めている間ずっと）にはミーカにあらゆる注意を向けること。「たった1日」こうすると、サラがベビーベッドで泣くたびに、ミーカは尻尾を振って、私たちがサラを起こすまでサラの部屋のドアの所で待つようになりました（私たちはミーカにサラの部屋には入らないように命じていました）。それは、魔法のように素敵な関係のはじまりでした。

さて最後に、ミーカのお気に入りの遊びは、私たちと「靴下」の引っ張りっこをすることでした。彼女は本当に力が強くて、私たちは腕の関節が抜けそうでした！ サラが10カ月でひとりで立ち上がれるようになったころ、ミーカの靴下の引っ張りっこ遊びも最高に白熱していたので、私たちは靴下をサラに手渡しました。するとミーカはすぐに、靴下を前歯にそっとはさみました。サラは生まれてこのかた、ミーカに押し倒されたり、引き倒されたりしたことがありません。ミーカとサラがあれほど一緒に過ごし、真剣に遊んでいたことを思うと、本当に奇跡的だと思います。靴下遊びに戻ると、ミーカが靴下の引っ張りっこで力を出しすぎないようにしていたのは驚きでしたが、もっと驚いたのは、ミーカはサラがうまく遊べるようにしっかり靴下を引いていたことです。5歳になるとサラは大喜びで靴下を持ち、台所の床いっぱいミーカに自分を引っぱらせていました[1]！

「心ある犬」という言いまわしは、犬という素晴らしい生き物には活発な精神が備わっていて、彼らがロボットのような機械ではないという意味だ。また、だからこそ人は犬の世話をしてできるだけ良い暮らしをさせてあげなくてはならないという意味でもある。これは、私が自著の『心ある動物たち（Minding Animals）』でも強調した点だが、すべての動物に言えることだ。若い学生を含めてさまざまな人が犬の感情面に大きな関心を寄せている。犬が何を感じているかを理解することは、人が犬にできるだけ良い暮らしをさせるためのポイントなのだ。

いろいろな理由から、人は自分たち以外の動物が「心を持たない」と考えることも多い。人間は、認知動物行動学の綿密な調査が示すよりも、動物を賢くもないし感情豊かでもないと思っている。しかし、犬は違う。[2] 実際、人はよく犬の能力を特別な知力や感情を持つなどと飾りたてるが、そんな必要はない。なぜなら、綿密な実証研究がはっきり示しているように、犬は実際に知的で深い感情の持ち主だからだ。[3] すべての動物が、彼らなりに賢く、彼ら自身の必要を満たしている。私たちが十分に動物たちに心を寄せれば、彼らが常にこうした知性を発揮していることに気づくだろう。

ドイツの政治家、フレッド・ユングクラウスが彼の愛犬スモーキーについて書いた有名な言葉は、このことをうまく表現している。「私はかつてよくスモーキーを見て思ったものだ。もう少しだけおまえが賢かったら、おまえの考えていることがわかるんだがなぁと。しかし、彼は私を見て、『あなたがもう少し賢かったら、私が賢くなる必要などないのになぁ』と思っていたのかもしれない」。[4]

犬の知性――「賢い」犬VS「バカな」犬

さて、ここに2013年、科学雑誌『サイエンティフィック・アメリカン』のブライアン・ヘアのインタビューがある。ちなみに彼はサイエンス・ライターのヴァネッサ・ウッズと『あなたの犬は「天才」だ』を著し、デューク大学イヌ科動物認知センターの設立者でもある。彼は、「人が犬の知性について持つ最大の誤解は何ですか?」と聞かれ、次にように答えている。「それは、〈賢い〉犬と〈バカな〉犬がいるという考え方です。未だに知性に関することのように表面的な説がまかり通っているのです。あたかも、持っているか持っていないかの二者択一しかない1種類の知性が存在しているかのように聞こえますね[5]」。

ヘアの指摘は、まさに的を射ている。犬やほかの動物には多彩な知性があり、個々に違いがあるのは当然だ。違いは例外ではなく、むしろそれが通常である。研究により、さまざまな変数が実験での犬の行動に影響することがわかった。それに、私はよく、統制された実験で集められたデータがどのように現実の犬たちに置き換え得るのか疑問を持っている。現実の犬たちは、ドッグパークなど変化に富む場所で走りまわり、変化する社会状況や物理的環境に立ち向かっているのだから。

一般的に、「知性」という言葉は、知識を習得してそれを異なる状況に適応させて、多様な課題を実行して生きのびるために必要なことをする個体の能力を指す。ある友人がかつて私に、メキシコの小さな町の野良犬のことを話してくれた。その犬たちは、路上で生きていくための抜け目なさを持ち、困難な状況でも生きのびていたが、人間の言うことをまったく聞かなかった。うまく食べ物を見つけて、巧みに野犬捕獲者や敵意のある犬や人を避けることができる犬もいた。人を「手玉にとって」食べ物を得るのがうまい犬もいて、そうでない犬もいた。逆に私が知っている犬のなかには、頭が良くて、細かいところまで気づいて、高い適応力を持っていても、路上で生きていけるような要領の良さはなくて、そんな環境では生きられないような犬たちもいた。しかし、私が一緒に暮らした犬たちの数頭は、こちらに気づかれずに、私や仲間の犬の食べ物を一瞬でうまく盗んだ。

どちらの犬が「賢く」て、どちらの犬が「バカ」なのだろうか？　もちろん、どちらでもない。相対的に言って、これらの犬はどちらも同じくらい賢いが、それぞれの賢さを異なる状況に適応させたのだ。その文脈の外では、私たちの目にその犬たちは「バカ」にうつるかもしれない。私はたくさんの犬たちに出会った経験から、ある犬がほかの犬より賢いという発言は、犬たち個々の真の特性を誤ってとらえていると思う。

２０１７年1月、新聞記者のジャン・ホフマンは、『ニューヨーク・タイムズ』に「犬の賢さを査定するために人間は新しい技を習得した（To Rate How Smart Dogs Are, Humans Learn New Tricks）」という記事を書いた[6]。その記事で引用されていたアリゾナ州立大学で犬の研究をするクライブ・ウィンによる文章が私の目を引いた。「賢い犬というのは、しばしば厄介でもある……じっとしていられないし、退屈して問題を起こすこともある。〈賢さ〉は、余計なものかもしれない……私たちが犬に求めているものは、愛情だ。私の愛犬はのろまである。だが、彼女は愛すべきのろまだ」。もちろん、賢い犬は厄介かもしれないが、人があまり賢くないと思う犬だって、厄介さは同じだ。私は、そんなバカで厄介な犬と何度も出会った。どんな犬でもあらゆる理由で人にとって厄介な問題になるが、それは犬の知的レベルのせいではない。同じことが、愛情に関しても言える。すべての犬が同等に愛情深くなれるし、そのことは、賢さとは関係ない。こうした価値観は、私たち自身、そして私たちが犬に求めているものを反映している。犬に対する価値観は、人が特定の犬との関係で得た特定の成功や不満の経験から生まれるものであり、犬がいったい何者なのかという共通の真理を反映しているものではない。犬が「厄介者」と思われるとき、一般的にそれは犬の行動や言いたいことを人が単に理解できないからだ。犬の知性にはさまざまな形があるので、賢いとかあまり賢くないとかいう意味が、私にはよくわからない。

しかし、それでも人は私に尋ねる。「本当にバカみたいな行動をする犬をどう思いますか?」「本当に愚かな犬っていますよね?」繰り返しになるが、このように犬たちを描写することには慎重になってほしい。動物たちについての私のお気に入りの言葉のひとつに、ハンガリーの解剖学者、ヤーノシュ・サンタゴタイの有名な言葉がある。「〈知的ではない〉動物はいない。ただ、ずさんな観察と下手な実験があるだけだ」[7]。私たちは、実はもう長い間、犬が無能な生き物ではないことを知っているのだ[8]。

本章と次の章では、犬がいかに賢く感情豊かであるかを示す知見について、認知動物行動学の詳細な研究（動物の心の研究）をいくつか見ていく。すべての知見を網羅するのは不可能だが、私がよく人から聞かれる一般的な質問には答えるつもりだ。これらの質問は、ドッグパークにいるときや犬の散歩をする人と路上で会ったとき、そして食事中や犬の行動を観察しているときに、私がみなさんから受けた質問だ。

犬に心の理論はあるのか？

動物行動学や動物研究の分野で今一番熱い話題のひとつが、人間以外の動物に心の理論と呼ばれるものがあるかどうかの解明だ。つまり、動物が自分以外の動物に自分と異なる思考や感情があり、想像したり理解したりできることがわかっているのかという疑問だ。多くの〈高度な〉思考や複雑な感情は、心の理論によるものなので、これを立証すれば、ほかの大方の能力の立証への扉が開く。

犬についていえば、彼らが心の理論を持っていることを示す証拠がだんだん増えていて、それをはっきりと示す方法のひとつが犬の遊びの研究だ。犬が（そして、ほかの動物が）遊ぶとき、互いの心の読みあいがたくさん行われている。犬は、ほかの犬がどこを見ているか気づき、ほかの犬が自分に注意をはらっているかを確認して、遊びの相手が次に何をしようとしているかを、慎重かつすばやく見極めて予測しなければならない。

2頭の犬、ハリーとメアリーについて考えてみよう。それぞれが、相手の犬が何をしたか、何を今やっているかをよく観察する必要がある。それぞれが、その観察で得たことを、相手が次に何をするかを予測するために使う。アレクサンドラ・ホロウィッツは、遊びの間に犬たちがどのように互いを観察するかを研究した。彼女は、以下のことを発見した。

遊びのシグナルは、ほぼ正面にいる相手（同種の仲間で、この場合は犬）にのみ送られた。相手の気を引く行動は、遊びの相手がよそを向いている場合と遊びへの興味のシグナルを出す前に、最も多く使われた。さらにそのやり方は、遊び相手の興味の度合いに一致している。つまり、遊び相手がよそを見ていたり気が散っていたりする時には、強く気を引く行動がとられたのだ。相手がこちらを見ていたり少し横を向いていたりする程度のときには、それほど強くない行動がとられた。言い換えれば、これらの犬は、ほかの犬が応答可能な状態にあるかどうかを調整する機能に気を配り、それをコントロールするために行動した。こうした犬の機能を、人同士の関係では「注意」と呼んでいる。[9]

カナダ、ノバスコシア州ハリファックスにあるダルハウジー大学の心理学者、シンディ・ハーモンヒルと、同大学の動物行動学者、サイモン・ガドボワは、遊びが人間以外の動物の心の理論を探求するのに適した領域だという意見に同意している。彼らは、犬に心の理論がある理由を神経生物学的に説明した。[10] 動物たちは遊ぶとき、相手が何をしているかを繰り返し確認する。つまり、「走りながらの微調整」と私が呼ぶものが行われる。それに加えて、遊びは遊び手同士が協力する必要があり、その協力はトレーニングなしで生まれ、おとなもこどもも参加する。その結果、ハーモンヒルとガドボワは、遊びが大脳皮質下で、3つの動機づけシステムにコントロールされているであろうという考えにいたった。動物は、(1)遊ぶことによって快楽を得ることが「好き」であり、だから、(2)遊ぶことを「望んで」おり、そこから、(3)動物は遊び方を「学ぶ」。遊びの変わりやすさは、遊び手がパートナーの望みや計画を予想して、それに従って状況を判断して、行動を変えなければならないことを示している。これには、心の理論が必要だ。

明らかに、私たちはもっともっと多様な種を比較できるデータが必要だ。それがあれば、心の理論の分類学的な分布について、信頼性の高い評価を始められる。つまり、どの種が心の理論を持っていて、どの種が持っていないかを決定できるのである。しかし、走りながら遊びの折り合いをつける犬たちを見ると、犬がほかの犬のことも考え、感じているのだということがはっきりとうかがえる。

犬は他者の視線を追えるのか?

ほかの犬の視線を追うことは、よく犬たちがすることだ。犬は、別の犬の視線を追っているとき、その犬が考えていることをよく学ぶことができる。そして、この簡単な動作は、犬が心の理論を持っていることをはっきり示す助けになる。犬は人の視線も追えるが、結果は調査によって異なる。以前にも言ったように、多様な犬が多様な研究者によって多様な方法を使ってさまざまな状況で調査されているので、驚くことではない[11]。

犬が人の視線を追うかどうかについては、犬とその人間の関係性を見る必要がある。「ドッグチューブ（DogTube）：An Examination of Dog-manship Online」という興味深い論文で、研究者たちは「犬と人の間の互恵的注意」が、犬の注意を引いたり、犬を扱ったりトレーニングしたりするために重要だと述べている。さらに、彼らは、「トレーニングしにくいと思われる犬たちは、ドッグマンシップの特色であるタイミングや意識に欠けている人のせいかもしれない」と書いている。そして、「ドッグマンシップとは、犬を扱ったりトレーニングしたりする場合のごほうびのタイミングの適切さと、犬の注意を引きつけて離さない能力だ」とも述べている[12]。

ドッグパークでの日々の観察から、私は犬がほかの犬や人の視線を追えると言える十分な実例に出遭った。もちろん、いつでも犬がそうするわけではないが、能力はある。そして、もちろん、犬は視線という情報を収集しているが、人がそれに気づくやり方で伝えていないこともありえる。

犬にユーモア感覚はあるのか？

私はよく、犬やそのほかの動物には、ユーモアを解する心があるのかと聞かれる。どの動物にあってどの動物にないのかという問題についてはまだ結論が出ていないが、こと犬に関してはユーモアを解する心があると私は確信している。スタンレー・コレンも同じ意見のようだが、さらに個体差や犬種差もありそうだと言う[13]。犬のユーモア感覚についてじっくり考えると、犬が何を知っているのかという点について多くのことが明らかになる。古典的名著『人間の進化と性淘汰』でチャールズ・ダーウィンは語る。「犬は、単なる遊びとは異なり、ユーモア感覚と呼べるものを示すようだ。棒きれかちょっとした物を投げられると、犬はよく少しの距離だけ運んでいく。そして、自分の目の前にそれを置いてしゃがみ、飼い主が近くに取りにくるまでじっとしている。飼い主がそれを取ろうとすると、犬はそれを急に奪い、勝ち誇ったように走りさり、同じことをまた繰り返す。これはどう見ても、悪ふざけを楽しんでいる」。犬にユーモア感覚があるならば、何をするにせよ自分の行動が他者に影響を与えることを理解していることになる。そして、自分自身も楽しんでいるかもしれないが、それを見ている飼い主（やおそらくほかの動物）の反応が犬の行動を続けさせていることになる。ユーモア感覚をもつことは、動物が心の理論を持っていることを裏付けるかもしれない。

だが、犬やほかの動物がユーモア感覚やコメディを楽しむ能力があるかどうかの判断については、私は慎重を期すことにしている。というのも、この件に関する正式な動物行動学の研究がほとんどないからだ。しかし、犬のユーモアを裏付けるような逸話に事欠くことはない。たとえば、私の相棒のジェスロは抜け目のない食べ物泥棒だったが、それればかりか、かなりのおどけものだった。彼はお気に入りのウサギのぬいぐるみを口にくわえて走りまわって左右に振り、周囲の人たちの反応を見ていた。これを見て周囲の人たちが声を立てて笑うと、彼はますます派手に振り回した。彼への注目が集まらないと、彼は走りまわるのをやめるか吠えるかして、みんなが彼を見ているか観察した。そしてまた、ぬいぐるみをくわえて、あちこち走りまわった。

また、〈ゲップ屋〉のベンソンについて考えてみよう。私の友人で動物活動家のマライエ・テレンは、ベンソンという名の5歳のバーニーズマウンテンドッグを飼っていたが、このベンソンは、彼女に近づいて顔を寄せ、じっと目を見て、ゲップをしたがった。ベンソンはこの行為が大のお気に入りで、それ以外のときにはゲップをしなかった。この行為は、彼流の「ハロー」や「アイ・ラブ・ユー」なのだろうか？　それとも、彼は飼い主に、古典的なジョークを見せているのだろうか？　マライエは、ベンソンが彼女や娘のアリアンヌのマネをしているわけではないと、きっぱり言った。

同じように、馬、ツキノワグマ（別名アジアクロクマ）、コンゴウインコや、そのほかの動物たちがまるでスタンドアップコメディアンかおどけものみたいにふるまうおびただしい数の実例にも出くわした[14]。実際、ユーモアは、私たちが想像する以上に動物の間に広く存在しているのかもしれない。

食べ物を盗むとき、犬は意図的に人をだますか？

犬が、特に食べ物を手に入れるために、まるで泥棒のような行為をするのを目撃した人は多いが、人をだます策略は犬のユーモア術になることもある。しかし、犬が食べ物を盗むとき、彼らは故意にだまそうとしているのか、ただ腹ぺこで欲張りなだけなのだろうか？　実際、犬が食べ物を盗むための戦術を練るのを見れば、犬の認知技能がよくわかる。私は何年にもわたって、犬が食べ物をくすねるという話をたくさん聞いたし、私自身も悪知恵を働かせる犬たちをたくさん目撃した。9カ月のころに保護した雑種のジェスロも、「食べ物に抜け目がなかった」。一緒に暮らす犬のサシャが食べ物をもらうと、ジェスロはいつも来客があったかのように玄関ドアに駆けだした。サシャがつられてドアのほうにゆっくり向かうと、ジェスロは最短コースでサシャの皿まで戻り、できるだけの量を吸い込んだ。それは私には、故意にやっているようにしか見えなかった。

だが、ここで付け加えなければならないことがある。それは、犬たちがほかの犬の食べ物を盗むのがうまい一方、食べ物を分けあうことでも知られているという点だ。特に、友だち同士ではそうだ（よく知らない犬同士では、分けあわないが）。ただ単に別の犬がいるだけで、彼らはひとりでいるときよりも寛大になる。[15]

私が思うに、ジェスロが食べ物に抜け目なかったのは、彼が路上で身につけていた賢さと無関係ではなかった。私が彼に会う前、ジェスロは食べ物を盗む技術に磨きをかけることで野良犬として生きのびていた。私がジェスロを家に連れ帰ると、ジェスロとサシャはとても仲良くなった。ジェスロはサシャとその食べ物を利用していたが、限度をちゃんとわきまえていた。ジェスロは、サシャが食べ物に対する独占欲が強いことを知っていたが、彼女を玄関ドアまでだまして連れていくことができた。しかし、彼はサシャを怒らせないように気をつけていた。彼女が皿からちょっとだけ離れたすきに、ジェスロは食べ物を少量だけすばやく飲み込んだ。そのあとで彼は彼女の鼻をなめ、何もなかったかのように立ち去った。サシャはまるで気づいていないようだった。ジェスロは、実は私の食べ物を盗むのもうまかった。

これに関連する話として、私は、地元のドッグパークで驚くような光景を見たことがある。そのとき、犬のヘンリエッタとロージーは、遊びに熱中していた。家に帰る必要があったヘンリエッタの飼い主は、ヘンリエッタに食べ物をあげた。ロージーも当然近くまでついてきた。飼い主がヘンリエッタの鼻先に再び食べ物を出したそのとき、ロージーは頭を左に向けて、まるで別の犬が遊びに近づいているかのように遊びのお辞儀《プレイバウ》をした。しかし、ほかに犬はいなかった！　ヘンリエッタがロージーの視線を追ったその瞬間、ロージーは食べ物を奪いとり、走りさった。まばたきする間もなかった。ヘンリエッタとロージーは、また何もなかったかのように遊びはじめた。言うまでもなく、ヘンリエッタの飼い主は気を悪くした。盗みのせいではない。彼は早く帰りたかったのだ。

犬は食べ物を手に入れるために人を利用しているのか？

食べ物は、トレーニングや教育の強力な報酬として使える。犬が人を「愛する」理由は食べ物を得るためだけなのか、と尋ねる人がよくいる。もちろん、それは誤りだ。犬は、もっと複雑な生き物だ。「喜ばせたい？（Eager to Please?）」というエッセイで、ドッグトレーナーでジャーナリストのトレイシー・クルーリックは、犬に報酬として食べ物を与えても、犬があなたを今までほど愛さなくなることもないし、犬がポジティブな感情なしにあなたを利用しているわけでもない、と言っている。

私はコロラド州ボールダー郊外の山間部にずっと住んでいる。犬たちは、私が家にいるときは、自由に走りまわっている。それに、私はドッグパークや自由に走れる小道で、数えきれないほどの犬たちを観察してきた。こうしたあらゆる環境で、私はリードをはずした犬をコントロールするために食べ物が使われるのを見てきた。そして、だからと言って、犬が飼い主になついていないようにはまったく見えなかったし、それどころか飼い主への犬の愛情を感じた。

私の愛犬、ジェスロは、私の手が右のポケットに行くと、そこに彼へのおやつがあることを知っていた。彼は、私のほんの少しのこうした動きを見ただけで、私のところにやってきた。私は、手が動けば犬が来るというこの連合を意図的に作った。犬をジェスチャーで呼ぶ方法を紹介するとき、私はこのやり方を〈ポケットに手を入れる教育法〉として話す。この方法は、かなりうまくいく。山間部での私の隣人たちは、クーガーやクロクマやコヨーテだった。つまり、ジェスロをすぐ私のところに来るようにと合図を出すのに、言葉や音を使えないこともあった。ほかの動物がジェスロや私のほうに来ないようにする必要があったのだ！　ジェスロは私を愛していたかって？　きっとそうだと思う。彼はおやつを欲しがったかって？　もちろん。じゃあ彼は食べ物のために、私を好きなふりをしていたかって？　それはまったく見当違いだ。私が「おいで」とか単に「ジェイ！」とだけ言って彼を呼んだとき、彼はおやつがなくても反応した。

かつて、ある隣人は、私が一緒に住んでいる犬をトレーニングするのに食べ物を使うことを疑問視していた。彼女は、よくこう言ったものだ。「ジェスロはあなたを利用しているだけよ。本当にあなたを愛しているわけじゃないわ」。反対に、マヤという名の彼女の犬は危険な犬として有名で、飼い主である彼女の言うことをめったに聞かなかった。しかし、マヤは私が食べ物をあげて抱いてやると、私のほうにやってきた。マヤは私の右手がポケットに行く意味がわかっていた。私たちは危険な環境で暮らしていたので、犬たちの安全性がまず一番で、食べ物は動機づけを高める道具としても、うまく機能していた。ジェスロと同じように、マヤも呼ばれたらやってきたし、彼女はおやつがなくても素晴らしく愛情にあふれた犬だった。犬に愛情を表現させるのに食べ物は必要ないし、食べ物を教育の道具として使っても、それはまったく変わらない。

脳神経画像処理の研究がそれを裏付けたようだ。ピーター・クックらの研究から、犬が食べ物よりほめられることを好むのがわかった。また、彼らのデータは、「犬のトレーニングにおいて、社会的交流が目に見えて有効なことを説明する助けになるだろう[16]」。しかし、食べ物もとても大切で、ある調査によれば、犬は撫でられることより食べ物を好むことがわかっている。だが、後者の実験の研究者たちが得た結果には、大きなばらつきがあった。撫でた人物の犬との親しさにもよるし、その犬たちが社会的交流にどれほど飢えているかにもよるからである[17]。

トレイシー・クルーリックが言うように、この食べ物の問題は、犬の問題というよりも人の問題だ。犬はいつも食べ物のために人を利用していて、人のことなど関心がないという見方を、そろそろ乗り越える時期だ。トレーニングにおいて、食べ物が効果的に働くときは使うべきだし、もし使ったとしても、犬の私たちへの愛情を私たちは疑うべきではない[18]。

まだ犬のIQは測れないのか？

先ほども言ったように、あらゆる犬が同じように抜け目がないわけではないので、人間の知能を測るように、犬の知能も測定できないものかと私たちはいつも考えている。まあ、私たちはそれを期待しているとも言えるだろう。研究者たちは、ではどうやってやればいいかということを明らかにしようとしている。前にも述べたことだが、犬の認知研究は、個体差にほとんどスポットを当てていない。最近のイヌの認知の個体差の研究をまとめた2016年の論文には、たった3件の研究しかなかった。そこで、犬の知能を知る手段をもっと見つけようと、2016年2月にロザリンド・アーデンとマーク・アダムズが「犬の一般知能因子（General Intelligence Factor in Dogs）」という研究論文を発表した。これは、「メンサ会員［訳注：人口上位2％のIQを有する者の団体］の犬？　犬のIQテストが犬の「一般知能」を明らかにする（Mensa Mutts? Dog IQ Tests Reveal Canine "General Intelligence"）」という記事にうまく要約されている。[19]

まず研究者たちは、犬のためのIQテストの試作版を作った。そこには、ナビゲーションテスト、時間制限パズル、障害物テスト、視線追従テスト、食べ物の数量評価テストが含まれていた。彼らは、このテストを68頭のボーダーコリーにやらせた。結局、ひとつのテストで良くできた犬は、ほかのテストでも良くできた。また、速くテストを完了した犬は、遅い犬よりも正確だった。

そして、犬たちのIQテストの個体差は人のIQテストでみられる個人差と類似していた（興味深い点は、人の場合は、テストの結果の違いは寿命にも関連しているらしいことだ。知能の高い人はどういうわけか健康で長生きする傾向にある）。ただし、この研究の目的は、単に個々の犬を比べることではなくて、犬の「一般知能」レベルを数値化して、知能自体の進化を理解する助けにしたいというものだった。

この研究の重要なポイントは、以下のようになる。

・犬の認知能力の構造は、人に見られる構造と「似ている」。

・問題を「すばやく」解く犬は、答えが「正確」でもある。
・犬の認知能力は人のそれと同じく短時間でテストできる。
・大規模な犬の認知の個体差研究は、認知疫学的研究に貢献するだろう。

研究者は、以下のように結論づけた。「動物の知能の個体差を知ることは、認知能力が適応度地形〔訳注：遺伝子型と繁殖成功度の関係（適応度）を視覚化するために用いられる数学的モデル〕にいかに当てはまるかを理解するための第一歩だ。この結果は、知能と健康、老化、死亡率などの関係についての重要な情報を提供するだろう。人間以外の動物からのデータは、もし人が知能という全動物界の最も重要な形質のひとつを完全に理解しようとするなら、不可欠なのである」。

スタンレー・コレンは、この研究の結果を要約して、次のように述べた。「この結果は、知能には一般因子があるという考え方を支持する強力な証拠だ。つまり、頭の良い犬は一般的にすべてにおいて秀でていて、あまり頭の良くない犬は大部分の測定でもたいてい出来がよくなかった[20]」。

犬は猫より賢い？

生物の異種間の比較をしてみたいという誘惑は、常につきまとうもので、「犬は本当に猫より賢いの？」といった質問を私もよく受ける。私はいつも、そうした質問はあまり意味がないと説明する。そうした比較の結果は誤りだらけだ。なぜなら、個々の生き物は、その種を構成する1個体として必要なことをしているのだから。犬は犬であるために必要なことをし、猫は猫であるために必要なことをする。[21]ネズミは犬ができないことをできるし、アリもそうだ。これらの動物はみんな、人間ができないことができる。だから、ある種がほかの種より賢いとランク付けすることは、リンゴとドングリを比べるようなものだ。

犬が猫より賢いかと尋ねても、猫が犬より賢いかと尋ねても、まったく私たちにとってプラスにはならない。知能は進化的適応として見ることができ、その発現はそれぞれの種によって異なる。ただし、種のなかにいる個体は異なるので、ある犬がもう1頭の犬より賢いかとか、より適応的かと尋ねることは可能だ。しかし、これもまた、慎重に比較されなければならない。犬は、ほかの動物と同じように多様な知能を見せるからだ。路上で生きるための抜け目なさをもつ犬なら、食べ物を盗んだり人に頼らず生きるのがうまいだろうが、人間のような賢さをもつ犬は、人の考えを理解し、人の家庭になじむのがうまいだろう。

生い立ちも犬種も同じような犬の間でも、相対的な知能にはばらつきがあるので、私たちにとっては混乱の元かもしれない。たとえば、ボーダーコリーはとても賢い犬種と思われているが、先に紹介した研究では、必ずしもすべての個体が同等に賢いわけではない。ある状況では、ハーマンという犬がブルータスという犬より賢いが、ほかの状況ではブルータスがハーマンより賢いこともありえる。私は、犬種を知能で比較したり、ランク付けをしたりすることを避けている。なぜなら、繰り返すが、それぞれの犬種の個体は、その犬種が必要とされることを満たすために、やるべきことをやっているからだ。

犬の意識――記憶と意思決定

自分以外の動物の頭のなかを推測するのは難しい。たとえば、犬やほかの動物は、あてもなくうろついたり、周囲を観察することで、どれほどのことを学んでいるのだろうか？　私たちにはよくわからない。多くの動物が、休憩したり、あちこちをじっと見たり、風景や音やにおいを吸収したりして長い時間を過ごす。犬は本当によくこうした行動をする。一緒に暮らす犬たちが、ぶらついて、ほかの犬や人間や周囲の様子を見回している姿を見ると、私はつい微笑んでしまう。

私はコヨーテを含む数多くの動物を野外観察したとき、彼らが特に何もしないで、休息しながら周囲を見て過ごすことによく気づいた。きっと、こうして多くの情報を集めて学んだことが、他者との社会的遭遇で使われるのだろう。実際、犬たちは受け身の観察者ではないことがわかっている。彼らは、人間の第三者評価と呼ばれることができて、彼らの飼い主を助けようとしない人間を避ける。京都大学のジェイムズ・アンダーソンは、犬やほかの動物は、言語や教えに依存しない、核となる道徳性を示すと主張している。動物の個体は誰が助けになり、誰が助けにならないかを学び、その自分の決定を未来の社会的やりとりの土台にしているという[22]。明らかに、犬は何も考えずに決まり切った行動を繰り返す生き物ではないことがわかる。

彼らは記憶し、意志決定をする。

ドッグパークや散歩道で出会う人たちとの会話で、犬がどんなに賢く感情豊かでどんなに感動的な思い出があるか、というたくさんの話を耳にした。しかし、ある心理学者が「犬は昨日を憶えていなくて、〈永遠の今〉を生きているのだ」と書いたエッセイを読んで、私はショックを受けたことがある。[23] この馬鹿げた主張は、犬やほかのたくさんの動物がすぐれた記憶を持っていて、社会的あるいは非社会的な文脈でその情報を活用していることを示す大量の研究結果を無視している。犬は過去の出来事から影響を受けるだけではなく、それによって未来の計画をたてるのだ。虐待された犬を保護した人なら誰でも、犬の過去の経験が現在の行動に影響を与えていることを知っている。多くの綿密な研究が、過去を頭に描いて未来に備える心の「タイム・トラベル」が人間固有なものではないことを示している。また犬は、人が物体を操るのを見てその物体の物理的性質を推測し、得た過去の情報を思い出して後で使うことができる。ある研究で、まず犬は2つの重さが違う扉が開くところを見たあと、両方の扉を自分の力で開けることができる機会を得た。そして次からは、どちらのドアが軽いかを察して、その情報に基づいて行動することができた。[24]

私が一緒に暮らしたほかの犬たちは、ジェスロほどやり手ではなかった。数頭の犬は我が家や近隣に出没するツキノワグマやクーガーのことを学んだが、学ばなかった犬もいて、大胆にも私の所有する土地の外まで遠征していた。それでも近隣の野生動物たちと問題を起こす犬はいなかったし、犬たちはそれぞれ、肉食動物たちと共存する方法を見つけているようだった。

どの犬もその個体独自の「信念体系」、世界観、最良の選択肢を持っていた。犬やほかの動物は、広い範囲の変化に富んだ状況に適応することができるので、彼らの多様な反応が、ただの固定的な刺激と反応に基づく応答であるはずがない。動物の行動を自動的な反射応答とみなしてしまえば理解は楽かもしれないが、そうすると動物が異なる状況に反応する多様性を十分には説明できない。輝かしい受賞歴を誇る科学者だった故ドナルド・グリフィンは、しばしば認知動物行動学の父と呼ばれるが、彼は行動の柔軟性、つまり多様な社会的または非社会的条件への反応こそが、人間以外の動物における意識の存在を示すものであると明確に主張した。私も多くの研究者たちも、同感だ。

よく人は、犬がどのくらいの量の情報を記憶できるか疑問に思う。ハンガリーのブダペストにあるエトヴェシュ・ロラーンド大学のクラウディア・フガッツァ、アコス・ポガニー、アダム・ミクロシによる2016年の研究は、「偶発的な記憶符号化後における他者の動作の再生は犬がエピソード的記憶をもつことを示す（Recall of Others' Actions after Incidental Encoding Reveals Episodic-Like Memory in Dogs）」と題されており、この研究結果は私たちが考える以上に犬が多くのことを覚えていることを示している。[25] 私はミクロシに、彼の研究は、私たちが従来の研究から知っていた知識や家庭や公園での犬の観察から得ていた知識をいかに広げるだろうかと質問した。以下は、彼からの答えだ。

これはまたしても、愛犬家なら犬にできると推測していたかもしれないことです。けれど、犬が身の周りで起こった特定の出来事を記憶している可能性を認める人はそう多くはなかったのです。今回の研究は、犬が（そしておそらくのほかの動物も）その能力を持っていることを示しています。彼らは、自分がしたことを（自発的に）記憶するだけでなく（チンパンジー、ネズミ、イルカなどの実験があります）、飼い主がしたことも記憶します。たとえば、ある日犬は飼い主が庭でバラの花を切るところを見ます。そして、彼らが再びそのバラの花を見たとき、先の記憶が心に浮かびます。これが起こっても、犬の行動は変化しないかもしれません。というのも、自発的な「思考」だから。ただし、実際にはそんな思考が（自発的な）行動の原因になることもあるかもしれません[26]。

この研究を知ったとき、私はなんでも知っているように行動していた多くの犬たちのことを思い出した。彼らは、私がやろうとすることや私が彼らにやらせようとしていることを、感じとっているか知っているかのように見えた。たとえ、私が彼らに特定の連合をはっきりと学習させていなくても、そうだった。彼らは、私の意図を探りだし、きちんと教えられることがなくても、彼らがいる世界のありようを把握していた。私は、長年研究していた野生のコヨーテにも同じ感触を持っていた。彼らは、他者が考えていること、感じていること、彼らに望む行動をわかっているように見えた。これが、犬、コヨーテ、ほかの多くの動物がある種の心の理論を持っているという私の確信のもうひとつの理由だ[27]。

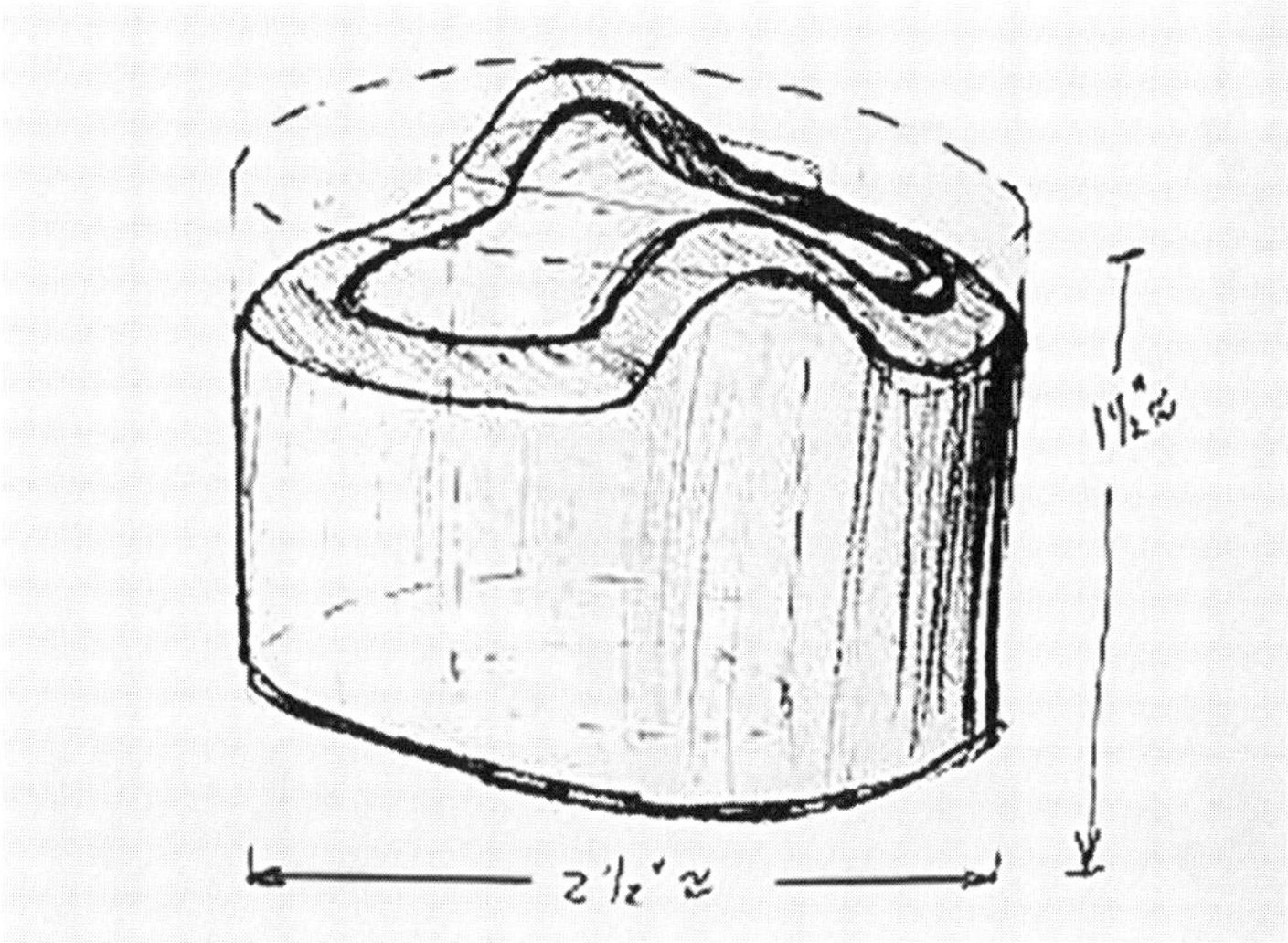

グランデルの背中掻き（写真はレニー・フリーリンクからの提供）

犬は道具を作って使えるのか？

「犬の賢さ」に興味を持っている人たちは、犬が道具を作って使えるか、よく疑問に思っている。何年も前のことだが、私は背中を掻く道具を作ったグレンデルという名の犬の話を聞いた。かつて、ある犬が椅子を動かし、食べ物を取るためにその椅子を使って台所のカウンターの上にあがるビデオを見たこともある。[28]ディンゴも道具を使う。

グレンデルの人間の友人であるレニー・フリーリンクは、次のような話をしてくれた。

　グレンデルが彼女の最初の道具を作ったのは、1973年ごろでした。彼女は足が短く胴体が長いので、背中の中心を掻くことができませんでした。ある日、私たちは彼女に、子羊か何かの大きな脚の骨の一部をあげました。その骨はとても堅く、円筒形で、両端がそろって平らでした。私は約1週間後、彼女が骨を咬んで、片側は平らなま、反対側には隆起部（骨の外側の縁にそって正弦波のような形）をふたつこしらえているのに気づきました。彼女はその骨を床に置いて平らな面を下にすると、隆起部の上に転がり背中の中心を掻いていました。私は、彼女が道具を作ったと確信しましたが、科学的に意味があるとみなすためには、その行動が繰り返されなければならないと思いました。彼女は最初の骨を、私の記憶では1年くらい持っていました。そして、その骨は見えなくなりました。私たちは彼女に別の骨を与えました。数日から1週間の間に、彼女はその2個目の骨をまた同じ形に作り、同じ目的で使っていました。彼女は、道具作りを繰り返したのです。

犬は人の言うことがわかるのか？

犬は人間と親しい関係にあるので、ほかの動物たちより人間のコミュニケーションを理解するかどうかには、大きな関心が集まっている。誰もが知っているように、多くの犬が「おすわり（スイット）」「待て（ステイ）」「来い（カム）」などの言葉の意味を習得できる。この章の冒頭で紹介したミーカのように、犬が人の意図することを具体的によく理解できることを示す素晴らしい例もある。研究によると、犬は数百個から数千個の言葉の意味を習得できることがわかっている。[29]

論文「犬は人の話を理解するのか？　犬と人のコミュニケーション能力の総説（Do Dogs Get the Point? A Review of Dog-Human Communication Ability）」で、研究者のジュリアン・カミンスキーとマリー・ニチュナーは、犬がチンパンジーやオオカミよりもっと柔軟なコミュニケーションを行うと記した。彼らは次のように述べている「私たちの仮説は、いわゆる副産物仮説と言われるものです。犬の進化において、恐怖や攻撃性を示さない個体が選択され、その副産物として、一般的でより柔軟な社会的認知能力が進化してきたことが示唆されます。犬のその技能は、祖先のオオカミを越えています」。彼らは、また次のようにも述べている。「もうひとつの仮説、適応仮説は、犬は特に人間のコミュニケーション様式を使うことが必要な特定の作業のために選択されてきたと主張します」。そして、こう結論づけた。「これまでに得られた証拠は、人間のコミュニケーション様式への犬の理解力が予想以上に特殊化したものであり、人間によって犬が使用された特定の作業への特別な適応の結果として、最も良く説明できることを示しています」。[30]

私たちも知っているように、犬は人の表情を読みとることができる。[31]犬は心的表象を使って人の感情状態を認識することができ、自分の飼い主に意地悪な人間には冷たい態度をとり、そういう人からのおやつを拒否さえする。[32]犬は幸せそうな顔と怒っている顔の違いがわかり、人間の感情を見分けることができる。[33]人が怒っているとき、犬はその人物を信用せず、指さし指示にも従わない。[34]つまり、犬は人間の言葉をしゃべらなくても、私たち人間についての情報をかなりよく読みとれるように学んできたのである。

犬の集団の社会力学

これまでに見たように、犬はほかの犬と協力もできるし、競争もできる。犬はほかの犬をだましたりずるをしたりもする。おもしろいことに、犬は自分の集団の大きさによって行動を調整しているのかもしれない。イタリアの犬の研究者、ロベルト・ボナンニらは、ローマ郊外で暮らす放浪犬たちが集団間の争いに参加するかどうかに影響を与える変数を調査した。彼らは、「小さな群れ（パック）に属する犬たちは大きな群れに属する犬たちより協力的に争いに加わる」ことを発見した。それに、若くて序列の高い犬たちは、自分の群れが別の大きな群れともめたとき、より熱心に協力したが、実際の争いの最中には、ほかの犬の後ろの方に下がっていた[35]。また、大きな集団の犬は、ずるをする機会が多かった。研究者が強調したのは、犬の行動は複雑で、個々の犬はその場で群れのために仕事をしているほかの犬を利用することもあったという点だ。犬は集団の大きさを見積もることができる。それは研究者が数量認知と呼ぶ能力だ。

ボナンニらは、数量認知の別の例も出した。彼らは、郊外に暮らす放浪犬たちが、集団間の争い中に敵の数を推定できることに気づいたのだ。彼らの結論はこうだ。

群れの仲間の数が敵の群れのライバルの数よりも多くなるにつれ、群れの仲間のうち少なくとも1匹が敵に攻撃的に近づく確率が上がった。さらに、群れのメンバーの半分以上が争いから撤退する確率は、仲間の数よりもライバルの数のほうが多くなるにつれて上がった。相対的な集団の大きさを正確に見積もる犬の技能は、少なくともひとつの群れが4頭より多い場合には、大きさの非対称性が増すにつれて向上するようだった。一方、そうした犬の技能は、犬が小さな数を比較する場合には、集団の大きさの非対称性によってそれほど影響を受けなかった。こうした結果がはじめて指摘したのは、集団間の争いでの敵の数の評価には、ノイズを含んだ心的強度に基づく量の表象が関係しているかもしれないという点だ。そして、小さな数の評価には、付加的でもっと正確なメカニズムが働いている可能性が残っている。[36]

言い換えれば、犬には算数ができないかもしれないが、数量が重要な意味をもつ場合には、それを見分けることができるか、あるいは、学者らしい言い方をすれば、犬には数量的概念もしくはある種の数的感覚があるのかもしれない。

犬の自己意識

犬に自己意識があるかどうかという質問に簡潔に答えると、「まだ、よくわからない」となる。私は相棒のジェスロと、町はずれのボールダークリーク遊歩道を歩きながら、〈黄色い雪の研究〉と呼ばれることになった研究を行った。排尿やマーキングの尿の役割を調べるために、私は冬の5年間、尿で染まった雪（「黄色い雪」）をあちこち移動させて、自分の尿や他者の尿に対するジェスロの反応を比較した。人々は私のこの行動を見て、私を避けたり、首を横に振ったりして、私の頭が正常か明らかに疑っているようだった。しかし、実験はスムーズにいった。あなたも簡単に動物行動学者になれるはずだが、この実験を繰り返すなら、変人と呼ばれるのは覚悟することだ。[37]

私は、ジェスロがほかのオスやメスの尿ほど自分の尿を嗅ぐのには時間をかけないことを知った。時とともに、自分自身の尿への関心は弱まっていったが、それに比べて、ほかの犬の尿への関心は続いた。ジェスロは、自分の尿に、めったに尿をかけたり、嗅いだりしなかった。ほかのオスの尿にはメスの尿にするより頻繁にマーキングをした。このことから、私はジェスロがはっきりと「自己」の意識を持っていると結論づけた。ジェスロが見せた行動は、必ずしも「私であること」ではないにしても、「私のものであること」という感覚をもつことを示している。私の発見を、生物学者のロベルト・カッツォーラ・ゲティは、彼が「自己認識のにおい嗅ぎテスト」と名付けたテストを使って4頭の犬で確認した。[38]ホロウィッツは彼女の著書、『犬であるとはどういうことか―その鼻が教える匂いの世界』で、彼女の認知研究所の犬で行った、犬の自己認知に関するより体系的な研究結果を記した。彼女の観察によると、犬は「ほかの犬の容器にだけオシッコをして、自分の容器にはしなかった。犬たちは、自分がわかっている[39]」。

ホロウィッツも私も、これらの研究が自己意識の存在を裏付けているという確信はないが、犬が自分の独自性（アイデンティティー）に気づいていることを示していると思う[40]。

犬は鏡のなかの自分がわかるのか？

愛犬が、鏡に映る自分の姿を見ている光景を目撃した人は多いだろう。この例は、市民科学にとって素晴らしい機会を与えてくれる。鏡に対する犬の行動は、犬の自己意識の存在を確認して理解する助けになりうるからだ。２０１７年１月、愛犬家のアリアナ・シュラボームは私と同僚のジェシカ・ピアスとの授業に参加して、彼女の愛犬ハニーについて以下のような話を書いてくれた。

数年前のある日のこと、ハニーは私と一緒にベッドに横になっていました。私は、ひどく毛羽立った紫色の靴下をはいていました。ハニーは、いつのまにか、額に糸くずを付けていました。とっても可愛かったです。しばらくして彼女は、私の鏡で自分の姿をちらっと見ました。そして、すぐに反応したのです。彼女は前足で毛羽が取れるまでたたきました。すると次に私のお腹の上にすわってきて、私が彼女の前足に付いた糸くずを取ってやるまでそこにいました。その後、ハニーはベッドの足元に行き、数時間そこにいました。

ハニーは、最初とてもうろたえていましたが、紫の糸くずが取れたのを見たら、すぐに落ち着きました。私はこのエピソードを、ただ可愛くてちょっと間抜けな犬の話だとずっと思っていましたが、あなた方の研究の助けになってほしいと思います。[41]

アリアナの話は、鏡で見たあとに額に付いた物に犬が注意を向けるという、今まで聞いたなかでも最高の例だ。ハニーは、それ以前は鏡の自分に注意を向けているところを目撃されたことがなかった。この観察を聞いて、私はもっと正式に行われた「赤い点」の研究を思い出した。その実験は、人間以外の霊長類、イルカ、シャチ、ゾウ、鳥などを対象に行われた。動物たちが知らないうちに、鏡を使わないと見えない額か体のどこかに赤い点を付けた。そして、動物の前に鏡が置かれ、赤い点に反応して自分に対するなんらかの動きがあれば、一種の自己認知能力が示されていると解釈される。この実験は、ミラーテストと呼ばれている。しかし、誰が鏡のなかにいるのか見極めるとき、嗅覚や聴覚より視覚の手掛かりを使うかどうかは、動物によるのである。

結局、自己認知の研究には、いろいろな結果が混在している。時には1頭だけが赤い点を触るが、調査対象のすべての個体が自己指向性の動作を見せるわけではない。しかし、自己指向性行動を見せないからといって、その動物が自己意識を持たないとは言えない。たとえば、マイケル・フォックスと私は、もう何十年も前、犬とオオカミにミラーテストをしようとしたが、1頭も自分のおでこの点に関心を示さなかった。しかし、私がジェスロと行った〈黄色い雪の研究〉は、犬の自己意識は、そもそも視覚的な手掛かりよりも嗅覚的な手掛かりに関連しているかもしれないことを示している。まだ多くの研究がなされる必要があるが、犬に自己意識のようなものがないと考える理由はまったくない[42]。

犬は確実に、鏡がどのように機能しているかわかっている。以前、私はジーノ・ジンマーマンという愛犬家から、おもしろいメールをもらった。それは、異なる人々を識別するために鏡を使っている犬の話だった。

私は、驚くほど賢くて何でもよくわかっているジャーマンピンシャーを飼っています。実際、彼女はあまりにも賢くて、過去10年というもの、トレーニングが難しかったのです。けれど、心からの愛情とトレーニングで、彼女は並はずれた技術を磨いてきました。私もルームメイトも、彼女が階段の一番上にある壁全体の鏡で自分を認識できていることに気づいて、驚きました。でも、最も意味があるのは、彼女が鏡に一緒に映る異なる人々を識別できることとです。

たとえば、彼女はよく階段のてっぺんで鏡を見つめています。鏡のなかで彼女の後ろに私たちの姿が見えて、階段を下りてもいいよと言われるのを待っているのです。そして、誰かが彼女についてきて、ドアを開けてくれるのを待っています。もし鏡のなかで私たちが彼女に続くのを見たら、彼女は階段を下りはじめます。でも、私たちが立ちどまっていたら、よく彼女は鏡のなかでそれに気づいて、振り向いて私たちに彼女について階段を下りてくれとシグナルを送ります。

犬にこうした能力がないと多くの人が信じているというのを読んで、とても驚きました。もちろん、すべての飼い主が自分の愛犬が一番賢くて最高だと思っているでしょうが……そして、自分の愛犬が信じられないほどすごいと思いたいのでしょうが……。

もし鏡のなかで彼女の後ろにふたりの人がいたら、彼女は鏡のなかでジェスチャーをする人を見て、振り向いてその人に反応します……ネットで読むところによると、彼女のこんな意識は珍しいのでしょうか？[43]

この話に関連して、日本大学のフクザワ・メグミとハシ・アヤノの研究「犬の行動や反応時間から鏡にうつる物体の認知能力を評価できるか？（Can We Estimate Dogs' Recognition of Objects in Mirrors from Their Behavior and Response Time?）」は、犬が鏡を使って、人の手助けなしに食べ物の位置を知ることを明らかにしている。

２０１６年5月、私はレベッカ・サベージから、彼女の愛犬サミーについてのメールを受け取った。それは、犬が何を知っていて、どれくらい賢いかに思い込みは禁物だという本章の議論を裏付ける内容だった。

おとなになり、私はサミーという名のとても優しい全身真っ黒のコッカースパニエルを飼うようになりました。彼はとても優しいけど、今まで会ったなかで一番賢いというわけではありませんでした。ところがある日、そんなサミーがびっくりするほど自我に目覚めたのです。

テレビを見る犬もいるようですが、サミーはテレビをまったく見ませんでした。けれどある日、両親と私がディスカバリー・チャンネルで犬の番組を見ていると、サミーはテレビの所にやってきて、すわり、意識して番組を見ているようでした。彼はしばらくじっと見ていて、それから立ち上がり、テレビの裏に行って、犬たちを探しているようでしたが、もちろん何も見つかりません。彼はスクリーンに戻ってきて、じっと観察して、またテレビの裏を見ました。彼はこの過程を何回も繰り返しました。

たまたま全身が映る姿見が床に置かれていて、それはテレビが据えられているのと同じコーナーにありました。スクリーンとテレビの裏の間を何度が行き来したあと、サミーは鏡の場所に行って、自分を見て近づいて、また下がり、鏡を自分の鼻でつついて、鏡のなかにいる犬が誰か考えているようでした。彼はテレビの場所に行き、鏡に戻り、この動作を何度も繰り返しました。彼はまちがいなく自分に気づいていて、彼自身を犬だとわかっていたと思います。私たちはそれを見て、畏敬の念に近いものを感じました。[44]

犬に自己意識がないとは考えにくいが、この認知能力について私たちはまだほとんど何もわかっていない。いままでに報告されたほかの動物のデータをすべて見ても、どの動物が自己認識を持っていて、どの動物が持っていないかはまだはっきりしない。これは、未知の科学を解明したい人にとって素晴らしい研究分野だ。もちろん、市民科学の領域としても十分に機が熟している。

第7章 感情と心

数年前、愛犬家のレベッカ・ジョンソンは、彼女の愛犬、キャッシュの話を私にしてくれた。これは、市民科学の好例と言えるものだ。

私は動物が喜びを感じることを知っていますが、さて誇り（プライド）はどうでしょうか？彼らは難しいことや、できる自信がなかったことをやり遂げたとき、そのことを認識するのでしょうか？

こんな質問をしているのは、愛犬キャッシュのある出来事を思い出すからです。そのとき、私とキャッシュは、トロヴァーナの温泉に約18キロのハイキングに出かけていました。トロヴァーナで夢のような2日間を過ごしたあと、ハイキングに出ることになりました。最初の3キロ余りは、勾配が上がり下がりするジグザグ道です。友人のひとりがスノーモービルを持っていて、丘の上まで乗せてくれると言いました。キャッシュはスノーモービルの上で私に抱きかかえられるのを嫌がるとわかっていたので、私がスノーモービルに乗るにはキャッシュにスノーモービルを追いかけて山道を登ってもらうしかありませんでした。私たちは、ゆっくりと始めてみました。私は後ろ向きにすわって、キャッシュに声をかけました。

無理もないことですが、最初キャッシュはスノーモービルが立てる音にびくびくしていました。けれど、彼は私が遠ざかっていくのを見て、小走りで私たちを追いかけてきました。そのうち、彼が走るのに夢中になってきたので、私たちのスノーモービルもスピードを少し上げました。キャッシュもスピードを上げます。私たちは、キャッシュが最高スピードになるまでスノーモービルのスピードを上げました。キャッシュがこんなに速く走るのは、はじめてのことでした。頂上に到着して私がスノーモービルから下りると、キャッシュが飛んできました。彼はとても興奮していました。私のまわりを大きな円を描いて猛スピードで走って、私のそばに止まると、弾むように遊びのお辞儀《プレイバウ》をして、また最高速度で走りだしました。彼はまるで、「ねえ、ボクの走りを見た？　ものすごく速かったの、見た？　やったぁ！！」と言っているようでした。この一件は、彼に自信をつける大きな力になったと思います[1]。

犬たちに意識があって、彼らがそれぞれ賢くて、感情を持っていることを理解するのは誰でもできる。犬たちは深くて多彩な感情をはっきりと表に出すので、ちょっと犬を見ただけでも、犬が豊かな感情の持ち主であることがはっきりわかるだろう。レベッカの話からも、キャッシュが誇りを持っていても持っていなくても、人の喜びに似た強い感情を体験していることは明らかだ。自分を誇らしく思うことがある種の喜びでないとしたら、誇りとはいったい何だというのか。

減ってきてはいるものの、未だに犬に喜びや悲しみの感情があるかどうかわからないと主張する一般人や研究者がいる。しかしありがたいことに、そうした疑い深い人たちは、熱いストーブ上の氷のように急激に消えていっている。私が教える授業で、以前ある学生が質問したことがある。「なぜ人は犬が人間の友を失って悲しみを表すと涙ぐむのに、犬が犬の友との別れやその死の時に心からの悲しみを感じることを疑うのでしょうか？」これは素晴らしい質問で、動物福祉の機関の多くも、人や動物の友を失って悲しむ犬の扱い方のパンフレットを用意している。

もしキャッシュの喜びが、彼がやったことのない何かを達成したことへの直接的な反応なら、それは誇り、あるいは犬版の誇りと呼ぶことができるだろう。犬の感情の研究はＳＦではない。犬の認知と感情の面に関してはデータベースが急増しているのである。ほかの動物の豊かで深い感情を受け入れてこそ、優れた生物学だと言えるのだ。動物たちは感情的な面を表に出していて、それは進化論、綿密な科学的データ、常識など、あらゆる面から見ても明確だ。犬は何も考えない機械ではない。むしろ賢く思いやりのある生き物で、人間のように幅広い感情を体験しているのだ。犬が私たちとまったく同じことを感じていると言っているのではない。私の喜びや悲しみが別人のそれと同じではないように、犬の感情も人間の感情と同じではない。しかし、だからといって、犬が感情を持っていないということにはならない。むしろ、進化の基本的な真実は、すべての種がなんらかの類似点を保ち、なんらかの相違点を進化させたということにある。そして私たちは、ほかの種を理解したり比較したりするとき、人間を唯一のテンプレートにするというワナに陥らないよう、気をつけなければならない。

疑いの目と認識の限界に取り組む

多くの調査が、犬やほかの人間以外の動物たちが意識を持ち、深くて意味のある感情を経験していることを示している。私は、パトリシア・マクコーネルが著書『犬の愛のために（For the Love of a Dog）』で著した次のような内容に、全面的に賛成だ。「もうそろそろ、犬のような動物たちが感情を持っているという信念を、堂々と口に出そうではないか。もちろん私たちの愛犬は、恐れ、怒り、幸せ、嫉妬などの感情を持っている。そして、私たちに言えることは、彼らのこうした感情は、人間に多くの部分で似ているということだ。そんなことはありえないと主張する人たちは、地球は平らだと言いかねない[2]」。

ただ、だからと言って私たちは、人も含めて自分以外の動物の考えや心のすべてを理解できるわけではない。私たちが知りうることには限界がある。私たちは常に、人間以外の動物が実際に考えて感じていることについて理解しきれないという問題にぶつかるだろう。人の考えや気持ちと比較しても、核心から遠ざかるばかりだ。この章で私は、実際はっきりわかっていることと、現実的ではないことや推測しているだけのことを分けようと思う。動物の心や感情についての考察を進めていくと、本当に動物には感情があるのだろうかという疑いや意見の相違なども生まれる。他者を知ることには常に限界がつきものというわけだ。

私がこれを強調するのは、今もなお、一般の人も研究者も、動物感情があるかどうかについて確証が得られないことを理由に動物の感情を否定することがあるからである。たとえ、彼ら自身の経験を無視することになったとしても、だ。その典型的な例は、科学者、ビルの例だ。普段の会話で、ビルは愛犬のリノの話をするのが大好きだった。リノはとても賢かったので、チェスでビルを負かすことができて、ビルが娘のほうに注目するとあからさまに不快な様子を示し、ビルがリノを置いて出ていくと怒ったという。それでも、ビルは仕事に行き、実験室用の白衣を着ると、リノの感情や賢さを認めることには消極的だった。ビルは多くの科学者たちのように、動物の認知と感情に関して、分断された生活を送っていた。彼は、研究所での犬の扱い方と家庭での犬の扱い方が異なっていた。しかし、犬たちは本質的に同じ犬なのではないだろうか？　これに関係して、誰かが「動物を愛しているのに、つい虐待してしまったり、虐待を許してしまっているんだ」と言うとき、私は「あなたに愛されてなくて、本当に良かったよ」と嫌味を返すことにしている。

　どうして、こんな矛盾した考え方を持ち続ける人たちがいるのだろうか？　それは、動物が精神や感情を持っていることを認めると、慣れ親しんでいる考え方を変えたり捨てたりしなければならないからだろう。私が好きな表現だが、〈賢い人《ホモ・サピエンス》〉は、〈否定する人《ホモ・デナイアルス》〉に再分類できるだろう。なぜなら、人間は自分の目的のためなら、一度正しいと思ったことですら簡単に否定できてしまうからだ。

進化は動物の感情を理解するための助けになるのか

目下、真に問うべきは、感情や意識は「なぜ」進化したのかということであって、ほかの動物に感情や意識が「あるかないか」ではない。つまりここでは、これらの特性がどんな目的のためにあり、ほかの種ではどんな形になっているのかと問い、ほかの種がそれを持っているか否かについては疑わないでおく。これについては、２０１２年にケンブリッジ大学で出された〈意識に関するケンブリッジ宣言（Cambridge Declaration on Consciousness）〉で大変明確になった。この宣言で科学者の団体が、「すべての哺乳類と鳥類」と大部分の生物が意識や感情を表すことを宣言した。一方、『動物の感覚性—動物の気持ちに関する国際学術誌（Animal Sentience: An International Journal on Animal Feeling）』は、動物の心や精神にスポットを当てたオンライン研究専門誌で、最近のエッセイのひとつは、イモムシなどの原始的な生物と彼らが意識を経験している可能性に焦点を当てていた。[3]

チャールズ・ダーウィンの進化の連続性の考え方は、感情の進化をうまく理解する方法を示してくれる。ダーウィンは、種と種の間の相違は、「性質」ではなくて「程度」なのだと主張した。つまり、種と種の間の相違は、黒と白の違いというよりはむしろ、グレーの色調の微妙な違いなのだ。たとえば、もし人が喜びや悲しみを経験するなら、ほかの動物たちも同じなのだ。人の喜びや悲しみが犬の喜びや悲しみと同じだということではなく、猫やネズミやチンパンジーの喜び悲しみと同じでもないだろうし、同じ種の個体の内面が必ずしも同じわけでもない。つまり、もし人間がある能力を所有するように進化してきたのなら、それは他の動物になんらかの形で先立って存在したにちがいないのだ。特に有益な適応の場合、進化はけちではない。役に立つ形質は受け継がれて多くの種に出現する。

たとえば、6章で検討した自己意識を考えてみよう。人間は視覚が高度に発達した哺乳類なので、鏡のなかの自分自身を問題なく認識できる。犬にはこれができるかもしれないし、できないかもしれないが、彼らは嗅覚によって生きているので、彼らが好む他者や自身の確認の方法は鼻を使うものだ。犬は嗅覚を使ってどのように自己意識を経験しているのだろうか？　人間には多分、永遠に本当のことはわからないだろう。だから、人間はほかの動物と比較するとき、最適のテンプレートとは言えないことが多いのだ。[4]

動物の感情を認めるのは擬人化なのか

長い間、科学者は動物に感情や意図を認めるたびに、それは擬人化だと非難されてきた。今でも、私のところに来て、「あなたは動物を擬人化しているよね」という人がいる。こうした非難は、人間以外の動物にも感情豊かな面があるという主張をすべて否定する単純な考え方だ。しかし、実は私は何も心配していない。簡単に言えば、擬人化してもいいのだ。そうすることは自然で、絶対に擬人化するべきでないという批判自体が誤りなのだ。

人間以外の動物も人間も、多くの形質を共有していて、感情もそのひとつだ。だから、ほかの動物のなかに感情を認めて名づけるとき、私たちは彼らのなかに人間を見ているのではない。ただ、私たちが観察してわかったことを伝えるのに、人間の言語を使っているだけだ。神経生物学の研究も、この見解を支持している。誤った見方を動物に投影することも当然ありえるが、私たちは動物たちを描写するために、擬人化された人間的な言語を使わざるをえない。では批判する人たちは、動物の認知と感情の理解を深める助けになる、どんな手段を提案するのだろうか？　わたしの友人の科学者、ビルの場合のように、仕事ではよくダブルスタンダードがある。例をあげれば、「動物園の小さな檻の象は幸せだ」と言う人がいて、私なんかが「不幸せだ」と言うと、擬人化していると却下される。動物は幸せでありえるのに、不幸せでありえないなんて、筋の通らない話だ[5]。

こうした考えに沿って、私は「生物中心主義的」擬人化、ゴードン・バーグハルトは「批判主義的」擬人化と呼ぶテーマで、それぞれ論文を書いた[6]。ふたつの論文は、人間がほかの動物の感情を描写するために人間の言語を使うときは、注意深く行い、動物たちが何者かを考慮する必要があるという点を強調している。私たちは、筋肉の収縮やニューロン（神経細胞）の発火といった身体の描写に限定しないかぎり、動物の体で実際に何が起きていて何を感じているのかを語るには感情的な言語を使わないわけにはいかない。アレクサンドラ・ホロウィッツと私が主張するように「擬人化して」、なおかつ科学の領域に留まることは可能なはずだ。

動物の感情は、「疑似感情」か？

犬の喜びや嫉妬が感情の「原始的な形態」だとする考え方は、私にはぴんと来ない。「原始的な」感情がどんなものかという丁寧な議論を知らないし、その言葉は通常、大昔から存在していた古代のものを話すときに使われ、人間以外の動物の感情が人間の感情ほど発達していないことを暗示している。人によっては「疑似的」とか「原型」という言葉を使ってその感情が初期の劣った形態であることを指し、言葉の意味の丁寧な説明もないまま動物は人ほど深く豊かなものを感じていないとほのめかしている。

また人によっては、動物の感情面を話すときには「愛」「悲嘆」「悲しみ」「罪悪感」などの言葉に引用符を付ける。動物に感情があることを疑う者は、動物の感情が本物ではなく、人間だけが本物の感情を持っていて動物は違うとでも言うように、「ある種の」といった修飾語を付けたがる。動物の感情について語ったり書いたりするとき、引用符を使ったり修飾語を付けたりする理由などまったくないのに。動物の感情が、私たちの感情ほど心の底からの深いものではないと推測する根拠などないのだ。

個人的な例は、人間同士の間でさえも、感情を比較するのがとても難しいことを示している。母が亡くなったとき、私の姉妹と私は悲しみ方が異なっていたが、それぞれが感じた嘆きは、どれも心からのものだった。悲しみの形が「異なる」からと言って、悲しみの量が「少ない」わけではない。「原始的な」という言葉や引用符の使用は、動物たちの感情を軽くしてしまう。まるで、動物が何かを感じている「ふりをしている」ように聞こえる。これは、種差別主義的である。人間をほかの動物より上位にして、動物の感情の表し方が違うという理由で彼らの感情が私たちの感情より劣っていると思い込んでいるからだ。

全体的に見て、綿密な科学的調査の結果に基づけば、多くの動物が豊かで深い感情を覚えていることはまちがいない。けっして忘れてはならないのは、人間の感情が、私たちの祖先、つまり動物の親戚からの贈り物だということだ。私たちは感情を持ち、その点ではほかの動物も同じなのである。

本書で私は何度も、人間がまだ知らないことの存在を認めているが、それは動物の認知、感情、道徳能力に扉を開いておくために、意図的にしていることでもある。私たちは、常に「予期しない驚き」を発見している。魚は、ほかの魚に食べ物の位置を示すために、身ぶりや参照的なコミュニケーションを使っている。プレーリードッグは、類人猿に匹敵するようなコミュニケーションの体系を持っている。ラットは後悔を表し、ラット、マウス、ニワトリは共感を示す。実のところ、こうした発見などを驚きだというのは、そもそも魚やほかの動物にこんなことができるとは思っていなかったと白状しているようなものだ。人は必要な調査を行う前から、否定的な思い込みをさらけだしているのだ。

私は、もっとたくさんの驚きがこれからも私たちを待っていると思う。犬やほかの動物の嫉妬、罪悪感、羞恥心、妬み、困惑などの感情を見つけようとする研究が増えていくにつれて、市民科学者と著名な研究者たちの両方から届くたくさんの素晴らしいエピソードが、人間はまだ学ぶことがたくさんあることを示している。

基本感情——犬は喜び、怒り、悲しみ、恐れ、痛みを感じる

ほとんどの人が、家で飼っている犬やほかの動物が、数種類の基本的な感情を持っていることを認めるだろう。喜び、楽しさ、幸せ、愛、怒り、恐れ、嘆き、悲しみ、痛み、苦しみ、不安、落ち込みなどだ。こうした感情を持つために、自己意識や心の理論は必要ない。

ここまでに見てきたように、犬たちはだいたい遊びが好きだ。遊びは自主的な活動で、犬たちは遊びを見つけては、疲れきるまで遊ぶ。犬やほかの動物たちは、笑ったりくすぐられたりするのが好きなラットの遊びを支えている神経回路を共有している可能性が高い。最近の調査では、マウスが嗅覚を手掛かりにして、ほかのマウスの痛みを感じるらしいこともわかった[7]。犬にも同じことができるかまだわからないが、その可能性を示すたくさんの話を私は聞いている。大きな集団の犬のなかでは遊びが終息しやすいのは、おそらく即座にほかの犬の行動をマネする行為や感情の伝播がうまくいかないためで、このことは犬が共感を持つことを示しているのかもしれない。

共感をめぐる考察と言えば、著名な作家、エリザベス・マーシャル・トーマスの素晴らしい物語を思い出す。タイトルは、「困っている友（A Friend in Need）」で、私が編集した『イルカの

微笑——動物の感情をめぐる素晴らしいお話（The Smile of a Dolphin: Remarkable Accounts of Animal Emotions）』という本に収められている。ルビーという犬は、凍りかけた小川を渡る別の犬のウィケットを助けた。ルビーはすでに小川を渡っていたが、ウィケットのために戻って彼女に呼びかけた。10回以上失敗しながら、とうとうウィケットに氷を渡るように説得した。そして、心理学者のスタンレー・コレンは、犬ほど社会性があって知的な動物が、共感を持たないと考えるほうが難しいと言う[8]。私も、まったく同感だ。しかし、わからないことは、まだたくさんある。

また、犬は、広範囲の精神障害にも苦しむ。たとえば、心的外傷後ストレス障害、不安、強迫性障害［訳注：自分の意思に反して不合理な考えやイメージが繰り返し頭に浮かんできて、同じ行動を繰り返してしまう病気］などである。犬のこうした感情に関する文献はたくさんある。ニコラス・ドッドマンの著書、『診察椅子のペットたち——神経質な犬、衝動的な猫、不安な鳥、新しい動物精神医学（Pets on the Couch: Neurotic Dogs, Compulsive Cats, Anxious Birds, and the New Science of Animal Psychiatry）』は、この分野についての最高の総説になっている。人間がますます忙しくなっている現代社会だからこそ、犬やほかの動物が、飼い主が経験しているストレスにどのように反応しているかを、私たちは注意して見ていなければならない。

もっと複雑な感情——嫉妬、罪悪感、羞恥心、困惑、誇り、思いやり

前述の「基本感情」の域を超えた、嫉妬、罪悪感、羞恥心、困惑、誇り、共感などのいわゆ

るもっと高度で複雑な感情を持つ犬もいる。彼らが認知的にも高度かどうか、まだ私たちにはわからない。現在のデータに基づくと、犬たちはこうした感情のうちのいくつかは持っているようだ。犬の共感については話したところだし、公平さ、正義感、善悪といった一種の道徳意識は3章でふれた。罪悪感はこの後で少し話すが、犬には人が持つ複雑な感情のうちの何種類かはないだろうし、人が持っている霊性はないだろう。ただ、犬がこうした複雑な感情を持てないことを確定する証拠もない。「犬がこうした感情をまったく持っていない」と主張してしまうのは、時期尚早で、間違っているかもしれないのだ[9]。

いわゆる高度な感情が基本感情と異なるのは、それを経験するために自意識や心の理論を必要とする点だ。誤った通説をくつがえそうという心意気はあるのだが、これらすべての感情について丁寧に見るのはまず不可能なので、嫉妬と罪悪感を考えてみよう。犬にこのふたつの感情を持つ能力があるという主張は、一部の人たちにとっては問題らしいからだ。順位の場合と同じように、犬が罪悪感を持つという考えは犬のためにならないからと、その存在を否定する人たちがいる。

以前にも言ったように、私はデータに従うことには大賛成だが、特定のテーマのデータが足りないからと言って犬をひどく扱う言い訳にすることは認めない。人によっては隠れた意図を持って、犬は嫉妬や罪の意識を感じないと主張したり、犬やほかの動物には欠けている感情があると断定したりするようだ。私が「よくわからない」と返答するのは、あるかないかという明確な主張ができないからだ。犬が幅広い意味での感情を持っていないという人はいないが、その幅の広さがまだわからない。だから、その主張を裏付けるデータがないのに犬にある特定の感情がないと明言する人がいるのは、憂慮すべきことだと思う。

犬は嫉妬を感じるのか？

次に紹介するのは、友人のクリスティ・オリスと、彼女の愛犬アンナ、そしてお隣さんの犬、デイジーの話で、嫉妬に関して私が聞いたたくさんのエピソードのひとつだ。

うちのアンナとお隣のデイジーは、一緒にご近所中を狂ったように走りまわっていた仔犬時代からの親友です。アンナは、なんたって性格のいいゴールデンレトリバー。デイジーは陽気な中型犬で、とにかく社交的だったので、私はそんなデイジーが大好きでした！　デイジーは、会うといつも私をにっこりさせてくれるのです。しかし、これが問題の原因になったのです。アンナは私がそばにいると、デイジーに対して、あからさまに嫉妬をするようになったのです。遊びに誘う挨拶の代わりに、アンナは傲慢な態度で立ちはだかって、デイジーをひっくり返したりしました。そこで私は、デイジーを無視するようにしました。そのおかげか、アンナは親友に嫉妬したり意地悪な態度を取ったりしなくなりました。私はデイジーの飼い主たちに、私が周囲にいないときもアンナの攻撃的な態度をよく見るかと尋ねました。みんな、まったく見たことがないと答えたのです。[10]

ドッグパークでは、飼い主がよその犬や人に関心を向けると、愛犬がどれほど嫉妬深いかという声を聞かない日がないくらいだ。私がいつも聞くセリフは次の通りだ。「ジョシーはいつもジャックと私の間に自分の体を押し込んでくるのよ」。「私がマーヴィンに注目するたびに、プルートはマーヴィンを押しのけて、私のほうに身を乗り出してくるの」。「僕がスムーチーの腹を撫でようもんなら、ディアボロがそっと入りこんできて、撫でてもらおうとするよ」。犬と暮らしたことがある人なら、ほとんど誰でも嫉妬と呼ぶような犬の行動を見たことがあるだろう。

こんな逸話が確固とした科学的データじゃないことは知っているが、さまざまな人たちが同じような話を度々語る場合は注意をして見てみるべきだ。こうした話が体系だった調査を動かすこともあるし、そうあるべきだと思う。スタンレー・コレンはこう書いている。「行動学者が一般人の観察を無視するのは、おかしなことだ。犬がさまざまな感情を持っていることは、広く受け入れられている。犬はとても社会的な動物で、嫉妬や妬みは社会的交流によって引き起こされる。また、犬は人と同じオキシトシンというホルモンを持っていて、オキシトシンは人間による実験で、愛や嫉妬の表現にかかわることがわかっている[11]」。

著書、『秘密の犬語（The Secret Language of Dogs）』で、イギリスのドッグトレーナーで人気TVパーソナリティのビクトリア・スティルウェルは、「犬の嫉妬の表現は、人間の嫉妬の表現を正確に映しだしている。犬の行動が図々しく見えるのはこれが理由なのだ[12]」と述べた。そして、犬の専門家のパトリシア・マクコーネルは、この章の前のほうで引用したように、犬は実際、とても嫉妬深いと言っている。

結局のところ、慎重に実施されたきっちりとした科学的研究が、はっきりとその主張を裏付けている。現在、データが示していることは、犬は自分が悪く扱われていることを理解して、そうされることが大嫌いだということだ。[13] ２０１４年の研究「犬の嫉妬（Jealousy in Dogs）」は、ＵＳサンディエゴ大学のクリスティン・ハリスと学生のキャロライン・プルーボストの研究で、犬は人間の定義する意味の嫉妬を感じることを示している。つまり、別の犬の成功や利益、あるいは別の犬がやっていることや持っているものに対して反感を示すのだ。この研究論文の要約には、次のように述べられている。

嫉妬は人間に特有だと一般的に思われているが、それは、この嫉妬という感情にかかわる認知力の複雑さのせいでもある。しかし、機能的な観点から、侵入者から社会的絆を守るために進化してきた嫉妬という感情が、人間以外の社会的な種、特に犬のように認知的に洗練された動物に存在することは確かだろう。本実験では、家庭で飼われている犬の嫉妬を調べるために、人間の幼児の研究パラダイム（理論的枠組み）を適用した。この実験からわかったことは、飼い主が別の犬のように見える対象に対して親和的に行動したときの方が、非社会的な対象に対して親和的に行動した場合と比べて、犬はずっと嫉妬深い行動を見せた（咬みついたり、飼い主と対象の間に入ったり、飼い主や対象を押したり触ったりした[14]）ということだ。

ハリスとプルーボストは、幼児の嫉妬の研究に使われたテストに似たものを使って、36頭の犬の嫉妬を調査した。実験では、飼い主が犬を無視しているとき、そして以下の3つの条件のときの犬の様子をビデオで撮影した。ひとつ目は、吠えたり尻尾を振ったりするぬいぐるみの犬のおもちゃと飼い主が接する条件、ふたつ目は新規物体（ハロウィーンのカボチャのジャック・オー・ランタン）と飼い主が接する条件、みっつ目はこどもの本を飼い主が大声で読む条件だった。なお、この調査の目的は飼い主たちには知らされていない。

研究論文の要約で述べられているように、犬は飼い主がぬいぐるみに愛情を示したとき、嫉妬をしているような行動をたくさん見せたが、飼い主がそれ以外の生き物でない物に関心を示したときには、嫉妬の行動をそれほど見せなかった。筆者が結論づけているように、嫉妬は人間にというよりも社会的種に生じることが予想されていたので、犬にそれが確認されたことは驚きではない。似たような行動パターンを野生のコヨーテやオオカミで見たことがあるのは私だけではないはずだ。ほかの研究者たちもきっと、ほかの種の野生動物で似たような行動パターンを見たことがあるだろう。さらに、この実験をしたチームが前言語的な人間の幼児に使用された実験デザインを採用していたことを、私は好ましく思っている。なぜなら、人間の赤ん坊が感じていることも推察できるにちがいないからだ。行動を観察することで、人間以外の動物たちや前言語的なこどもたちが感じていることも推察できる。類似した行動パターンが見られれば、そこには共通する根本的な感情があると推察できるのである。

もちろん、疑いの目を越えてはっきりとした裏付けをするためには、さらなる比較研究が必要だが、それが不可能であると考える理由はどこにもないのだ。

犬には罪悪感があるのか？

犬を語るときに、D（dominance 順位）ではじまる言葉と、G（guilty 罪悪感）ではじまる言葉は、多くの否定的感情や議論を巻き起こす。犬は罪の意識を感じることができないという語弊がある主張をする人がいるが、私が見るかぎりでは、ほかの研究者たちにも尋ねたが、（ある獣医学研究者が以前主張していたような）「犬には罪悪感がない」という説を明らかにした研究調査はない。罪の意識を感じる可能性を否定するものは何もないのだ。だから、最低でも、私たちはわからないとしか言えない。

またしても、犬が罪の意識を感じるかどうか人には「わからない」と言うと、私にイライラする人たちがいる。[15] 彼らは、責任逃れだと感じ、私を「科学的すぎる」と批判する。たとえば、「先生は犬に罪悪感があると言いながら、神経質すぎてこの事実を科学者として認められないのだ。いいかげんに、浮世離れした学問の世界から出てきたらいいのに。先生の科学的な警告は感謝するけど、人間を含めたほかの哺乳類のように、犬にも罪の意識があるに決まっている」といった具合だ。

多くの人たちが、はっきりと犬が罪の意識を感じられると信じている。ポール・モリスらの研究は、犬の飼い主の75％以上が自分の愛犬が罪の意識を感じると信じていることを示している。また、81%は犬が嫉妬をすると思っている。[16] しかし、犬は罪の意識を感じるかもしれないが、人間が愛犬の心を読み違えて、罪の意識がない場合にあると思い込んでいることもあるかもしれない。

2009年、アレクサンドラ・ホロウィッツは「〈罪悪感のあるような目つき〉の謎を解き明かす――犬がよく見せる行動の意味すること（Disambiguating the 'Guilty Look':Salient Prompts to a Familiar Dog Behaviour）」という研究で、犬が罪の意識を感じていると思うとき、人は犬を擬人化していかどうかを検証した。これまで、この研究は犬が実際に罪の意識を感じるかどうかを調べた研究であると誤解されてきた。[17] そうではなく、ホロウィッツは人のほうを研究対象にして、人の合図に犬がどのように反応するかを調べ、「人は罪悪感を感知するのがそれほど上手ではない」ことを発見した。研究では、禁止されたおやつを食べるという悪さをして犬が人から叱られたとき、犬は罪の意識を感じさせる態度を示した。ただし、犬が実際にそのおやつを食べていなくても、食べていても、犬は同じように罪悪感をみせるような態度を示した。一方、おやつを食べても叱られなかった犬は、罪の意識を感じているようにまったく見えなかった。つまり、犬の「罪悪感のあるような目つき」は、私たち人が犬をどのように扱ったのかということに対応していて、犬自身が何か悪いことをしたという自己知覚には対応していないようだった。この研究への誤解について論じた私のエッセイに対して、彼女は次のように答えてくれた。

私の研究に関してあちこちに広がっている誤解を正してくださって、どうもありがとうございます。数年前の私の研究は、飼い主が叱ったか叱ろうとしたときに、犬は「罪悪感のあるような目つき」をよけいに見せることに気づきました。それは、犬が実際に飼い主のおやつを食べるなという命令に従わなかったときではありませんでした。結果は、はっきりしていました。「罪悪感のあるような目つき」は、犬が実際に「罪を犯した」ときに最も頻繁に起こったわけではありませんでした。

私の研究は、犬が「罪の意識を感じる」か感じないかについてでは、まったくなかったのです（実のところ、私はそのことを知りたくてたまりません……しかし、今回の実験はその疑問に答えるものではなかったのです[18]）。

このように、見るからに罪悪感のあるような犬の目つきが、実際に犬が真の罪悪感をもつという部分的な証拠にはなるかもしれない。しかし、犬の道徳的指針が人のものとは違うので、犬は（おやつを盗むといった）人が罪悪感をもつことや罪悪感を持つべきだと思うことに、罪の意識を感じないのかもしれない。

実のところ、この理由で、「順位」の概念と同じように、犬が罪の意識を感じることを単純に否定したいと願う人たちもいる。なぜなら、そのような人たちは、犬に対して悪用されることを恐れているからだ。2016年に、ジョン・ブラッドショーが私に以下のように書き送ってくれた。

アレクサンドラ・ホロウィッツの「罪悪感」の研究に関してだが、私は主として物事を福祉的観点から見ます。彼女は、多くの飼い主が度々、犬のボディー・ランゲージを誤解することによって犬を罰していることを明らかにしています。概して犬の認知能力を過大評価すると、人に都合のいい解釈がされて、「犬は常に人を〈支配〉しようとするずるい奴なので、痛い目にあわせなければ悪さを止められない」とふれまわる人間の思うつぼになりかねない。（たとえば）象が深い認知能力と豊かな感情をもつ生き物だからと象の保護のチャリティに献金したいと思う人たちがいるが、同じ人たちが犬の高い認知能力を、犬を傷つける言い訳にするかもしれないのです。[19]

科学的証明やその欠如を虐待やネグレクトの正当化に加担させてはならないし、犬やほかの動物の能力を現実以上に感情をもっているなどと飾りたてる必要はまったくない。一方、研究者たちは、正確にデータを提示する責任があるし、事実というより信念を表明しているときにはそれを明示する責任がある。もちろん、研究が続けば、昨日の事実をさらに修正していかねばならなくなるにちがいない。犬やほかの動物は非常に多彩な個体の集団だからだ。しかし、だからこそ科学はおもしろいのではないだろうか？　だからこそ、人間は犬のことを学ぶのが好きなのではないか？　なんでも知っていると私たちが思うとき、実際何も知らないにちがいない。

尻尾振りの文法

犬は日常的に感じている豊かで深い感情をどのように他者に伝えたり表現したりするのだろうか？　わかりやすい方法のひとつが、尻尾を使うものだ。犬の尻尾は驚くべき器官だ。形、太さ、長さはさまざま。鼻と同じように、尻尾も興味の尽きない芸術品で、驚くほど見事な適応だ。犬は尻尾を使って、奇抜な行動（自分の尻尾の追いまわす）や、物を壊すこともできる。私はもう何度も、高級なワインやシングルモルト・スコッチウイスキーのボトルを犬の尻尾で倒された。尻尾はまた、素晴らしい分泌腺のにおいもばらまく。１９４７年、スイス人の動物行動学者、ルドルフ・シェンケルは、「オオカミの表現の研究」という非常に重要な研究を発表した。そこで彼は、オオカミの感情の表し方を考察し、尻尾の使い方にも言及している。[20] この研究は、最新の犬の調査にも興味深い視点を与えるものだ。というのも、当然のことながら、オオカミと犬の尻尾の使い方の間には、たくさんの類似点があるからだ。

尻尾は、犬の感情の最高のバロメーターで、しばしば、歩き方、耳の位置、姿勢、表情、発声、においなどの、ほかのたくさんのシグナルと組み合わせて使用される。これらは一緒になって複雑なシグナルを形成し、犬が考え感じていることについて、たくさんの情報を伝えてくれる。

かつての私は、事故で尻尾を失った犬に何が起こるか、それほど考えたことがなかった。友人のマリサ・ウェアは、愛犬のエコーに起こった出来事を話してくれた。尻尾を失ったエコーは、ほかの犬や人とコミュニケーションをとる方法を変えたという。エコーは、尻尾を失ったことを埋め合わせるために、体や耳を使った。「主に、エコーは彼女の感情を表すためにこれまで以上に耳に頼っています。特に、誰かに会ってうれしいとき、エコーは尻尾を振る代わりに両耳を後ろに引き、振るような動作をします。エコーはその動作をさらに発展させて、少しピョンと跳び、すばやくお尻を振ります。これは、同じ犬種のボーダーコリーや断尾された犬の典型的なお尻の振り方ではなく、かなりユニークです。エコーも尻尾を失うまで、こんな動作をすることはありませんでした[21]」。

スタンレー・コレンは、オートバイとの衝突で尻尾を失った犬のよく似た話を語っている。その犬が尻尾を切断されたあと、ほかの犬たちはその犬が伝えようとすることを理解できないように見えたという[22]。

エコーともう1頭の犬のエピソードを聞いて、尻尾のない犬のほかの犬とのコミュニケーションの方法はまだ謎だと私は思った。また私は、一部の犬種で習慣として行われている断尾がほかの犬や人とコミュニケーションをとる能力影響を与えるのではないかも気になっている。断尾は、それをされた「彼」や「彼女」から、何らかの形で効果的なコミュニケーション能力を奪うのではないか。実際、断尾はコミュニケーションのひとつの重要な方法を奪うのだ。たとえば、すでに行われた研究からも、長い尻尾が短い尻尾よりもメッセージを送るのに効果的だということがわかっている[23]。

では、どんなメッセージを犬は尻尾で送っているのか。その感情表現の文法を読み解くことは可能だろうか。２０１１年の有名な研究論文「ロボット犬の非対称な尻尾振りへの犬の反応（Behavioural Responses of Dogs to Asymmetrical Tail Wagging of a Robotic Dog）」は、いまや自明の理のようになったことを発見した。それは、犬が右に尻尾を振るのは肯定的な気持ちの印で、左に振るのは否定的な気持ちを表しているということだ。[24]

この発見によって、犬の尻尾を使ったおしゃべりに関する新たな疑問が生まれ、より詳細な研究が必要となった。その疑問とは、「犬は、ほかの犬が尻尾を振っているのを見て、何を理解するのだろうか」、「ほかの犬が尻尾を右に振る場合は肯定的な気分で、左に振る場合は否定的な気分だと、それを見た犬たちはわかっているのだろうか」というものだ。尻尾の振り方を調査した同じ研究者たちの一部は、最近、犬はそれもわかっているという結論を出した。この研究に関する『ニューヨーク・タイムズ』の「犬は尻尾を振ってほかの犬に多くのことを語る（Dog's Tail Wag Says a Lot, to Other Dogs）」という記事は、次にように伝えている。「犬はほかの犬の尻尾が左に振られるのを見ると、不安な様子を示した。ほかの犬の尻尾が右に振られるのを見ると、犬は落ち着いていた[25]」。

犬たちは、本当に尻尾を使ってお互いに話しているのだろうか。『ニューヨーク・タイムズ』の同じ記事で、イタリアのトレント大学の神経学者、ジョルジオ・ヴァローティガラは、こう述べる。「犬が尻尾を振って他個体に何か伝えようとしているとは考えにくい。これは、まったくの機械的なメカニズムとして説明できるだろう。尻尾の振りの非対称性は単純に脳の非対称性の副産物なのだ（訳注：脊椎動物の脳は右半球と左半球に分かれている）。そして、犬たちはほかの犬の尻尾の振りの非対称性を読み取ることを個々に学習するのだ。

多分、これは正しいだろう。尻尾は意図的なメッセージを伝えるために振られているのではなく、単に感じられていることを表現しているだけだろう。私がいつも言うように、尻尾は素晴らしい付属器官なので、学ぶことはまだたくさんある。さまざまな状況で犬はいかに尻尾を使うのか、犬はほかの犬の尻尾の動きをどのように読みとるのか、犬は集めた情報をどのように使うのか。スタンレー・コレンは、犬の尻尾の振り方について便利なガイドを提供してくれている。

小さな幅でちょっと振るのは、通常、あいさつの最中に見られ、「こんにちは」とか「私はここよ」という意味。

大きな幅で振るのは、友好的で、「私はあなたに挑戦したり、あなたを脅かしたりしませんよ」という意味。また、「うれしいな！」という意味もある。これは、犬が幸せなときに尻尾を振るという通説に近い。特に、尻尾と尻の動きが連動しているときはそうだ。

尻尾を「半分上げて」ゆっくり振るのは、ほかの大部分の尻尾のシグナルほど社交的ではない。一般的に言って、とくに（高く）支配的でもなく（低く）服従的でもない場合のゆっくり振る尻尾は、不安の印だ。

尻尾を震動させるように、とても小さな幅で高速で振るのは、犬がこれから何かをする合図で、その多くが走るかケンカだ。高い位置で尻尾を震動させるのは、たいがいは強い威嚇である。[26]

吠えと唸り：話したいこと

犬は、感情、動機づけ、意図を多様な発声ではっきりと表現する。犬はどんな種類の音を発することができ、いったいそれは全部で何種類あるのだろうか。私たちはみんな、犬が吠える、遠吠えする、唸る、キャンキャン鳴く、クンクン鳴くところや、それらをいろいろと組み合わせたものを聞いたことがあるだろう。研究者は音やほかの行動パターンをさまざまなやり方で分けているので、犬が発する異なる音は10種類だ、12種類だ、それ以上だというふうには明言しにくい。犬の顔の構造が影響して発声をあのような音にしているのかもしれないし、犬はしばしば異なる音をミックスしたりもする。こうした発声の差は、犬がコミュニケーションをしようとすることは何なのかを区別する上で効果があるが、だからこそ犬の発声の研究は、音の複雑さと組み合わせの多様さによっていっそう難しくなる。[27]

どの犬も発する共通の鳴き声には色々あるが、なぜ犬がそれぞれの鳴き方をするのかわかっていないことに、私は常々驚きを感じている。よく吠える犬もいれば、あまり吠えない犬もいる。犬は「いつも」理由があって吠えるのか、それとも用もないのに単に吠えると気持ちがいいから吠えることもあるのかもわからない。[28]

とは言うものの、犬たちはほかの犬が言っていることを理解しているように見えるし、人間も犬の吠える声の感情内容を理解するのがかなりうまいようだ。これは、犬と人の間で効果的にコミュニケーションするために重要かもしれない[29]。犬の研究者のジュリー・ヘクトは、「要点は、吠えるという行為は細やかな柔軟性のある行動で、犬の発声が何を意味しているのかに注意することによっていい関係が育つということです」と言った[30]。

スタンレー・コレンによると、音の高さ、持続時間、頻度（どのぐらいよく発声されたか）が、犬が何を言っているかを解き明かすときに重視されるべき点だ[31]。低い音の唸り声は、犬が「怒っているぞ」と言っているのかもしれない。威嚇のシグナルを送っていて、「これ以上近づいたら危ないぞ」と言っているのかもしれない。クンクン鳴くような高い音は、「近づいても安全だよ」と言っているのかもしれない。またコレンは、音が長いほど、犬は意識的な意思決定のもとで発声している可能性が高いと述べている。たとえば、唸り声が短い発声の場合、恐れを表しているかもしれない。連続して素早く発せられる音声は、興奮や緊迫感を示しているかもしれないし、それに対して一定の間隔が開いた発声は、犬がそれほど興奮していないことを意味しているかもしれない。

全体的に見て、犬が言っていることや言おうとしていることを尊重することが不可欠で、唸るからといって犬を罰するのは軽率だ。何が犬にストレスを与えているかを知り、ストレスの要因を取りのぞく解決策を見つけるのが最も大切なのだ[32]。唸り声は、犬が遊んで楽しい時間を過ごしているときに出ることもある。犬の多くの行動と同じように、ひとつの音声が常に同じことを意味しているわけではないので、いつも状況を考慮しよう。
要するに、犬が発する音声や発声の理由を完全に理解するには、もっとたくさんの調査が必要だ。もっと綿密に研究をしていけば、いつか犬が私たちに何を語ろうとしているかわかるかもしれないなんて、ワクワクする。

感情を測定する——人と犬の絆

犬と人が密接で揺るぎない絆を作るのは、誰もが知るところだ。こうした関係は多くの人にとって特別なもので、犬にとっても重要なものに見えるが、本当にそうなのだろうか？ 実際、こうした絆の本質は、犬を観察すると同時に、犬の脳がどのように働くかを研究すればわかる。これは重要な情報だ。ある研究によれば、「愛犬家と犬の好意的な交流の間に起こる相互の生理的変化のサインは、獣医学の分野で人と動物の絆のさらなる理解に貢献するかもしれない[33]」という。

たとえば、麻布大学のナガサワ・ミホらによる研究「犬は飼い主との再会で顔の左の側性化を示す（Dogs Show Left Facial Lateralization upon Reunion with Their Owners）」で、飼い主を見たとき、犬の左の眉毛がより多く動いたが、犬が魅力的なおもちゃを見たときには眉毛の動きに左右の差はなかったことを見つけた[34]。実験者は、これは犬の飼い主への愛着を反映しているかもしれないと考えている。

神経画像検査を使うと、犬の脳をもっと知ることができる[35]。たとえば、ジョージア州アトランタのエモリー大学のグレゴリー・バーンズらは、12頭の覚醒下にある犬たちの脳活動を拘束せずに調査することに成功した。その調査に協力した犬たちは、自発的に機能的磁気共鳴画像法（fMRI）装置に入っていくようにトレーニングされていた。バーンズたちは、ほかの犬のにおいやよく知っている犬のにおいに比べて、たとえ世話をしてくれる人でなくても、犬がよく知っている人間のにおいを嗅いだときに強く反応することを発見した。逆に、犬は人が発した音声よりも、ほかの犬の音声に強く反応した[36]。しかし、人の音声も犬にとって重要で、人が赤ちゃん言葉を犬に使うとき（これは人がよくすることだが）、仔犬のほうが年上の犬たちよりずっと反応が早い[37]。

それに加えて、バーンズらは、犬が知っている人に反応するとき、脳の尾状核という部分を使うことを発見した。人間も、食べ物や愛やお金など楽しいことを期待しているときにこの脳部位を使う[38]。

こうした結果を総合すると、私たちがとても長い間知っていた事実、つまり犬の社会生活での人間の重要性が鮮明になる。実際に、デューク大学の犬の研究者、エヴァン・マクリーンとブライアン・ヘアは、犬は「人間社会に埋め込まれた」とき、人間がもつ絆形成経路をハイジャックしたと主張する[39]。しかし、イェール大学のローリー・サントスは、どんなに人間と犬の間の絆が強くても、犬は人間のこどもが従うような無駄なアドバイスを無視することを発見した[40]。たとえば、サントスらの行った調査では、箱の中のおやつを取るためにはレバーを動かしてからその次に箱の蓋を上げる必要があることを犬に示した。それを見た犬は、レバーを動かすことが実際には意味がないことをいったん見つけたら、レバーの操作を無視することができた。しかし人間の小さなこどもは同じような調査で、たとえレバーが機能しないことが明らかになった後も、レバーを使い続けた。

研究者たちは、ますますfMRI、別名awake imaging（覚醒下の脳機能イメージング）を使って動物の感情を調査するようになっている。こうした研究は、犬が何を考え思うかをいろいろ明らかにする。グレゴリー・バーンズらによるこの分野の草分け的研究に加えて、ブダペストのエトヴェシュ・ロラーンド大学の研究者グループもこの画像を使った素晴らしい研究を発表した。

同大学のアッティラ・アンディクスらによる研究は、「犬の語彙処理のための神経メカニズム（Neural Mechanisms for Lexical Processing in Dogs）」というタイトルで、犬がいかに発話を処理しているかを調べた[41]。私はかねてから、犬がよく耳にする、相反する矛盾したメッセージを理解しているのかどうか疑問だった。飼い主が犬の頭や腹を撫でながら、「この犬が大好きだけど、太りすぎなんだよね」とか、「おまえは、すごく可愛い子ちゃんだけど、頭が悪すぎだよ」などと言う言葉だ。

この研究のために、4犬種13頭の犬がトレーニングされて、fMRI脳スキャナーの内部にじっと横たわった。そして、犬たちは、トレーナーによって事前に録音された言葉、つまり、聞き慣れた声を聞かされた。言葉には、犬をほめる語句と中立的な語句の両方が混ざっていて、さらに、その語句を肯定的な声の抑揚で聞かせるときと否定的な声の抑揚で聞かせるときがあった。つまり、声の抑揚と語句の意味があっていないことがあった。研究者たちが発見したことは、犬たちが言葉を処理するのに左脳半球を使い、声の抑揚を処理するのに右脳半球を使ったことで、それは人間と同じだった。[42]［監修者注：この研究は、その後、イヌの脳画像の左半球と右半球をとりちがえていたことがわかり、訂正論文が提出されている。つまり、現時点でイヌの意味処理と音韻処理が人間と同じ半球優位性をもつと結論づけることはできない。］そして、彼らは言われたことを理解するために、ふたつを連合させていることもわかった。犬の脳の報酬系［訳注：動機づけに関係すると考えられる脳の神経系］は、発話の調子と言葉の意味がどちらも称賛を反映しているときだけ、光を発した。

つまり、犬たちは私たち人間が話す言葉の内容と言い方の両方に気づいているのである。私たちが知っているように、犬はたくさんの人間の言葉を学ぶが、言語を理解できない場合でも、意味は私たちの声の調子によって伝わる。私たちの相反するメッセージを犬がどのように理解するかはまだ不明だが、私の推測では、彼らは私たちが考える以上に人間を理解している。だから彼らは、私たちの個人的な変な言葉の癖もよく覚えるのだ。

たとえば、犬と飼い主の性格はお互いを映す鏡だという決まり文句があるが、そこにはある意味、真実があるだろう。特定の犬と飼い主たちとじっくり過ごすことができたとき、私は彼らがなんてよく似ているのだろうとよく驚く。ざっくりとした印象だが、心配性で悲観的な飼い主には心配性で悲観的な愛犬がいるようだ。一方、落ち着いた飼い主には落ち着いた愛犬がいるように見える。人はよく、このことに気づいて驚き、「私の犬は私にそっくり！」などと言う。犬がどれほど私たちに対する感受性が強いかを考えると、それは私にとってはそれほど驚くことではないが、この現象を調べる研究はあまりなされていない。しかし、２０１７年の研究で、研究者のチームは、コルチゾールというストレスホルモンのレベルを測定することによって、「犬は人の感情がわかるだけではなく、飼い主の性格特性も身につけて、悲観的で不安傾向のある飼い主の犬は同じような性質を示す」ことを発見した。[43] 例をあげれば、この調査によると、不安傾向のある飼い主の愛犬は脅威やストレスの多い状況にうまく対処できない。彼らの発見で、犬が飼い主の性格に影響を与えるより、飼い主が犬の性格に影響を与えることがわかるだろう。

犬と感情については、もっとたくさん話したいことがある。はっきりしているのは、犬が自発的に参加できる非侵襲的〔訳注：生体を傷つけないような〕神経イメージング研究を含め、最新の研究が、犬が認知的、感情的、道徳的な世界を生きているという、大部分の人がすでに信じていることの多くを裏付けてくれていることだ。今の私たちは確実に、犬が賢くて人の気持ちを感じることができる生き物で、敬意と尊厳をもって扱うべきだと十分わかっている。犬たちは、彼らが真に何者かということ抜きで支配されるべきではないし、ただ人に仕えて辱めを受けるべきではない。ドッグトレーナーは最新の研究に遅れないようにする必要があり、多くの人がそれを実践している。ドッグトレーナーは、飼い主と同じく犬の守護者だ。もちろん、まだ多くのことを解明する必要があるが、最高の学びの場は、やはりドッグパークだ。

第8章

ドッグパーク・コンフィデンシャル

ある素晴らしい天気の日の朝、ドッグパークで、ひとりの女性がコーヒー片手に携帯電話をいじりながら、私のところにやって来た。彼女はいきなりこう言った。「なんてことかしら。親友も、まさかミランダを引き取ったことで自分の正体がばれるなんて思わなかったでしょうね。もうこれ以上、我慢できない。ミランダに幸せになってほしいもの。よく彼女はあんなひどい面を隠せたものね。こんなに長い間、彼女の友だちだったなんて！」

その女性が言うには、最近引き取った犬に友人がひどい仕打ちをしていることを知って、これ以上その友人とは友だちでいられなくなったそうだ。私は、「それは、それは」などと言葉を濁して、女性の一方的な会話から逃げだそうとした。そんな内輪話は、聞きたくない。けれど、私の作戦はうまく行かなかった。5分もの間、彼女は友人の愚痴をこぼしつづけ、私は困りはててしまった。それを見かねた人が私のほうに来て、犬の遊びについて質問をしてくれた。ありがたい！　私はこのチャンスをとらえて、失礼にならないようにそっと女性との会話から逃げた。

長年のドッグパークへの訪問中に、何度もこのような状況に遭遇した。ドッグパークで会う人たちは、ほかの人のことを自由に話す。特定の駐車場所やイスを自分の縄張りにしている常連たちのなかには、自分の定位置をほかの客が占領していたりすると苦々しく思って怒る人もいる。

会ってたった数秒で、まるで親友同士のように親しげに話しかけてくる人もいるし、とても個人的な嘆き悲しみを、まるで親友かカウンセラーにでもするように打ち明ける人もいる。私はただ聞くだけにして、何も言わない。私個人は犬のために来ているが、ドッグパークには必ず飼い主もいる。彼らを避けては通れないのだ。すでに書いたように、犬は人間同士の交流で、なくてはならない役割を果たしている。直前まで他人だった人たちの間をとりもち会話を促す犬は、社会のカタリスト［訳注：社会で新たな関係性を育む促進役、社会のなかの触媒］であり、人の間に生まれるネガティブなエネルギーを吸い取ってくれる社会の潤滑油だ。彼らは、人間同士の協力や信頼を助けてくれる。ドッグパークは、けっして犬だけのものではない。たくさんの人たちが意見を求められているか否かに関わらず自由にアドバイスをして、飼い犬やその扱い方をもとに相手がどんな人か探りあうのだ。

なかにはとんでもないことを言い出す人もいる。私の友人のひとりは、はじめて会った人から、「深刻な精神的問題があるみたいだから、状況を改善するためにあなたと愛犬は花のエキスを使う必要がある」とアドバイスをされた。また、私はある人から彼の身の上話を聞かされた。彼は今の妻と、彼女が犬のウンチを袋に入れるのを手伝ったことから知りあい、妻は今でもその時のことを感謝してくれているというものだった。良いトレーニングと悪いトレーニングも議論によくなるし、高齢で病気の犬の終末期の判断も話し合われることが多い。飼い主たちは助けあい、こうした非常に難しい選択をする方法をいろいろ学ぶのだ。エピソードはいくらでもある。私はそれらを注意深く聞きながら、人々の親切や思いやりなどをたくさん感じてきた。私はいつも、もし人間がドッグパークでもっと長い時間を過ごせたら、世界はもっと素晴らしい平和な場所になるのにと思っている。

ドッグパークは、犬のためにプラスになるだけでなく、飼い主の生活にも驚くほど重要な役割を果たす。本書の冒頭で書いたセントラルパークで出会ったリスを見ていた男の子たちのように、人はドッグパークに行くと簡単に野生に戻ることができ、自然やたくさんの犬をはじめ、小さな哺乳類たちや鳥など、そこに暮らす生き物たちともつながれる。ペンシルベニア大学教授で犬の専門家のジェイムズ・サーペルは、犬が次の3つの領域で仲介役を担うと考えている。まず、人間社会の潤滑油（人と人の間をつなぐカタリスト）、社会のアンバサダー（人と動物・自然全体の間を精神的につなぐもの）、そして動物界での仲介役（人と動物や自然を無意識のうちに結ぶもの）だ[2]。

ドッグパークへの訪問が、ほかの人間との交流の大きな割合を占めている人たちもいる。人によっては、毎日ドッグパークに1～2時間以上滞在する。コーヒーを飲んで、携帯電話でメールを書いたりおしゃべりをしたりして、友人たちとブラブラする。新しい人や犬と出会い、犬や人みんなと仲良く楽しんでいる。多くの場合、飼い主たちはたっぷり愛犬の世話を焼き、注意を払っているので、私も犬になりたいと思うほどだ（もちろん、いつもではないが）。もちろん、ドッグパークは完璧な場所ではないし、飼い主たちも完璧でない。時々、飼い主がもっと犬を見てくれたらいいのに、もっと犬が必要としていることに注目してくれたらいいのにと思うときもある。一部の人たちは、犬のためより自分のためにドッグパークに来ているのが明らかだ。犬の面倒をきちんとみない人と欲求不満で手に負えない犬は、ドッグパークでもめ事や問題が起こったとき、その中心になることが多い。

それでも、私はドッグパークに行くのが大好きだ。たとえ自分に一緒に行く犬がいなくてもそれは変わらない。ドッグパークは、まさに現在急成長中の素晴らしい文化的現象なのだ。私は野外調査地に出かけるのが好きで、遊びや、排尿やマーキングのパターン、あいさつのパターン、社会的なやりとりといった犬の行動を調査する。そして、犬はどのように、なぜ、集団や社会関係に参加して、その一部になり、短期間で離れたり、長期間とどまったりするのかを研究するのだ。

私は人と犬の相互関係も研究しているが、そこからよく人間のことが明らかになる。たとえば、飼い主たちはよく私に、愛犬がドッグパークを自由に走りまわり、ほかの犬たちと一緒の姿を見ることにこの上ない幸せを感じると言う。飼い主たちは、ドッグパークへの訪問はすべて愛犬のためだと思っている。しかし、ドッグパークは、私たちが思うほど犬が常に自由にくつろげる場所ではない。気づかないうちに、飼い主が犬の自由を台なしにしていることだってある。ひっきりなしに犬を呼び戻して、あれこれ嗅ぐなと命じ、犬同士の交流や遊びが乱暴すぎると思うと口を出す。これが自由と言えるのだろうか？

だからドッグパークの動物行動学に従事することに加えて、私は読者のみなさんにドッグパークでの飼い主の行動が善意を正しく反映したものになっているかどうかも確かめてもらいたいと思う。

ドッグパーク——良い点、悪い点、嫌な点

ドッグパークは、都市部で最も急増している公園だ。[3] 2010年には全米上位100位の大都市に、リードをはずせるドッグパークが569個あった。ドッグパークは5年間で34%増えたが、公園の総数は3%しか増えていない。[4] ドッグパークのなかには、障害者のための設備を作っているところもある。都市によっては、家とドッグパークの中間のような、犬と人間が交流を持てる場所を提供しているところもある。[5]

読者は、今ほどドッグパークが人気だったことは過去になく、ドッグパークはどんどん良い場所になっていると言うかもしれない。ボールダー周辺のドッグパークで入場者にちょっと質問すると、95%以上の人が以下のような明確な理由をあげつつドッグパークを愛していると答えた。まず、ドッグパークは犬がリードをはずして走りまわり、友だちの犬たちと遊べる安全な場所だという点、そして飼い主も、犬たちが楽しんでいる間におしゃべりができる点だ。ほとんどの飼い主が、ドッグパークはリラックスできる場所だと感じている。[6] それに私は、ドッグパークで地元のドッグトレーナーたちがトレーニング以外の文脈でも犬たちを観察してくれていることをうれしく思う。以前にも話したように、ドッグパークは動物の行動と進化生物学の基本理論を学ぶために最適の教室だと言える。そうした基本的な知識は、犬だけでなく人間の役にも立つのだ。

さて、この辺で私はドッグパークの良くない面も考えてみたい。まず、私が知っているたいていの犬たちはドッグパークに行くのが大好きだが、ドッグパークをそれほど楽しまない犬がいるのも事実だ。大騒ぎに加わりたくないという犬の気持ちは尊重しよう。その犬たちにとっては、ドッグパークが楽しい場所ではないのだから。以前ある青年が私に、こう言った。「僕の犬はドッグパークが好きじゃないのがわかります。彼女はすごくイライラして、車から出るのを嫌がるんです。僕がドッグパークが好きだから、彼女にも好きになってほしいのに」。これは、善意が台なしになっている典型的な例だ。愛犬のプラスになっていないなら、なんのためにドッグパークに行くのだろうか？

ところで、かなりの数の飼い主がドッグパークをまったく好きじゃないと知って、私は正直とても驚いた。彼らの一部は安全面での不安を感じているのだろう。犬同士のもめ事が喧嘩に発展して犬や人がケガをすることも、ごくまれではあるとはいえ、確かにある。[7]私としてはドッグパークが危険な環境とは思わないが、この問題に焦点を当てた実証研究もない。また、一部の人々がドッグパークから遠ざかるのは、ドッグパークでのエチケットや社会的環境の問題が理由になっていることも多い。[8]ドッグパークでのほかの人や犬のふるまいが気に入らない人は、たくさんいる。[9]ドッグパークでの礼儀についての批判はインターネットに多くの情報があふれているので、私はこれ以上くどくどと言いたくない。[10]しかしながら、犬が批判されるこの手の問題は、人間の問題であることが多い。人が犬について文句を言うとき、実際はその犬の飼い主の側に問題があり、犬がとばっちりを受けているだけのことがある。

実例をあげると、飼い主が投げたテニスボールやフリスビーを追いかけて、犬が一般道に飛び出すときがある。[11] 犬と人が同じ空間を共有しているときに忘れてはならないことは、みんなが犬好きとはかぎらないということだ。何年も前、私は大型のちょっと太めと言われるかもしれないアラスカンマラミュートと、リードを緩めて歩いていた。ひとりの男性が道の向こうからこちらに近づいていたが、彼は私たちを見ると、道の反対側に渡りはじめた。明らかに彼はこちらの犬を怖がっていた。私は立ちどまって彼に言った。「大丈夫、この犬は咬んだりしませんよ」。ほっとしたように、その男性は尋ねた。「そうですか、その犬は何を食べるのですか？」私は彼に、いい質問ですねと答え、私たちは楽しい会話を続けた。彼は、若いときに咬まれて以来、犬が怖くなってしまったらしい。私の母も若いときに犬に咬まれたことがあったので、こども時代の私は犬ではなくて金魚と一緒に育ち、金魚とたくさん会話することになった。すべての人が犬を愛しているわけではないし、まったく興味がない人だっている。その事実を重んじることが大切だ。

しかしドッグパークでそれ以上に問題になっているのは、ほかの飼い主の犬の扱い方に対する不満だ。大学院生のエリス・ガッティは、私へのメールで、多くのもめ事は「犬のトレーニング」方法が異なることから起こっていると書いた。犬をコントロールすることを好み、過保護で過干渉な飼い主もいれば、犬に自由に行動させる飼い主もいる。[12] この点についてもっと詳しく述べよう。

まず、各ドッグパークには地元地域や常連たちの文化や態度を反映したそれぞれの特徴がある。たとえボールダーのような小さな都市のなかでも、ドッグパークはそれぞれに違っている。名前はあげないが、私が毎日のように通っているドッグパークははじめて来る人や犬に対してもオープンだが、私がよく行く別のドッグパークは私の友人の言葉を借りれば、「少しお高くとまっている」そうだ。私の友人がはじめて後者のドッグパークに行ったとき、その場の人たちは新入りの友人を見て、心配そうにボールダーの住人なのかと尋ねたという！　同じことは、愛犬と自分自身の気分転換のために、そのドッグパークに行ってみた別の友人にも起こったそうだ。

最後に書き添えておくが、めったにないことではあるものの、ドッグパークのごく一部の人間の無分別な態度に驚かされてしまうこともある。これはドッグパークのエチケットの問題ではなく、むしろ人間としての基本的な礼儀の問題だ。私は何度か、無分別な飼い主に、彼らの犬のマナーが悪いのはなぜだろうかと聞かれたことがあった。その度に私は、ジョークを飛ばしたくなる。「鏡で自分を見たことがあるかい？」と。前章でも述べたように、飼い主と愛犬がお互いに似ているのは偶然ではない。しかし、私はそんなことに関るより、ほかで起こっている興味深い犬と犬のやりとりに目を向けることにしている。

ドッグパークの動物行動学——ドッグパークの研究

犬は動物行動学者にとって理想の研究分野だが、ドッグパークもまたそうである。いつも言うように、ドッグパークは、あらゆる種類の行動の情報が見つかる宝の山だ。それに、ドッグパークは市民科学の活発な現場でもある。たとえば私の生徒で市民科学者のアレクサンドラ・ウェーバーは、仲の良い犬同士とそうでもない犬同士とでは遊びが異なるか調査した。私はドッグパークで常に、みんなに動物行動学者になることを勧めている。研究で注目するとよいポイントのひとつは、ジェシカ・ピアスと私が、私たちの著書、『アニマル・アジェンダ（The Animals' Agenda）』で「自由の行動学」と呼んでいるものだ。まず、ドッグパークで焦点を当てる犬を1頭選んでみよう。そして、どのくらいの時間を、その犬が飼い主たちからじゃまされずに単独で（あるいは、ほかの犬と）過ごしているか観察してみよう。私はこの観察をすると、ドッグパークで「自由な」はずの犬が、実際にはいかに拘束されているかに驚くことが多い（動物行動学者になるためのさらなる情報が欲しい方は、「動物行動学者になりたいなら」のページをめくってほしい）。

一方で、ドッグパークで行われる正式な科学研究の数も増加している。調査の観点から、ドッグパークは「あまりに統制がとれていない」と批判されることがある。多くのことが同時に進行していて、変数も多すぎるので、ドッグパークで正確な調査を行うことができるのか疑問に思っている研究者もいる。たとえば、犬が人間の視線や指差しを追えるのかとか、犬には心の理論があるのか、またあるとしたら、どの程度のものなのかといった実験が正確にできるだろうか。しかし、現実を直視しなくてはならない。研究室で行われている調査でも、参加している犬の犬種はさまざまで（研究者もさまざまで）コントロールできていないことがある。あくまで限定条件内でだが、犬の「自然な生息環境」とみなせるドッグパークは、ケージに入れられている場合や、飼育環境をよりコントロールされた環境下では観察することが難しい犬の行動の多様な面を研究する上で適切な調査地だと言える。実験室で行われる犬の研究の多くは、自由に行動できる犬の研究より条件がコントロールされているが、同時にまた犬の行動自体もコントロールされてしまっている。多くの人が見たことがあるような犬の行動パターンは、生態学的に適切な環境で再調査されなくてはならない。

カナダのセントジョンズのニューファンドランドにあるメモリアル大学の大学院生、メリッサ・ハウスは、「イエイヌ（*Canis familiaris*）の公共ドッグパークにおける、リードなしの社会的行動の探索（Exploring the Social Behaviour of Domestic Dogs (*Canis familiaris*) in a Public Off-leash Dog Park）」という重要な研究を行った。彼女によれば、同様の研究は彼女の研究以前にはわずか6例しかなかった。リディア・オッテンハイマー・キャリアらは同じドッグパークで「ドッグパークの探索—コンパニオン・ドッグの社会的行動、性格、コルチゾールの間の関係（Exploring the Dog Park: Relationships between Social Behaviour, Personality and Cortisol in Companion Dogs）」という研究をのちに行った[13]。

ハウスは220頭の犬の個体追跡サンプリングとビデオ録画を行い、その内の69頭の行動データを分析した。ハウスは、ドッグパークへの入場から最初の400秒の内、「調査対象となった犬は、平均50％の時間を1頭で過ごし、40％近くをほかの犬と過ごし、残りの時間をほかの活動にあてていた。ドッグパークへの入場から最初の6分の間に、犬がほかの犬と過ごす時間は減り、1頭で過ごす時間が増えた。いくつかの行動は頻発していたが（たとえば、90％以上の犬が肛門や頭部に鼻をあてたり、あてられたりした）、ほかの行動は少なかった（たとえば、９％の犬が突進をはじめ、12％の犬がその突進を受け入れた）。犬たちの混み具合や、調査対象となった犬の年齢、性別、去勢手術の有無、サイズは、いくつかの行動に影響を与えていた」ことを明らかにした。[14]

　概して、性別と年齢、犬の大きさが社会行動に影響を与えていた。高齢の犬は一般に１頭で過ごすことが多く、なかでも高齢のメスは特に、ほかの性／年齢のどの組み合わせと比べても、ほかの犬と交流する時間が短いことを彼女は明らかにした。また、どの犬も頻繁に追いかけっこをしていた。オスはメスよりも頻繁に排泄（オシッコもウンチも）し、また、高齢の犬は若い犬よりも頻繁に排泄をした。また、小型の犬は大型の犬より、ほかの犬から駆け寄られたり跳びつかれたりすることが多かった。

　ドッグパークで行われたほかの研究と同様に、ハウスも深刻な攻撃は１度も目撃しなかった。ハウスは、「実際、ドッグパークで攻撃的な行動が起こる可能性は低い。その原因としては、飼い主がドッグパークに連れてくる犬の性格、飼い主の干渉、そのほかの要因などがある。ゆえに、犬の攻撃性は（たとえば、多頭飼育の家庭や野生化した犬たちの集団など）その可能性がありそうなほかの状況で調査したほうが良いだろう」と述べている。[15]

　また、ハウスの研究の別の面を指摘すると、彼女のデータが同じ場所でのちに行われた別の研究とは異なっていることがあげられる。たとえば、ハウスの観察によると、ドッグパークに入ってから最初の４００秒間で、調査対象となった犬の内23％が遊びのお辞儀《プレイバウ》を行っていた。

同じドッグパークで実施されたほかの研究では、入場から20分間（ハウスの研究の3倍の時間であるが）で調査対象となった犬の内の51%がプレイバウを行っていた。ドッグパークに到着してからの経過時間に応じて、プレイバウの生起率が変わるということはさして驚くようなことではない。これは、将来の研究の絶好のテーマになるはずだ。ドッグパークに到着したばかりのときや、まだあまり親しくない犬や見知らぬ犬と遊ぼうとするとき、あるいは遊びを始める際にまず「遊びの雰囲気」を作らなければならないときに、犬たちがプレイバウをする回数が増えるのだろう。それゆえ、すでに遊びの雰囲気が出来上がっている場合などには、犬がプレイバウを行う頻度は少なくなるかもしれない。私は過去に、犬、コヨーテ、オオカミなどがすでに遊びはじめた後より、最初に遊びはじめたときに、プレイバウがより型にはまった仕方で行われることを発見している[16]。

ドッグパークにおける犬の行動について、信頼のおける一般論を述べることは難しい。ハウスは、同じドッグパークで行われた彼女の研究とそのほかの研究との違いは、観察時間の長さ、犬のグループ分け、犬同士の活動の定義の仕方などの相違によって生じたものかもしれないと語った。

犬たちが感じているストレスも、ドッグパークにおける犬たちの行動の原因になっているかもしれない。異なる調査結果を比較するとき、これも考慮すべき重要な点である。たとえば、ハウスの研究と同じドッグパークで行われた研究で、リディア・オッテンハイマー・キャリアらは次のように報告している。「コルチゾールは、ドッグパークへの訪問頻度と相関しているかもしれない。たとえば、ドッグパークに行く頻度が最も少なかった犬は、より高いコルチゾールの値を示していた」。コルチゾールは、ストレスのレベルを測る指標になり、こうしたデータは、ドッグパークで犬の行動を調査するときに、どのくらいの頻度で犬たちが訪問しているか、以前に来たことがあるか、などに関心をはらう必要があることを示唆している。当然、個々の犬が周囲の環境やほかの犬たちにどれくらい慣れ親しんでいるのかも、どのように遊ぶか、力を誇示しようとするか、あるいは周辺に追いやられるか、などといった犬の行動に影響を与える。

はっきりしていることは、ドッグパークにおける犬の行動の研究を、さらに「個々の」犬の相違点に焦点を当てて行う必要があるということだ。ハウスは、「この研究によって生まれた多くの疑問や、ドッグパークの研究が未だに少ないことを考慮すると、ドッグパークにおける犬の観察がもっと多く行われるべきであることは明らかだ。飼い犬同士の社会性に関する疑問に答えるうえで、ドッグパークは大きな可能性を秘めている。ドッグパークは、犬をひとつの社会的存在として理解するのを助けるだけでなく、犬の福祉を守り育てる人の助けにもなるだろう」と締めくくっている。私は大賛成だ。

ドッグパークの管理者——リード、フェンス、自由

ドッグパークに行ったことがある人なら誰もが、そこで明らかにたくさんの出来事が同時に

起こっていて、人間も犬も同じようにかかわっていることがわかるだろう。誰もが互いに影響を及ぼしあっているのだ。カナダのウォータールー大学の院生、タリン・グラハムと教授のトロイ・グローヴァーは、「フェンスの内と外のはざまで―コミュニティと社会資本をつなぎ、解放するドッグパーク（On the Fence: Dog Parks in the (Un)Leashing of Community and Social Capital）」と題する論文で、次のように述べている。「この研究による発見は、飼い主たちがペットの犬に仲介されてドッグパークを移動していることを示している。犬がほかの犬や人たちに対してどのようにふるまうかが、飼い主の社会的ネットワークと社会的な資源へのアクセスに影響する。犬の積極的な交流が、人間関係や共通の関心を持つコミュニティを形成する機会を飼い主にもたらし、相互扶助や情報共有、集団行動、社会的同調が可能になる。一方で、ひとたび飼い犬に対して悪いイメージがつくと、飼い主にまでそのイメージが広がって、対立や批判を引き起こし、社会的ネットワークや公共スペースからの排除にまで至る場合もある[17]」。

言い換えると、ドッグパークは本当は誰にも「管轄」されていないのだ。すべての関係が、その場その場で折り合いをつけられて、ひとつひとつの連帯や衝突がほかのすべての犬同士、犬と人、人同士の関係に影響している。

エッセイ「ドッグパークでの活動――人と動物の空間におけるアイデンティティーと争い（Situated Activities in a Dog Park: Identity and Conflict in Human-Animal Space）」でソノマ州立大学教授のパトリック・ジャクソンは、いかにユーモアによって犬の行動をめぐる衝突を回避することができるか考察し、ドッグパークにおけるさまざまな関係のあり方を巧みに描き出している。

たとえば、ひとりの女性が怒鳴りつける。「やめてよ、すけべおやじ！」彼女の飼い犬にマウンティングする年とった犬に対して叫んだのだ。しかしほかの状況であれば、こんなきつい言葉が投げかけられることもないだろう。たとえば、次の3人の年配の男たちの会話の場合のように。

私たちがしゃべっている間に、黒い犬がゴールデンレトリバーにマウンティングしていました。ゴールデンレトリバーがそれを振りはらうと、今度はブルテリアにマウンティングしはじめました。みんな笑っています。ブルテリアの飼い主が言いました。「頭に来る人もいるだろうけどね」ゴールデンレトリバーの飼い主も、自分は別に気にならないと言っています。ブルテリアの飼い主は、さらにこう付け加えました。「こんなの見ても気にならないよ。私も若かったころは喜んでこうしたものさ。今じゃもう家に帰ってもこんなことできないしね」周囲のみんなが声を立てて笑いました。[18]

犬のよその犬へのマウンティングは、ドッグパークの人たちの間で起こるもめ事の主な原因となっていて、しばしば飼い主たちに、犬を自由にさせるべきかコントロールすべきかという難問を突きつける。前にも述べたように、ドッグパークでは犬は人が思うほど自由ではない。飼い主は、定期的に犬を呼び戻したり、悪事を見つけたと思うたびに「やめなさい！」と大声を上げたりする。あるいは、愛犬のところまで走っていき、ほかの人を邪魔しないようにリードを引っぱったりする。

ドッグパークにおける自由は複雑な問題を提起している。その点では自動車内やリードを付けているときや、散歩やハイキングや屋内にいるときと変わらない。人はよく私に質問する。いつ飼い主は愛犬をトレーニングしてきっちりと監視し、犬をイラつかせる危険をおかすべきか。いつ愛犬に好きなことをなんでもさせて、押さえが利かない犬だと批判される危険をおかすべきかと。正直なところ、私はこの種の話はなるだけ避けるようにしている。すべては、かかわっている人と犬しだいだからだ。

しかし、自由な犬とはどうあるべきか、どれくらい彼らは実際に自由なのかという疑問は、見かけほど単純でもなければわかりやすくもない。この問題については、かなりイライラしている人たちも多い。飼い主はただ自分の犬をトレーニングするだけではなく、愛犬とよその犬との関係もやりくりしなくてはならない。犬同士の関係は人間関係にも影響するからだ。何が許容範囲で何が許容範囲でないか、みんなそれぞれに異なる見解を持っている。雑誌『アウトサイド（Outside）』に掲載された「なぜ犬を戸外でリードから自由にするか（Why Dogs Belong Off-Leash in the Outdoors）」というエッセイで、ウェス・シラーは、多くの人たちにこうした問題について考えるよう促し、私を含めた多くの人々が議論に加わった。[19] シラーは、「もし飼い主が責任を持つなら、リードのない犬の存在は実際、戸外をより良い場所にするだろう」と語っている。

一目見れば明らかなように、ドッグパークはフェンスに囲まれており、それゆえ犬たちはリードからは自由でいられるが、また同時に封じ込められてもいる。ここでは、犬が広い空間でリードなしでいられるようにすべきかという長い論争に立ち入るつもりはない[20]。しかし、いくつかの研究が明らかにしたところによると、犬が許可された場所でリードなしでいるときには、主として犬よりも人の側が原因で問題が生じることの方が多いのだ[21]。たとえばある調査では、「人が野生生物を驚かせているところを見たことがある人（92・2％）は、犬が同じことをするのを見たことがある人（49・7％）よりずっと多い」という。

犬と人を規制するためには、地方条例による強制力が重要だ。もしある飼い主が、安全と思って飼い犬のリードをはずして走らせるなら、犬の行動に責任を持つ必要がある。しかし、常にそうなってはいない。私は学生のロバート・イッケとともに、「コロラド州ボールダーにおけるイエイヌ、オグロプレーリードッグ、人間の間の相互行為と対立（Behavioral Interactions and Conflict among Domestic Dogs, Black-Tailed Prairie Dogs, and People in Boulder, Colorado）」と題する研究をした[22]。この研究で私たちは次のように述べている。「プレーリードッグに嫌がらせをする犬を飼い主が止めようとしたのは、全体のわずか25％の時間だけだった。コロラド州ドライクリークのドッグパークで調査の対象となった犬の飼い主のうち58％は、たとえ犬が問題でも、プレーリードッグが保護されるべきだと思っていなかった。自然に対する人間の責任の重要性が増しているとはいえ、プレーリードッグを保護したい人とそうでない人の間の溝は埋めるにはまだまだ時間がかかるだろう」。また、この論文の中で私たちは、「あらゆる関係者の利害を調整するための、実証データに裏付けられた予防的戦略を発展、実施することが可能であろう」という提案もしている。
私たちの調査では、飼い主たちは自分の犬をうまくコントロールできていなかった。しかし、先にもふれたパトリック・ジャクソンのエッセイ「ドッグパークでの活動——人と動物の空間におけるアイデンティティーと対立（Situated Activities in a Dog Park:Identity and Conflict in Human-Animal Space）」で、彼は次のように語っている。「犬の飼い主は、〈マネージャー役〉になって、さまざまな犬の行動の問題に折り合いをつけなければならない。このような管理すべき犬の行動として、特に、マウンティング、攻撃的態度、排泄などが挙げられる。この過程で、公共の場における愛犬の適切な行動に対する理解を他者から得るために、飼い主は多様な戦略を用いることになる」。ジャクソンは私へのメールで、彼の考えについて詳しく説明してくれた。

僕の印象に強く残っているのは、よく行くドッグパークでの人間とそれ以外の動物たちの間に存在しているらしい大きな断絶です。僕たちは、ドッグパークにいる飼い主が自分の犬との関係の中でどうしてそのようにふるまうのか、その気持ちは比較的簡単に理解することができると思います。そして気がつくのは（あなたもある程度同意してくれると思いますが）、犬が「本当に」したいことを飼い主たちがまったく理解していないということです。にもかかわらず、その飼い主たちが犬の気持ちを解釈して行なっている犬への働きかけは（そして、実のところその解釈は「客観的」正確さとも、犬の本当の関心とも関係がないのですが）、犬同士のあるいは犬とほかの動物との異種間の相互行為に大きな影響を与えているのです。あなたたちが提起している設問や実施している研究は、まだ研究が不十分であったりまったく研究が行われていなかったりする人以外の動物種に的確に焦点を合わせています。だからそのような研究は、ドッグパークにおける種の分断が意味していることの理解に直結していると思うのです[23]」。

私は、飼い主たちがドッグパークにおけるコントロールと自由とのダイナミクスをあまり理解していないという点で、ジャクソンと同じ思いだ。彼はその思慮深いエッセイの結論で、次のように書いている。「ドッグパークは犬の行動への洞察のみならず、人と動物、人と人の相互行為への洞察をも与えてくれる。ドッグパークは犬たちのための都会の運動場に見えるかもしれないが、その場で起きているやりとりは、ドッグパークを囲むフェンスをはるかに超える意味を持っている」。

明らかに、ドッグパークについての研究がさらに必要である。ある読者が私にこんな質問をした。「高価な純血種の犬を連れている人と、雑種犬を連れている人で、どちらがよくドッグパークに行きますか?」「ドッグパークで会ったときと、もっと広い場所でリードなしで会ったときで、犬たちはどちらでよく遊びますか?」「ドッグパークの最適な大きさはどれくらいですか?　最適な混み具合は?」これらは素晴らしい質問だが、私はそれに回答するためのデータを持っていない。

ドッグパークで調査することができる研究課題のリストは無限に長いものとなるだろう。

ドッグパークに行くたびに私は新しい研究課題に出くわしているような気がする。1頭の犬が集団を離れて新しい犬が入ってくるとき、何が起こるのだろうか？ 犬たちがお互いに知り合いの場合と知り合いでない場合、何か違いがあるだろうか？ 遊びの集団の最適な規模はどれくらいだろうか？ 犬がにおいを嗅ぐ頻度と、においを嗅いでオシッコをする頻度を比較するとどうなるだろうか？ どのくらいの頻度で、飼い主は愛犬がしていることに口出しするのだろうか？

こうした疑問に答えを与えるためには、今後の研究結果が待たれる。もしかしたら読者のあなたもドッグパークに今度行ったときに、これらの疑問に挑戦できるかもしれない。私はドッグパークに行くのが大好きだ。毎回、何が起きているか調べて、犬や人のことをいっぱい学べるのがおもしろくてたまらない。

第9章

犬の良き相棒になるには

「マーヴィンのことは大好き。でも、彼が欲しいものや必要なものをあげられるか、私にはわからない。朝起きてから夜寝るときまでずっと、私はまるで彼の奴隷みたい。ペットの世話に終わりはあるのかな？」

「朝起きたら、可愛いビーグルのセレーナといちゃつくのが、私の楽しみ。ゆっくりベッドを出て、コーヒーと卵を用意して、私はコーヒーをすすり、セレーナは卵料理をガブガブ食べるの。ゆで卵のこともあるし、スクランブルエッグのこともある。彼女がいい子にしていたら、ベーコンをつけてあげることもあるわよ」

「モリーはずっと病気だ。年をとって、ちゃんと歩けない。私は彼女を大切にしていて、必要なことならなんでもするけど、今では私の自己満足のために彼女を生かしているのかもしれないと思うこともある。どうしたらいいんだろう？」

「ペットのためのホスピスをどう思う？　良さそうだけど、本当にそれだけの値打ちがあるのかな？」

「昨日、ジェイミーが死んだ。ちょうどいいタイミングで、彼女を往かせてあげられたと思う。もしかしたら、あと数週間は生きられたかもしれないけど、彼女がもうそろそろだって僕に言ったのさ」

「パトリシアのことを、あきらめることにした。彼女に、今より良い生活ができるチャンスを与えたい。もう私には、私と彼女に必要なことができないし、胸が痛い」

「保護犬をいったん引き取ってから返却する行為は、何度まで許されているんだろう？　俺の知ってるヤツは、8度も繰り返している。やれやれ、ついに彼女は今回、断られたよ」

「私はもともと、うつ病と診断されていました。シェルビーと一緒に暮らすようになって、私は調子が良くなって、処方箋薬の飲みすぎをやめました。それまでより外に出るようになり、友人もできて、7キロ近くやせたんです」

ドッグパークに行くたびに、必ず右にあげたような話や質問に出くわす。私はできるだけ情報を提供するが、めったにアドバイスをしない。それに、一方的な判断は絶対しないことにしている。ほとんどの飼い主たちが、愛犬を心から大切にしていることを知っているからだ。こうした質問から、ペット飼育の倫理に関する深刻な会話になることもよくある。

この最終章では、個人や社会がどうすれば犬のためにできるだけ良い暮らしを提供できるかを中心に考える。本書をここまで読んだ読者は多分、犬が驚くほど素晴らしい生き物であることを理解してくれているはずだ。もちろん、人間だって素晴らしい存在だ。それに、犬の行動や犬と人間の関係が、かなり解明されていることもはっきりしていると思うが、同時にまだ学ばなければならないことが多いのも確かだ。何よりも、個々の相違に注目して、それらを重んじなければならない。すべての犬やすべての人が同じではないし、ある関係でうまく行く方法が別の関係で有効ともかぎらない。ある意味、犬が散らかしたり何かをしでかしたりすることを避けるのは不可能だ。犬が手をつけられない状態のときも、それを受け入れなければならないが、そのような経験から学ぶことができるし家庭でも社会でもドッグパークでも自由な環境でも、私たちの相棒である犬を愛して大切にしてあげたい。

ペット飼育の倫理——人と犬の関係の折り合いをつけて、相棒を大切に

いったん犬やほかの動物に住む場所を与えたら、それは「揺りかごから墓場まで」の約束を意味する。揺りかごはもちろん犬を飼う、つまり自宅を犬と共有することを決めたときのことを指すが、私は家だけではなく心も犬と分かちあってほしいと願っている。墓場は、一般的に言って動物の命が終わるときを指す。人が犬を引き取ったときに70歳を超えていないかぎり、人は相棒の犬より長生きするのが普通だ。

人が結ぶもうひとつの約束は、犬や動物たちにできるかぎり良い暮らしをさせることだ。最近、私はサイクリング仲間で親しい友人であるサイクリング・コーチのランディ・ガフニー

と、彼の愛犬、グレイシーのことを話した。グレイシーは、もう10年間、ランディの人生を幸せなものにしていた。私が、「グレイシーは元気か」と聞くと、ランディの答えはいつも通りだった。彼は言った。「グレイシーは生きているよ。僕の人生の一番の目的はグレイシーを幸せにすることなんだ」こんな言葉が世界中のすべての犬たちに向けられていたら、どんなに素晴らしいことだろうか。

人はよく私に、犬にとって幸せな生き方とはどんなものかと尋ねる。ペット飼育の倫理に関する疑問は、日に日に世間の議論の的になってきている。私はこのことを、あちこちのドッグパークを訪れたり、犬の行動について講演したりするたびに感じる。飼い主たちは常に、どうすれば愛犬に最高の暮らしを与えることができるかを悩んでいて、自分ができる限りやっていても、まだ不十分なのではないかと悩んでいる。当然のことだが、誰かを常に幸せにすることなど不可能だ。いつも幸せな者などいない。人生は妥協の連続だし、いつも言うように、1頭1頭が異なる。難しい妥協と、まだやりやすい妥協があるだろうが、誰もがそれぞれなんとかやっているのだ。犬がみんな違い、人もみんな違うならば、無理やり決めたことを全員に当てはめようとすると、面倒なことになるだろう。

これが、ドッグパークでみんなが動物行動学者になるべきだと私が考える理由だ。犬の相棒である人間は、それぞれが自分の犬の行動を研究する学生のように全力を尽くしてほしい。そうすれば、自分の犬が満足できる素晴らしい暮らしがどんなものかわかるはずだ。良き動物行動学者がそうであるように、犬の飼い主同士で話し合い、科学者やドッグトレーナーも巻き込んで、できるかぎりお互いから学びあおう。研究者が発表しているものを読んで、関連する動物の研究分野も学び、ドッグパークで物知りの友人がいれば話に耳を傾けよう。そして、ほかの人が言うことを、自分の目で自分の犬のなかにあるものと比較して確かめよう（動物行動学者らしく観察する方法についてもっと知りたい場合は、「動物行動学者になりたいなら」のページを参照）。

誰にも変えることができない真実がひとつある。それは、人間の暮らしが犬にとってしばしばストレスフルになることだ。大切なのは、あなたと愛犬の関係をうまく管理することで、ストレスも軽くなりあなたと愛犬の関係が良いものになるということだ。人はよく、トレーニングは一度だけのことだと思いがちだが、犬との暮らしは、時間とともに変化する願望と要求に対する交渉の連続なのだ。たとえば、交渉の範囲には、飼い主が考えて準備しなければならない犬の終末期の判断も含まれてくる。病気はいつでも突発的なものだし、犬にとっての老後の暮らしも、生涯のどの時期とも同様に、多様性がある。実際、飼い主たちはよく、質と量を考えたら、痛みや苦しみに満ちた長い生涯より、幸せな短い生涯のほうが良いのではないかと思い悩む。私も時々、犬は痛みを終わらせるために死にたいと思っているかどうか尋ねられる[1]。犬がそんな意思を持つことはなさそうだが、絶対ないとは言えないので、飼い主がたくさん時間をかけて愛犬の思いをじっくり聞きとって、個々の犬の気持ちを理解するしか道はないと思う。

犬は人間生活のせいでストレスを感じるのか

ほかの動物と暮らすマイナス面は、質の高い暮らしのために自分にとって必要なことができないことだ。それによってストレスを感じることも多い。この点は、ジェシカ・ピアスが著書『走れ、スポット、走れ――ペット飼育の倫理学（Run, Spot, Run: The Ethics of Keeping Pets）』で、また介助犬のドッグトレーナー、ジェニファー・アーノルドも著書『愛こそすべて（Love is All You Need）』で明らかにしている。アーノルドによると、犬は自分でストレスや不安を和らげることができない環境に生きている。犬は、人間やほかの動物と同じように、不安に感じると白髪になったり、早いうちから鼻や口周辺の毛が白髪になる。[2] また、メス犬がオス犬より白髪になりやすく、大きな音やよく知らない動物や人を怖がる犬の場合も白髪になりやすいことがわかっている。まだ若いのに鼻や口周辺が白髪になるときは、犬が心配や不安を感じている印かもしれない。[3]

アーノルドは、次のように書いている。「現代社会では、犬が自分たちの力で安全を維持するのは不可能で、人は犬が必要とするほどの自由を許すこともできない。それればかりか、犬は生きていくために人の善意に頼らなければならないのだ」。考えてみよう。人は犬に、好きな場所でオシッコをしたりウンチをしたりすることを禁じている。排泄するために、犬は人の注意を引いて、屋外に出る許可を得なければならない。屋外に出ると、人は犬をリードでつなぐか、庭やドッグパークのフェンスで閉じこめる。犬は人から与えられる物を与えられるときに食べる。人に食べるなと言われた物を食べたり、食べるなと言われたときに食べたりすると叱られる。人に与えられたおもちゃで遊び、人の靴や家具をおもちゃにしたらトラブルになる。大体いつも、飼い主のスケジュールと人間関係で、犬が誰と遊び、誰が友だちになるかは決まる。犬と人の関係は、このようにかなり非対称かつ一方的な関係であり、人間同士だったらきっと耐えられないに違いない。

多分ほとんどの犬が、こうした妥協を受け入れている。しかし、ストレスに関連した体の不調を抱えていたり、ストレスや不安を取りのぞくための薬を常用している犬が何百万頭もいる。アーノルドは書いている。「人は犬の考えや気持ちを考慮することなく、犬に人の意思を押しつけて、権力を乱用している。本来、犬は考えたり感じたりできる社会的な存在なのに」。また、アーノルドは、「とにかく私が言う通りにしなさい」というトレーニングは、うまく行かないばかりか、「相互にとって利益がある公平な関係」にならないと言う[4]。犬をよく研究することで、人はこの状況を避けることができる。犬たちと権力闘争する理由などまったくない。

トニー・ミリガンは著書、『ペットと人間――コンパニオン・アニマルと私たちの関係の倫理（Pets and People: The Ethics of Our Relationships with Companion Animals）』で、犬は非常にたくさんのことをしなければならないと書いている。人は犬にたくさんの要求や期待を課している。ミリガンは書く。「この状況のもうひとつの問題点は、犬のようなペットは、ただ人と協調するよりも遥かに多くを学ぶ必要があることだ。たとえば犬の場合、活躍の機会を得るコミュニティーには多様な種類の人間や動物たちがいる。その前提で考えると、〈彼女（犬）はトイレトレーニングがされていて、人を咬んだり人に飛びのったりしないことを学び、車に警戒し、家で飼っている猫を遊び以外で追いかけたりせず〉……そんな彼女の社会化は、部分的には人から、またほかの動物たちから習得される」[5]。

野良犬は、人間中心の関係に置かれている犬に課せられる要求がないので、人と暮らしている犬たちほどストレスがないだろうと、よく聞かれる。もちろん、個々の犬や個々の人間、そして個々の関係性が考慮されなければならないので、この質問にははっきりと答えるのは無理だ。しかし、インド、バンガロールで実施された野良犬（地元の人に"streeties"と呼ばれている）の調査で、シンドホア・パンガル［訳注：犬の行動コンサルタント］は、以下のような観察をしている。「私が調査した犬たちは、まったくストレスを感じているようには見えませんでした。彼らのボディー・ランゲージにも、ストレスが高くなっている様子は見えませんでした。人に近づかれたときも、犬たちはみんなリラックスしていて、（大部分の野良犬たちと同様に）慎重ではあるが好奇心が見えて、私が危険な存在でないことに気づくと、とても懐いてくれました。起きているとき、（そんな場所があれば）彼らは高くなった場所にすわり、周囲の世界が動いていくのをじっと眺めて大方の時間を過ごしているようでした」[6]。

ノルウェー人のドッグトレーナー、トゥーリッド・ルガースも、犬のストレスのことをたくさん書いている。ルガースは、彼女が「カーミング・シグナル」［訳注：群れの一員として生活する中で、犬が自分やほかの犬の気持ちを落ち着かせるために発達させたボディー・ランゲージ」と呼ぶものを使って、犬のストレスを軽減する達人だ。ルガースは著書で、家でも出先でも、犬を丁寧に観察することの重要性を強調している。よその犬たちとやりとりしているときももちろんだ。「カーミング・シグナル」がどのくらい効果的かは、まだ解明の余地がある[7]。私の考えでは、カーミング・シグナルは実際に機能していると思うが、数多くのほかの行動パターンと同じく、いつでもというわけではない。飼い主は、犬がしていること、犬同士の親しさなどに注意をはらい、よく観察する必要がある。これからもっと研究が進めば、きっとカーミング・シグナルをどのように使って犬たちがお互いに容認できることやできないことをコミュニケーションしているのか、カーミング・シグナルはどのくらい効果的なのか、異なる状況で機能する理由と機能しない理由などにも光が当たるようになるだろう[8]。

愛犬を抱っこしても良いのか

もしストレスを癒す唯一の立証済みの方法があるとしたら、しかも人の犬への愛情を示しながらできるものは、スキンシップだろう。飼い主は愛犬を四六時中撫でていて、犬たちもいつも背中をかいてくれとか、お腹をさすってくれなどと言ってくる。犬は飼い主と一緒に眠ることもあるし、自由に膝に乗ってきて、腕のなかでゆったりすることもある。一部の犬にとっては、スキンシップが重要で、積極的に求めているが、そう思っていないような犬たちもいるし、まったく嫌がる犬もいる。

抱っこは積極的なふれあいのひとつだが、犬を抱っこするのが良いことなのか疑問に感じる人もいる。最近、私はちょっと人騒がせなエッセイを読んだが、その内容を端的に言えば、「愛犬を絶対抱っこしないように」というものだった。だが、誤った通説をくつがえす精神で、思いきって言う。あなたの犬を大切に抱っこするのは、〈犬たちの〉望むやり方ならば、まったく問題ない。犬たちがみんな抱っこされるのが好きなわけではないし、人間だって同じことだ。これは、あらゆるタイプのスキンシップにも言える。大騒ぎで格闘するのが大好きな犬もいるし、まるで嫌いな犬もいる。

抱っこは、多くの飼い主が関心を持っている話題だ。私は昨年、あるパーティーで犬の行動について会話をしていた。これは、まあ、私にとっては日常茶飯事だ。会話は犬の行動のさまざまな面に広がり、そのとき、バージニア・アーネットという女性が、犬を抱っこしてはいけないという記事を見たと言い、私に質問した。「それで、結局、犬を抱っこしてもいいの？」彼女は、とても知りたそうに見えた。私が彼女に、犬が望むやり方でなら問題ないと言うと、彼女は愛犬のマルケタという柴犬は体調がかなり悪くて、抱っこされるのも大好きだと言った。彼女の友人がマルケタをよく抱っこしていたので、彼女は犬を抱っこしてはいけないという説が信じられなかったのだと言った。良かった！　愛犬が抱っこされたがっていたら、迷わず抱っこしてあげよう。くすぐるのもいいかもしれない。くすぐられるのが好きな犬はとても多い（ラットも同様だ）。

実際、犬は自分の欲求や要求、気持ちにとても正直だ（正直過ぎると言う人もいるだろう）。犬の感情は、周囲のみんなにわかりやすい。愛犬を理解して、彼らが必要としている物をあげるために、修士号や博士号の学位などいらない。人は犬について知るべきすべてのことをわかっているわけじゃないし、これからもわからないかもしれないが、だからと言って途方に暮れる必要はない。犬をさらに理解するために、知識の隙間を埋めて、点と点をつなぐのは重要に違いないが、今でもすでに犬たちに充実した幸せな暮らしを与えるには十分な知識があるはずなのだ。

老犬のための良い暮らしとは何か

私は、生活の質や終末期の判断や「高齢の」犬のためのホスピスなどをめぐる話し合いによく参加する。[9] 私は、「高齢の」犬と「老いて弱っている」犬との違いを観察しているメアリー・ガードナーに賛同している。前者は単にある年齢に達した犬で、後者は健康問題を抱えている犬だ。[10] たくさんの飼い主が、高齢の犬を世話するために格別な努力をしている。私のホームタウン、ボールダーの郵便配達人、ジェフ・クレーマーは、配達コースの家に住むタシという高齢の犬が、家の玄関から郵便受けまで少しでも楽に歩けるように斜めの板を取りつけた。タシは配達に来るジェフに会うのを楽しみにしていたが、玄関から郵便受けへの移動もままならなくなっていたのだ。[11]

数年前、私は明らかに目がまったく見えていないだろう老犬に出会った。その犬はジャックという名前で、地面に鼻をくっつけてバタバタ動きまわり、時々何かにぶつかっていた。ジャックは好きな香りのところに来ると、尻尾を激しく振って昔ながらの楽しい時間を過ごしているようで、私はそれを見て笑った。てっきりジャックと飼い主は長い付き合いだと思ったら、彼と一緒にいる女性と話して、彼女がジャックを引き取ったのは彼が13歳のときで、すっかり目が見えなくなってからだと知った。ジャックはそのとき骨の癌のせいで、余命1～2カ月と言われていた。しかし、私が彼に会ったのはその2年後のことだ。15歳になっていた彼はまだ健在で、とても幸せそうだった。飼い主によると、ジャックは「素晴らしい性格」の持ち主で、いつも満ち足りているように見えて、「ほかの犬や人に礼儀正しい」ということだった。私は今もジャックのことを思い出し、それとともに、ジャックが1～2カ月しかもたないと思っていたにもかかわらず、ジャックを無私の心で引き取った飼い主の女性のことを考える[12]。

次に話すのは、私の個人的な話だ。生活の質か長さかという疑問にスポットを当てる話だ。イヌクは、私が一緒に暮らしていた犬で、私は最初、２０１６年の『サイコロジー・トゥデイ』のサイトに彼の話を掲載した。それ以来ずっと、私は彼の話についての肯定的なフィードバックを、驚くほどたくさん受け取っている。

イヌクはとても丈夫な犬で、定期的に長い距離を走っていた。いかにも山岳地帯に住む犬だったイヌクは、13年余り、健康そのものだった。しかし、胃腸に病気を抱えてから、イヌクは急速に衰えていった。イヌクが通っていたお気に入りの獣医は今も憶えているが、大きなオレンジ色の錠剤を処方して、イヌクはそれを無理やり飲み込まなければならなくなった。その錠剤が効くという保証はなかったが、試してみる価値はあった。控え目に言っても、イヌクはその錠剤を憎んでいた。3〜4日飲んでからは、どんなに優しく言い聞かせても、薬を飲む時間になると彼は逃げだした。自分用の広い屋外コースの隅で縮こまったり、砂利道をできるかぎり遠くまで走っていったりした。誰が見ても、彼が錠剤を飲みたくないという以外の結論を出せそうになかった。もしイヌクが人間なら、そしていろいろな点で彼は人間みたいだったが、とにかく錠剤だけは嫌だという思いだったのだろう。イヌクはちっとも良くなったようには見えなかったし、明らかにお願いだから錠剤はもう嫌だと私に訴えていた。

いったいどうしたらいいのか？　私たちはさまざまな選択肢を考えてから、ある決定を下した（獣医には聞かなかったが、決定したことを後で知らせた）。錠剤は効いていなかったし、イヌクに明らかに余分な感情的苦痛をたくさん与えていた。私たちは、イヌクは生涯最後の数ヶ月をできるだけ1秒1秒楽しんで過ごすべきだという結論に達した。イヌクには大好きなアイスクリームを食べさせた。毎日、彼は1パイントのアイスクリームを食べた。数時間かけて、ずっと尻尾を振りながら、両耳を立てて、明らかにこのごちそうを喜んでいた。驚いたことに、数日たってからイヌクはエネルギーを取り戻し、道路まで歩いていき、通りの先に住む犬友だちと遊び、一緒にじゃれあうことができた。

それで、イヌクの生涯最後の数カ月間の過ごし方に、私が満足しているかって？　私は良かったと思っている。もし彼があの嫌な錠剤を飲んでいたら、何日間か長く生きられたとしても。また、同じことをするだろうか？　私は、きっとするだろう。イヌクの生涯は素晴らしいものだったし、最後の日々を、大きなオレンジ色の錠剤のために苦しまなければならない理由など見つからなかった。これが、私たちが年とった犬のために決めた最良の暮らし方だった。

写真家のジェーン・ソベル・クロンスキーは『無条件の愛─犬は年を取るほど愛情深くなる（Unconditional: Older Dogs, Deeper Love）』の著者で、私とイヌクの経験によく似た話をしてくれた。

私はもう何度も、寿命が近づいている犬の飼い主たちから話を聞いていたし、彼らは絶対に犬たちに最後の瞬間まで一瞬一瞬を充実させてやりたいという強いこだわりを持っている。多くの飼い主たちが心から、イヌクが最後の数カ月を犬らしい喜びと愛を満喫しながら過ごせたことに心から賛同するだろう。私の著書の表紙にいる犬、オリビアは、このの写真を撮ったとき、もうじき13歳で、1年前に癌の診断を受けていた。飼い主でオリビアのママであるアニーは、化学療法［訳注：薬剤により原因に作用して疾病を治療する療法］を選ばないで、最初の数カ月はあらゆる種類のハーブのサプリメントをオリビアに飲ませようとしていた。しかし、オリビアはそれらが大嫌いで飲もうとせず、とても落ち込んでいるように見えた。アニーはそのようなオリビアを見ることが嫌でハーブを全部やめて、オリビアのいつもの食事と生活に戻すことにした。数週間の内に、オリビアはまた幸せそうな犬に戻って、長い散歩をして、池でカエルを狩って、笑ってじゃれあうようになった。アニーは、もしオリビアがサプリメントを摂っていても、寿命はほとんど変わらなかっただろうと思っている。今のオリビアは毎日最高に幸せな暮らしをしていて、これなら彼女の顔に浮かぶ笑顔が消えることはないだろう[13]。

また、別の老犬の話を知人のシーシー・フランクリンから聞いた。

私は、ロッキー山脈ゴールデンレトリバー救済センターから、バディーとデイジーを引き取った。そのとき、デイジーは4カ月、バディーは10歳だった。私たちが引き取ったとき、バディーはかなり体調が悪くて、太りすぎで毛も脂ぎって粗く、誤った投薬をされていた。私は、彼はホスピスのケアを求めてわが家に来たのかと思っていた。つまり、この世を去る前に、ほんの少しの時間でいいから素晴らしい場所で過ごせるように。ところが、愛情をいっぱい受けて、デイジーから嫌がらせ（?）も受け続けて、おいしい物を食べて、適切な投薬をされて、バディーはあっと言う間に、私と一緒に10〜13キロのハイキングができるようになった。その後の4年間、私たちは彼と暮らせて幸せだった。今も彼に会いたくてたまらないが、とにかく彼に出会えたことに感謝している。彼は、私が今まで

お風呂を楽しむ13歳のオジー（写真提供　ジェーン・ソベル・クロンスキー）

出会ったなかでも特に素晴らしい犬の1頭だった[14]！

要するに、年とった犬たちは、素晴らしいのだ。私たちは彼らから学ぶことが、いっぱいある。

プラス思考の教育法——人と犬の関係を管理する

すでに何度も言ったように、私個人は犬をトレーニングするという言い方は好きじゃなくて、「教育する」と言うのが好きだ。「教育する」という言葉が、トレーニング中に実際にやっていることに近いと思う。人と犬の関係で、してもいいこと、してはいけないことを決めて、シグナルのシステムを作りだせれば、人と犬の両方が互いに望むことや必要なことを伝え合えるようになる。犬は私たちのシステムを学ぶが、彼らは常にそのルールに従ったり人の望み通りにしてくれたりするわけではない。人が犬のシステムに熟達するなら、それは犬にとっても私たちにとっても良いことだ。

これはまさに、人間のこどもを育てるのと変わらない。親たちはこどもたちに、家庭での正しい行動の仕方を教えて、それはこどもたちが家を離れるまで続く。親が規則や期待される行動を教えることは、ずっと発展し展開し続けるある種の「話し合い」なのである。

それに、私たちの教え方も教育の一部だ。これはこどもにも確かに当てはまるし、犬との場合もまったく同じ事が言える。私たちはこどもを愛しているので、愛情を持って教える。私たちの教え方が、思いやりがあって礼儀正しいものなら、思いやりと礼儀を教えることができるはずだ。こうして、たとえやりたい放題ができなくても、大切にされているのだと誰もが思えるような環境を作るのだ。

一方、トレーニングは服従を強調し、犬やこどもが従わないときは、罰せられるのが普通だ。交渉はほとんどもしくはまったくなく、もめ事や緊張がつきものだ。これは、犬が意識のある生き物でないから、いつもあらゆる規則に従うべきだという理屈なのだ。

私は、罰や嫌悪、優位や支配によるトレーニング方法よりも、正の強化やごほうびを使った方法を奨励している[15]。

〈ケイナイン・エフェクト〉という組織の設立者、キンバリー・ベックは、私たちが犬同士、また犬と人の間の関係に注意をはらうべきだと主張している[16]。ドッグトレーナーとして彼女は、犬と人のやりとりに関心を持っており、トレーニングをトラブル解決作業と考えている。そこには常に、犬と人の関係の微調整がある。また、人は生活をともにする犬を選ぶが、犬はその選択になんの意見も言えないことに気づくことも不可欠だ。もちろん、深いつながりや明確な相互依存の関係が築かれることがあるのだが。

キンバリーによると、トレーニングはほとんど、さまざまな飼い主による異なる期待と、それぞれの犬が望み必要とすることの間の溝を埋めるためにある。私は彼女の説明の仕方が好きだ。その溝は完全に埋まることはめったにないが、人と犬の両方が受け入れられる許容範囲には達する。キンバリーはまた、リーダーシップは常に流動的であるべきで、それが健全な関係の基本だと強調している。これは、飼い主がリードすることもあれば、犬がリードすることもあるという意味だ。そして、関係のどちらの側にも、「譲れないこと」がある。たとえば、犬はその人の許可なしに人に飛びつくことは許されるべきではないし、飼い主は犬を交通や野生の肉食動物の攻撃から守る義務がある。

もちろん、譲れないことは、さまざまな犬と人の関係によっても異なる。あることをさせるにあたって犬に寛容な飼い主もいれば、その反対の飼い主もいる。いくつかのおおまかな規則はあるが、柔軟性もたっぷりあり、私たちの科学的知識や知性や忍耐も試される。双方の我慢と信頼が鍵だ。そう、忍耐なのだ。矛盾して聞こえるかもしれないが、人が犬に深い関心を持っていることを伝え、支配的な方法ではなくもっとプラス思考なやり方で慎重に犬をコントロールすれば、犬は何が許されて何が許されないかという基準を超えて、与えられた自由をもっと謳歌するものなのである。言い方を変えると、目標は犬を犬じゃなくするために訓練するのではなく、犬に人間の世界での対応の仕方を教えることだ。[17]

共感の溝を埋める――犬は人の思いやりを引き出す

私はよく、ニワトリ、豚、牛、ネズミやラットなどの実験動物に関する動物虐待の状況を議論するとき、同じことを愛犬にもするかどうか尋ねて聴き手の関心を集めることにしている。私がこんなことを聞くと、例外なくみんな驚く。もちろん、みんな、愛犬にそんなことはしない。彼らは、自分の愛犬を無条件に愛している。だからこそ、この質問は効果的だ。研究や娯楽などの状況で使われる動物や食用動物が、犬より知覚や感情で劣るわけではない。それでは、なぜ人は自分の愛犬にするなど夢にも思わないようなことを、こうした動物にはするのだろうか？

このように、犬は人がほかの動物との間に持つ共感の溝を埋める助けをしてくれる。それは、ちょうどジェーン・グドールの愛犬、ラスティーが、彼女のこども時代に共感の溝を埋める助けになったように。

２０１６年８月、『ニューヨーク・タイムズ』でコラムニストのニコラス・クリストフは、「あなたは難民より犬を気にかけるのか？[18]（Do You Care More about a Dog Than a Refugee?）」と題するエッセイを発表した。私は彼のエッセイにドキッとしたものの、うれしく思った。それは、次のようにはじまる。

先週の木曜日、我が家の愛犬、ケイティは12歳で死んだ。彼女は体は大きいが穏やかな性格で、骨を先に取ろうとする小さな仔犬にさえ敬意を表して譲っていた。もしリスが大好物でさえなかったら、ケイティはノーベル平和賞を取れたかもしれない。

僕はケイティの死をSNSで嘆き、たくさんの温かいお悔やみの言葉を受け取り、家族の一員を失った心の痛みを癒された。そして、ケイティが死んだその同じ日に、シリアの苦しみと内戦を終結するための国際的な努力を求める、というコラムを私は発表した。すでに47万人の命が失われたと言われている。ところが、こちらのコラムは、様子の異なる大量のコメントをちょうだいした。多くのコメントには、「どうして〈私たち〉が〈彼ら〉を助けなければならないのか？」というとげとげしい無関心さが混じっていた。

こうした2種類のコメントは、ぼくのツイッターのフィードで入り混じっていた。高齢で亡くなったアメリカの犬への心からの同情と、飢餓や爆撃に瀕しているシリアの何百万人というこどもたちへの冷淡に感じられる反応。私たちアメリカ人が、せめて愛犬のテリアを大事にするようにアレッポのこどもたちを大事にできたらいいのに！

明らかに、クリストフは愛犬の死を使って、別の国、民族、宗教的背景を持つ人たちに対して人間が持ちがちな溝に共感の橋を渡そうとした。この点を強調するために、クリストフはエッセイの最後をちょっとした仮定で締めくくる。

もし、アレッポがゴールデンレトリバーで埋めつくされていたらどうなるだろう。もし、大量の爆弾が頼りない罪のない仔犬たちを傷つけるのを見たら。アメリカ人はそれでもかたくなに、犠牲者たちを「他人扱い」するだろうか？　それでも、「あれはアラブ人の問題だ。アラブ人に解決させよう」と言うだろうか？

もちろん、シリア情勢の解決は難しく、先行きも不透明だ。しかし、ケイティですらその穏やかな知恵で、すべての人の命が大事で、人の命はゴールデンレトリバーの命と同じくらい値打ちがあることにうなずいただろう。

歴史的にも、犬には侵襲的研究の廃止をさせた功績がある（7章参照）。プリンストン大学教授で哲学者、倫理学者のピーター・シンガーによる古典的名著、『動物の解放』には、次にように書かれている。

1973年7月、当時ウィスコンシン選出の下院議員だったレス・アスピンは、目立たない新聞の広告によってアメリカ空軍が毒ガス実験のために200頭のビーグル犬を購入し、吠えないように声帯を縛ることが計画されていると知った。その直後に、アメリカ陸軍も400頭のビーグルを使う企画書を出していることがわかった。目的は同様の実験だった。

アスピンは熱心な反対運動をはじめ、生体解剖を反対する団体からも支援を受けた。告知は全米の主要新聞に掲載された。憤慨した人たちからの手紙が殺到した。下院軍事委員会の副委員長は、委員会がこれほど手紙を受け取ったのは、1952年にトルーマン大統領がマッカーサー元帥を更迭したとき以来はじめてだと語った。アスピンによって発表された国防総省の内部メモによると、「省が受け取った郵便物の量は、単独の事案では最大で、北ベトナムやカンボジアの爆撃に関する手紙より多かった」という。最初は実験を擁護していた国防総省も実験の延期を発表し、やがてビーグルをほかの実験動物（私はこの点を問題視するが）に替える可能性を検討することを発表した。[19]

クリストフのエッセイによって私自身も触発されて、「犬を戦争の犠牲者よりも大事にする――共感の溝を埋める（Valuing Dogs More Than War Victims: Bridging the Empathy Gap）」と題するエッセイを書いた。[20]そして、今度は世界的な進化生物学者のパトリシア・アデア・ゴワティーも刺激を受けて、彼女の愛犬、ロッキーやロッキーと暮らすことで彼女や夫のスティーヴが受けた影響について書いてくれた。

ロッキーがもたらしてくれた共感は、彼と暮らしたこの1年、我が家を導き包んでいた感情でした。ロッキーは私たち夫婦を変えました。スティーヴも私も、以前より落ち着いていて幸せを感じています。ロッキーから離れていると、ふたりとも苦しいのです。私たちは、ロッキーの思慮深さ、親切さ、礼儀正しさ、私たちとの遊び方、私たちの目をじっと見つめる彼に感動のしっぱなしです！　愛犬は飼い主に愛情を与えてくれますが、それはアレッポで身動きが取れない人たちには難しいことです。私たちがアレッポの人々に感じる共感が、愛犬との交流から生まれた親近感と同じになるはずがありません。共感は理屈ではないのです。[21]

犬には人の心を癒す力があるのか

犬と暮らすと気分が安らぐと言う人が多い。すでに話したように、犬も無条件の愛を与えてくれるわけではないが、人は犬と直接的に感情を持ってつながれるので、そこに癒しを感じる人が多い。これは、犬が共感の溝を埋める大きな助けになってくれる理由だ。犬はただ犬らしくしているだけで、多くのものを人に与えてくれて、人の暮らしをより良いものにしてくれる。

それでは、犬に心を癒す力があるというのは真実なのだろうか？　犬やほかの動物が人の生活を本当に前向きに改善してくれるかどうかに関する調査や科学的文献は、実際には一部で言われているほど一貫した効果を示しているわけではない。多少役に立ったと言う人もいれば、そうでないと言う人もいる。それに、マスコミはちょっと見境ないくらいこうした意見に同調して、動物はどん底にいる〈すべての人間〉にとって素晴らしい万能薬だと主張したがる。[22]

これに関する私の意見は、もし犬が人生を前向きに良くしてくれるなら、それは素晴らしいことで、そんな関係を大切にすべきだと思う。しかし、犬と暮らすことが治療になるなんてことを、期待したり望んだりするなと言いたい。犬は薬ではなく、むしろ彼ら自身が愛情や世話を求めている生き物なのだ。私が一緒に暮らした犬たちは常に私にとって、私が生きていること、彼らと一緒に暮らしてこられたことを幸せに感じさせてくれる存在だった。そのお返しとして、私はいつも彼らに素晴らしい生活をさせるために最善を尽くしてきた。

ペットの世話をすると人はこの世界や自分自身に対する自信をもらえることがある。さらに、共感や思いやりを持って感情面でも人の力になるように犬をトレーニングすることもできる。犬がトレーニングによって、人のためにさまざまな実用的な手伝いをすることは言うまでもない。

犬が本当に人の困難な時期を乗り越える助けになるかどうかを議論している研究者もまだいるようだが、もし犬が人を感情面で助け、お返しに人が犬に必要なものを与えて良い暮らしをさせてやれるなら、それは素晴らしいことだ。15年以上、私はボールダー郡刑務所で、ジェーン・グドールの国際的な〈ルーツ&シューツ教育プログラム〉の一環として、動物行動と保護のコースを教えている。私はそこで、どん底にいた若い人たちにとって、犬がいかに唯一の友だったかという話をたくさん聞かされた。犬は彼らを信じてくれて、彼らに一方的な判断をすることがなかったからだ。犬は、あるがままの姿の彼らを受け入れたのだ。

2017年、私はシャンテ・アルバーツという女性と手紙を交換した。彼女が収監されていたデンバー女性刑務所では、〈刑務所K9コンパニオンプログラム〉と呼ばれる犬の訓練プログラムが行われていた。シャンテは手紙のなかで、このプログラムでの自分の仕事を説明してくれた。プログラムは、保健所やパピーミル〔訳注：劣悪な環境の犬の繁殖施設〕から保護された犬を受け入れたり、一般家庭からトレーニングのために連れてこられた犬の世話をしたりする。そして彼女は、犬たちが彼女にとってどんな存在かを教えてくれた。

最初に刑務所に来たとき、私は娘を身ごもっていて2カ月でした。娘を出産してすぐ、私は犬のチームに参加しました。犬たちのまわりにいて、どんなに癒されたことか。私は彼らの「お母さん」になれました……自分の娘に対しては、そんなふうに「お母さん」をできなかったから。このプログラムは犬の命を救うだけではなく、受刑者としての私たちの命も救っています。娘を出産後、私の状態はかなり厳しいものでした。犬たちとのやりとりや犬に集中したことで、私はなんとか地に足をつけて正気を保つことができました。このチームの一員でいるために、私たちは刑務所のほかの人たちよりもより模範的な生活を維持しているのです。

犬のプログラムで働くシャンテやほかのメンバーは、刑務所内で問題行動を起こさず、ほかの受刑者の模範にならなければならない。シャンテは、次のようにも書いた。「週1回、私は犬のハンドラーとして、一般の家族たちと会うことができました。彼らは、私が世話をしている犬を引き取りに来たり、トレーニングを頼むために犬を連れて来たりしました。週1回、私は犯罪者や受刑者として見られるのではなく、犬たちを新しい家族に紹介したり、トレーニングで犬たちがどれほどお行儀よく素直になったかを説明したりする女性として見られたのです。それは、本当にこれ以上ない最高の気分でした」

シャンテの手紙を受け取ったとき、私は感動で言葉を失った。明らかに、犬とともに過ごして犬のトレーニングをして、責任を持って犬に最善の暮らしを提供することが、彼女を大いに助け、彼女に人生の意味を与えたのだ。彼女の母親は、「ペットと仮出所者」というアイデアを基にしたプログラムをはじめる夢を持っているそうだが、そこでは人生の困難や「最悪の状況」を経験しているすべての人を受け入れ対象にしたいそうだ。このプログラムを「犬との関係を通じて癒しを見つける」人たちのためだと考えているのだ。

シャンテのことを思うと、私は自分も取材された『塀のなかの犬たち（Dogs on the Inside）』［訳注：2014年製作のドキュメンタリー映画］という素晴らしい作品を思い出す。この映画も、犬との交流が受刑者のかたくなった心さえ溶かし、彼らの人生に多くの意味をもたらすことをはっきりと伝えていた[23]。この画期的な映画の製作者たちは、以下のように語っている。「本作は、虐待を受けた野良犬と受刑者たちが、より良い人生のセカンド・チャンスを目指して励む関係を追いかけている。自分の自信を取り戻して刑務所の外の新しい人生を目指すために、この受刑者たちはまず、ネグレクトされていた野良犬の集団の扱いや世話を学ばなければならない。この心温まる物語は見る人に、人と犬の時代を超えて変わらない絆を再確認させて、犬が持つ柔軟な信じる力と人が持つ寛大な精神を、刑務所という最もありえないような場所で見せてくれる」。

多忙な人間社会の犬たち——犬を虐待から守る

今まで語ったことを考慮しつつ、私はひとつの厳しい疑問を呈したい。それは、もし人がそれほど犬を愛しているのなら、なぜ社会全体で犬をもっと大切にしないのかという疑問だ。犬は、ほかのすべての動物と同様に、アメリカや世界中の多くの国の法律制度で物や所有物とみなされている。[24] こうした所有物としての法的地位は、ともに暮らす仲間である犬に対する飼い主の感情にまったくそぐわない。そして、共感の溝についての別の疑問が湧く。社会が頻繁に「よその」犬たちを扱っているようなやり方で、人は「自分の」犬を扱えるだろうか?

忘れてならないのは、人間と同様に、犬たちもみんな、現代社会の公害、生態学的問題、環境破壊などに苦しんでいるということだ。犬たちは昔の炭鉱で毒ガス検知に使われたカナリアのようなもので、犬たちの健康は環境汚染物質の破壊的影響への重要な警告だと言う人すらいる。2016年8月に発表された研究は、オス犬の生殖能力の低下を報告した。研究者たちは、成犬の精子と精巣、そして市場で入手できるペットフードで見つかった化学物質は、検知された濃度で精子の機能に有害な影響があったことを実証した。[25] さらに研究が必要だが、犬やほかの動物たちが、人間も分かちあっている地球環境の問題点を指摘してくれていることには驚かされる。

しかし、ここで私がまず問題にしたいのは、防ぐことができる虐待だ。意図的な虐待もあり、犬たちは今も世界中で苦しんでいる。アメリカだけで毎年、約100万頭のペットたちが虐待されていると推定されるが、幸いなことに、ゆっくりだがこうした虐待行為で罰則を科される者が確実に増えている。[26] ほかの動物たちの法的地位や保護に関しては山あり谷ありだろうが、以下で紹介する話が、「正義は犬の味方である」ことの証になってほしいと思う。

オハイオ州ではペットへの虐待は重罪になり、オハイオ州のハンターは2頭の犬を殺したことで、仕事を解雇された。また、2016年7月、フロリダ州オレンジ郡では、動物虐待部隊が設立された。[27] 多くの州で人々が集まり、州法の動物虐待への罪を軽罪から重罪に変えるように活動している。こうした活動は2015年の素晴らしいドキュメンタリー映画『グッチという名の犬（A Dog Named Gucci）』で、感動的に描かれている。映画は、ひどい虐待を受けたグッチという名のチャウチャウとハスキーのミックス犬を救出したダグ・ジェイムズが、粘り強い努力によってアラバマ州で家庭内の動物虐待を重罪にする法律を通過させる過程を描いている。[28] 2017年には、同様の法律への要求がワイオミング、ニューメキシコ、バージニア、ミシシッピー各州で提出された。[29] ミシシッピー州の上院議員、アンジェラ・バークス・ヒルは、人間以外の動物と人間への虐待の間の、強い関連を強調した。そうした関連は、しばしば「リンク（つながり）」とも言われている。[30] また、2017年、アラバマ州は「動物の福祉を考慮する」アメリカで最初の州になり、「裁判官がペットの連帯保護義務を命令すること」を許可した。そして、〈ペットと女性の安全法（Pet and Women Safety Act）〉［訳注：DVから女性やペットの被害者を守る法律］が、アメリカ連邦議会に再提出された。提出した下院議員は、マサチューセッツ州のキャサリン・クラークで、この法律は家庭内暴力の家でペットを守るものである。ニューヨーク市の連邦裁判所は、パピーミルにおける販売の禁止を支持した。[31]

虐待から犬を守ろうとする頼もしい前進が、国際的にも起きている。2016年11月、グレーハウンドのレースがアルゼンチンで禁止された。2016年12月、ロンドン市長は、犬の咬みつき減少に効果がなく、犬の福祉も守られていないとして、〈危険犬種法（Dangerous Dog Act）〉（1991年）の見直しを要求された。[32] 2017年4月以降、メキシコでは闘犬が重罪として罰せられるようになった。[33] それにイギリスでは、環境大臣が今以上の福祉を目指して、生まれて8週間たっていない犬の販売は、パピーファーム［訳注：大規模な仔犬の繁殖施設］を営むもぐりのブリーダー行為を止めさせるために違法にすると発表した。そうした規則を破った場合の罰則は、無制限の罰金や最高6カ月の服役だ。[34] イギリスのウェールズ地方では、2016年に王立動物虐待防止協会（Royal Society for the Prevention of Cruelty to Animals）、RSPCAが、今まで最高の数の動物福祉での有罪判決を実現した。[35] 2017年の2月、台湾で新しい法律が動物の安楽死を禁止した。目的は、無秩序に繁殖する捨て犬や野良犬の数を減らし、この巨大な問題を人々に気づかせることだ。2016年5月、深く長く続いた共感疲労［訳注：他者の苦しみや悲しみに接したとき、感情移入しすぎてしまい、無気力状態に陥ってしまうこと］に苦しんでいた台湾の獣医、ジアン・チチェンは、膨大な数の野犬を殺さなければならないストレスから自殺した。[36] また、当然のことながら、世界中の多くの人が組織的な闘犬ショーにはうんざりしている。2006年以来、イギリスのRSPCAは、イングランド地方とウェールズ地方で、組織的な闘犬ショーについての5000件近い苦情電話を受けたと報告している。[37]

さて、気持ちが落ち込まないように、良いニュースと悪いニュースのバランスをうまくとろう。そして私は良いニュースに注目することの方が好きだ。オハイオ州を例にとる。２０１６年、オハイオ州の議員たちは残虐性と闘鶏を厳しく取り締まることになった。そして、別個にオハイオ州裁判所は、「犬は食卓のイスやテレビではない」という判決を下して、傷ついたペットへの損害賠償は、「単なる市場の価値」以上でなければならないとした[38]。それでも、オハイオ州では、ペットショップでパピーミルからの仔犬の販売を引き続き許可している。これは、オハイオ州に本拠地を置く全米最大の仔犬販売店チェーン、ペットランドからのプレッシャーのせいである[39]。ひどいニュースとしては、２０１６年12月、ミシガン州デトロイトの連邦裁判所は、警官が家に入ったときに動いたり吠えたりする犬を撃ってもいいという許可を与えた。また、カナダの裁判官は、犬を所有物とみなし、「家族の権利はない」という判決を下した[40]。しかし、２０１７年1月、映画『僕のワンダフル・ライフ』のプレミアはスタントを務めた犬が苦しんでいる様子の映像が流れたことによって中止になった[41]。グッチの場合と同様に、一般大衆の意見や関心は、犬の生活を改善させることができる。そして、２０１７年6月にはさらに良いニュースが飛びこんできた。ペンシルベニア州のトム・ウルフ知事が、高いレベルの虐待反対法案に署名をしたのである[42]。同時期に、カナダのバンクーバー市では、市議会がペットショップでの犬、猫、ウサギの販売を禁止した。コネティカット州では虐待された犬たちが弁護士を得て、バーモント州では動物の性的虐待を禁止する新しい法律が通過した[43]。企業も、犬の支援に手を貸すようになってきた。たとえば、２０１７年、ブリュードッグというオハイオ州とイギリスのスコットランド地方にあるビール醸造所は、新しい犬を家に引き取ったとき、従業員に1週間の休日を与えることにした[44]。

戦いは続いている。2017年2月、動物福祉と虐待のデータは、米国農務省のホームページから、未確認の理由によって取り去られた。非難に値する一種の抑圧だ[45]。

ドッグトレーナーに規制はあるのか

アメリカでは、誰でもドッグトレーナーと名乗ることができる。お気づきのように、犬のトレーニングにはまったく規制がない。

ほとんどの虐待事故は、支配に基づくものか嫌悪刺激を使った訓練で起きている。この種の方法は、容赦ない身体的な扱いを犬に使ったり、奨励したりしている。これは犬が身体的に「支配されて」はじめて飼い主を尊敬し、飼い主の言葉を聞くようになるという信念によって正当化されている。もうすでに話したように、この考え方はまったくの誤りで、ひどい見当違いだ。この種の訓練は犬に精神的ショックを与え、ケガや死に至ることすらある。たとえば、2017年1月に、私は1通の心が痛むメールを受け取った。

先生のご支援をいただきたくて、このメールを書いています。私は今、フロリダの議員の方々と共同作業をしています。目指すは、犬のトレーニング技術のための法律の導入で、〈動物の法的援護基金（Animal Legal Defense Fund）〉、ＡＬＤＦ［訳注：動物の権利を守るための法律家の組織］が私と一緒に法案を起草しています。ＡＬＤＦは国内の調査を行って、この種の法律がまだかつてないことを知り、私たちはみな、今こそ作るべきだと思っています。

私の仔犬、サージは、犬のディケア施設に通っていましたが、そこでは支配の理論をベースにした訓練技術が使われていました。彼は、そこで使われた残酷な方法のせいで、たった2時間の内に亡くなりました。

サージは、生後3カ月半で、シーズーとペキニーズのミックス犬でした。体重は3・6キロでした。

サージが「足元に付けという命令」に従わなかったので、ドッグトレーナーはサージをつかむと、右手でサージの口を閉じ、左手で首を抑えました。サージは転げまわり、へたりこみました。ドッグトレーナーは言いました。「これは、ごく普通のことです。彼は仔犬なので、全身のエネルギーを奮いたたせたんです。私が戦いに勝ちましたが、彼は強いので、次はどうなるかわかりませんよ」私は言った。「でも、サージの目はどんよりしているし、舌も突き出ていますよ」といってドッグトレーナーはサージを立たせました。サージは立とうとしましたが、またへたりこみました。

私は最初、近所にあるそのトレーニング施設の獣医にサージを連れていきました。すると、救急診療所に行くように言われました。私が救急医の入り口のドアに入ったとき、サージは私の腕のなかで死んだのです。私には彼の心臓の鼓動がだんだん弱くなっていくのが感じられました。彼はひどく苦しみ、最後の2時間は呼吸することさえままならなかったのです。

サージは2015年5月に死んだ。2017年3月、私が上のメールを受け取って関わるようになって2カ月後、サージが暮らしていた郡ではドッグトレーナーを規制する動きが起こった。[46] 2016年12月、ニューヨーク州オーシャンサイドのドッグトレーニング施設で起きた虐待が法律制定への呼びかけにつながり、州発行のドッグトレーナーのライセンスを創設することになった。ライセンスは、「ドッグトレーニングのプロを自称する個人による野放しの営業を阻止するため」である。[47]

数件の例がある。エリザベス・フベア［訳注：元ドッグトレーナー］は、素晴らしくなおかつよく調べられている2016年のエッセイで「アメリカでは、個人の資質や能力にかかわらず、誰でもドッグトレーナーとして働ける」と述べている。〈アカデミー・フォー・ドッグトレーナー〉というグループは、法的透明性を呼びかけている。[48] フェイスブックの投稿で、彼らはこう書いている。「飼い主たちは、ドッグトレーナーに何を求めるべきだろうか？ もし私たちが尋ねられたら、最も重要なことは、〈透明性〉だと答えます。もしドッグトレーナーが明確な言葉で十分な情報公開をしたがらないなら、それがトレーニングの過程で実際にあなたの愛犬に起こることを示していません。もっとほかのドッグトレーナーを探してください。形容詞ではなく動詞を注意して聞くようにしてください。具体的にどんな状況で、どんな方法が使われるのかという情報を、要求しましょう。あいまいなごまかしでよしとしてはいけません」[49]。

私はこのアドバイスに、完全に同意する。ドッグトレーニングは虐待になりえるもので、絶対そうならないように全力を尽くさなければならない。まだ、多くのことが不十分で、草の根のレベルで人がかかわることが不可欠だ。犬たちは、たくさんの人からの応援や正義を求めている。

不必要な美容整形は虐待か

犬やそのほかの動物たちを、不必要な「美容」整形から守ってやる必要もある。たとえば、断尾、断耳、声帯切除、猫の爪除去手術、ピアス、タトゥーなどだ。犬によっては、アイリフトのためのボトックスや、男らしさを取り戻すための精巣移植手術や鼻の美容整形や腹部の整形手術などまで受けさせられている[50]。私は、美容整形手術や犬種特有のスタイルを保つための手術の必要性をまったく感じないし、犬と人の暮らしを楽にするための手術も同じく理解できない。生まれつきの尾を持っている犬のほうが、飼い主が尾のないスタイルを好むからと断尾している犬より、私にはずっとかっこよく見える。犬たちが自分の尾を失うことがないようにはたらきかけようではないか。必須ではない美容整形手術をほどこす理由のひとつとして、犬をもっと魅力的にして飼い主が犬を捨てないようにするとか、もっと引き取ってもらいやすいようにするということがある。ある獣医は、「ぶら下ったおっぱいや、こぶや腫れものは、見る人を不快にする」と言う。こうした「不完全さ」を直すことが犬のためになることがあるのは理解できるが、飼い主を喜ばせるために、また、飼い主に犬を捨てさせないために美容整形手術をするようでは、この種の人間たちの言いなりになっている。犬たちは、仮に鏡を見て自分たちがわかるとしても、自分たちの目がどんなふうかとか、鼻がでかいかとか、まったく気にしないだろうに。

避妊・去勢手術も、必須ではない手術だ。こうした手術は通常、望まれない繁殖（望まれない仔犬の誕生）を防ぎ、攻撃性や問題行動などを減らすために行われる。繁殖を防ぐ効果だけは確実だが、避妊・去勢手術の話題は複雑だ。この手術が実際に、一部の人たちが主張するように確かな行動の好転につながっているかについては、異なる意見や証拠がある。[51] 1章で引用した女性の愛犬、ヘレンのように、「避妊や去勢手術を受けて」も、あいかわらず荒々しく交尾行動をとる犬の例も聞く。つまり、避妊や去勢手術は、問題行動への万能薬ではないということになる。

肝に銘じておくべきことは、人間は犬やほかの動物たちに、彼らが好む好まざるにかかわらず、何でもできるということだ。犬たちは、人が彼らをもっと魅力的にしようとか生きやすくしようとかしても、あいかわらず人を愛してくれるかもしれない。しかし、人はこうした力関係の不均衡が、やりたい放題する権利ではないことを謙虚に受け止めるべきだ。[52] ペットの美容整形業界にはたくさんの金が流入しているが、人の虚栄心のために金がすべてを左右してはならない。

さまざまな州法が、ペットの必須ではない外科手術を抑制し、米国獣医師会（American Veterinary Medical Association）はこの件に関して役に立つ概要を出していて、最近では2014年12月に更新されている。[53] こうした法律は、通常は医学的な理由のない手術を制限している。もちろん、常に犬を守るためにやることはいくらでもある。前向きな話としては、2016年11月、カナダのブリティッシュコロンビア州では、獣医が断尾と断耳を禁止した。[54]

犬の無駄吠えをやめさせるために、声帯を切除して吠えられなくする手術が行われているが、全米動物愛護同盟（National Animal Interest Alliance）（以下NAIA）は実験動物の使用にも賛成していて、声帯の切除手術を「無駄吠えの緩和」とみなし、行うことを認めている。[55] まだ私たちは、この手術による変化が個々の犬の行動にどんな変化をもたらすかわかっていない。当然、私もほかの多くの人たちも、NAIAの姿勢は問題だと思っている。ドッグトレーナーでライターのアンナ・ジェーン・グロスマンは、この手術の隠れた危険を見事に取りあげている。彼女は、犬の無駄吠えは実際は人間側に問題があり、手術には副作用もあると言っている。たとえば、瘢痕組織の形成（呼吸や飲み込みを困難にする）、慢性的な咳や（感染を起こしやすくなる）、喉の腫れ（熱中症を起こしやすくなる）などを生んでいる。[56] 彼女は次のように書いている。「イギリスおよび18カ国の政府は、ペット動物の保護に関する欧州協定［訳注：1992年に発効］に署名している。この協定は、断耳、断尾、猫の爪除去手術も禁止している。2010年、マサチューセッツ州は声帯除去手術を法的に禁止したが、これはひとりの十代の若者によって提出された法案によって実現した。ニューヨークでも同様の法案が来年通過することを願っている[57]」。

全体的に見て、犬への虐待を取り締まる法律は、ゆっくりと前進している。それに、犬を守る活動をしている組織はたくさんある。多すぎて、ここで書けないくらいだが、たとえば素晴らしい〈サウンド・オブ・サイレンス・キャンペーン〉は、犬たちが実験で使われないように活動を行っている。[58] まだまだ先は長いが、とにかく前進は良いことだ。私たちは、世界中で犬やほかの動物保護のために行動しつづけなければならない。この世界では、人間の利益が動物たちの利益より優先されているのだから。

全体像——私たちにできること

人間は、ほかのすべての動物たちとの関係のために、新しい社会契約を結ぶ必要がある。[59] ほかの動物たちのことは常に謎だろうし、人にはまだわからないことがあると素直に認めて、用心しながら進まなければならない。だが、繰り返し強調したいのは、人間がますます支配を強めている世界で、犬やほかの動物たちに対してもっとすべきことについて、私たちはもうずいぶん前から十分な知識を持っているということだ。私が言っていることは大きなお願いに聞こえるかもしれないが、私は人間がもっと努力すれば、すべての生き物、つまり犬も人間自身も恩恵を受けると思う。

それは、人間の大局的な観点に常に人間以外の動物を含めることを忘れないようにすることだ。そうすれば、人の敬意と思いやりは動物界全体へと広がっていく。私は常々、どれほど犬はこうした共感のギャップの橋渡しのために人間の手助けをしてくれているかに驚かされている。この章を書いている間に、ジャーナリストのアンディ・ニューマンが『ニューヨーク・タイムズ』に書いたエッセイを見つけた。タイトルは「世界は（少なくともブルックリンは）迷子の犬のために足を止める（World, or at least Brooklyn, Stops for Lost Dogs.）」だ。[60] 話は、2歳半のメスのゴールデンドゥードルのベイリーがブルックリンで迷子になったことから始まる。彼女の飼い主のオルネ・ル・パップは、当然のことながら取り乱して、とても多くの見知らぬ人たちがベイリー捜しにかかわった。どうして、その人たちは忙しい生活を中断してベイリーを捜そうとしたのだろうか？ ル・パップの友人のひとりは、次のように語る。「この当時、選挙をめぐってたくさんの混乱が起こっていたの。ベイリーの話は、誰もが共感して同じ側につけるでしょ。迷子の犬が見つかってほしくない人なんていないもの」。

ウィリアム・シェークスピアが書いた戯曲のタイトルのように、『終わりよければすべてよし』で、もちろんベイリーのお話はハッピー・エンドだ。ベイリーは最終的に4キロ近くもやせて、腹ぺこの脱水状態で見つかった。しかし、ベイリーは犬がいかに人の気持ちを連帯させてひとつにするかの完璧な例だ。ベイリーは、政治的分断で人と人の協調がぎくしゃくしていたときに、協調のための触媒的な働きをした。ベイリーの話は、私が1章で話した物語を思い出させる。１９６５年のペンシルベニア州の農場からのペッパーの誘拐が、１９６６年の動物福祉法の通過につながった。私たちの友人である犬たちからの小さな助けで、ほかの動物たちも敬意と思いやりに包んでやることができるのだ。きっと動物たちも、人間が彼らのために全力を尽くしていることをわかってくれるだろう。

当然、まだやるべきことが常にある。[61] 犬（および、ほかの動物たち）のための活動に終わりはない。虐待は正面から押しとどめなければならない。犬たちには、彼らのための代弁者が必要だ。犬たちは完全に人の善意に依存しているので、人に私利私欲を捨てて辛抱強く活動してもらうしかない。私たちがそうしないのは、裏切りだろう。人が彼らの期待を裏切り、放置（ネグレクト）し、あるいは自分勝手に支配し、人がもたらした犬の心の痛みに責任をとらないなら、犬を精神的にも肉体的にもひどく傷つけることは明白である。ペットの心は私たちの心と同様に傷つきやすいので、彼らに対して気をつけて穏やかに接しなければならない。人を信じて疑わない相棒たちへの愛に、親切すぎるとか寛大すぎるとかいうことはありえない。彼らは、本当に純粋な心の持ち主なのだから。

人がペットの信頼を裏切り、その無邪気さを利用するなら、人の行為は倫理的に弁解の余地がない。そんな行為は私たちの人間らしさを奪い、単純にまちがっている。ペットやすべての生き物たちとの変わることのない信頼感をベースにして、深く豊かな相互依存関係への道を切り開けば、きっと人間も純粋な喜びを満喫できるはずだ。

犬たちが人間の支配する忙しすぎる世界で暮らそうとしているのだから、人間側は犬の不安やストレスに気をつかってあげてほしい。犬には安心感を持ってほしいし、愛情は信頼感があってこそ生まれる。彼らは、傷つきやすく感覚がとても鋭い生き物たちだ。もちろん、犬のような動物と暮らせて幸運な飼い主たちがたくさんいて、その犬たちも飼い主たちと暮らせて幸運だ。けれど、忘れてはならないのは、世界の約75％の犬たちが自分の力で生活していて、その日暮らしの境遇にあるということだ。けれど、残念ながらうわべはずっと良い環境で生活している多くの犬たちにとっても、同じようになんとかもう1日生きることだけが関心事になっている。

自力で生活している犬のたちの環境は苦しいが、私は2017年1月にトルコのイスタンブールのショッピング・モールが冬の嵐の間、野良犬たちに場所を開放したと知って感動した。[62] 同じ月、インドネシアの慈善団体が望まれていない犬たちのために新しい家を見つける手助けをした。[63] ピピンはジャカルタのコンクリート製排水溝の底で立ち往生していたが、ジョージア州アトランタで新しい家を見つけた。たとえ小さくてもいい、こんな親切な行為が重要だ。彼らは何頭かの犬を助けただけかもしれないが、その行為が刺激になって、ほかの場所で同じように親切な行為が行われるかもしれない。

私は、ジェーン・グドールの国際的な〈ルーツ＆シューツ教育プログラム〉と活動をともにしているので、若い人たちと交流することがとても多い。[64] 若い人たちに、犬やほかの動物を大切にして、動物たちをあるがままの姿で敬意を表することがいかに重要かを教えれば、きっと未来には希望がある。私は、人道的な教育者のゾーイ・ウェイルの言葉が大好きだ。「世界は私たちが教えたようになる」[65]。

犬たちの現状と未来

人間には、動物に関する従来とは別のもっと賢明で神秘的な概念が必要だろう。人間は、普遍的な自然から離れて複雑な技術によって生活し、文明社会のかぎられた知識で動物たちを見ている。拡大された一部分や歪んだ全体像しか見ていない。動物たちを不完全なものとして、彼らの上に立つ態度をとっている。そして彼らを、人間より遥か下の地位に生まれた悲劇的運命を背負った者たちとして見ている。しかし、人間は過ちを犯している。しかも、大きな過ちを。なぜなら、人間には動物たちを測ることができないからだ。動物たちは、人間の世界よりもっと古い完全な世界で、人間がすでに失ったり獲得できなかったりした優れた感覚を神から与えられて行動しているのだ。彼らは、人間がまったく聞こえない声によって生きている。動物は人間の同類ではなく、下位の存在でもない。動物は、命と時間の網に人間と一緒に捕まったほかの民族なのだ。地球の素晴らしさと苦しみに捕まった囚人仲間なのだ。

ヘンリー・ベストン『ケープコッドの海辺に暮らし——大いなる浜辺における1年間の生活』

このベストンの本からの引用は、私の一番のお気に入りだ。この文章は、ほかの動物たちが何者かを、そして彼らと人間の関係を非常によく言い表している。まず、人間は自分の感覚を通して他者を見る。しかし本書ではっきりと見てきたように、犬たちは人間のような見方でこの世界を見ていない。つまり、人間の見方は、実際、歪んでいるのである。それに、人間は彼らを自分たちのようでないからと、下に見ている。人間が完全で、彼らが不完全だとみなしている。こうした誤った見方が、一部の人たちに想像上の進化のものさしで人間よりほかの動物たちを下位に置かせている。動物たちは、「下位の」存在とみなされていて、それがまん延するとんでもない虐待になる。ベストンが言うように、「人間は過ちを犯している」のだ。人間は、ほかの動物たちを査定するためのテンプレートになるべきではないのに。また、私はベストンがほかの動物たちを「ほかの民族」とする見方が大好きだ。なぜならこうした呼び方は、人にとって望ましい姿ではなく、彼らにとっての望ましい姿「本来の姿」を認めているからだ。犬やほかの動物たちは、「地球の苦しみ」に捕まっていて、人が彼らに望むどんなものにでもならなければいけない。今まで見てきたように、人間が支配する世界に適応しようとするとき、動物たちの生活はかなりストレスが多くなっている。

犬たちが捕まっているこの世界の一面として、まず人の忙しさがある。いったい人間はどこまで忙しく、どこまでストレスを持つようになるのか、私は不思議でならない。これ以上要求が多い世界になったら、犬たちはどうやって私たちの暮らしに適応していくのだろうか？　どうやって私たちは、ともに暮らそうと決めた飼い犬を優先するのだろうか？　犬のそばで仕事をしている多くの人たちが、犬たちが多様な状況でどれほどストレスを感じているかを気にかけている。キンバリー・ベックは、犬との関係で、人は寛大さを心がけなければならないと言う。彼女は、犬が人を愛するから人は犬を愛するだけなのかと疑問にも感じている。この質問は、カクテル・パーティーから象牙の塔と呼ばれるような学問や芸術の閉鎖的な世界まで、あらゆる場での話し合いの扉を開く。

ここまでで読者のみなさんに、犬たちがどれほど魅力的か、そして、どうして犬は犬らしくいさせてあげるべきか、なんとか説明できたと思う。もちろん、犬たちが人間の世界で暮らすために、何が良くて何がだめかを彼らに必ず教えてあげる必要がある。けれど、くれぐれも犬は犬らしくさせてあげてほしい。私たちは、犬たちと一緒に暮らすことによって、敬う心、誇り、献身、愛をたくさん学べる。また犬たちは、暴力的な社会が自然の社会ではないということも、私たちに見せてくれる。

犬の置かれている状況は、ゆっくりだが良くなっている。犬も人間と同じように、平和と安全のなかで暮らしたがっている。だから、自由に動物行動学者になって、ペンとメモを片手に、ビデオカメラを用意して、もしできるなら、動物観察をお出かけや家族行事にしてみよう。そして、あなたの愛犬にあなたが心から大事に思っていることを伝えよう。そんな共感や思いやりの気持ちは、ほかの犬、動物、ほかの人たちにも広がっていくことだろう。

人間は生まれつき、動物を含む自然に対して親近感を持っているとよく言われる。この感情は、バイオフィリア仮説と呼ばれる。[66] 人の遺伝子にあるものをうまく利用して共感の溝を埋め、倫理的に正しいことを求めていこう。きっと、こどもたちや未来の世代のための素晴らしい見本になるだろう。犬や動物のことを学べば学ぶほど、彼らの良き伴侶であるべき私たちが行うべきことについてもより多くがわかってくる。しかし、何度も指摘した通り、もうすでに人は動物たちのために行動を始めるのに必要な知識を十分持っているのだ。

人が犬などの動物たちに最高の生活を与えれば、それはすべての動物たちのための自由や正義へと広がっていく。そして、私たち人間自身にも広がる。壮大な話ではないか？　もっと信頼、共感、思いやり、自由、正義を求めることが、この素晴らしい惑星を受け継ぐすべての生き物と未来の世代のために人間ができる最善の行動だろうということに反対する人はいるだろうか。私はそのようなことをする人はまったく知らない。

私はよく思うことがある。犬たちは、犬という素晴らしい生き物への愛着、愛情を分かちあうすべての年齢、文化の人たちをひとつにして、人と人との間にある共感の溝を埋めて傷ついた世界を癒す力になるのではないだろうか。

人間は、犬と一緒に生きられてとても幸せだ。だから、すべての犬が人間と一緒に生きられて幸せになる日が来るように、努力を続けていこう。そうすればいつか、世界はきっと今よりずっと住みやすい場所になるだろう。

揺るぎないご支援とご支持をあらゆる面でいただいたクリスティー・ヘンリーには改めて心から感謝を伝えたい。彼女は完璧な編集者だ。ジェシカ・ピアスも、何かあるたびに私の話し相手になって、本書の初稿に素晴らしい意見をくれた。同じように、犬の研究家のマーク・ダーは「犬」のことなら、いつでもなんでも私の話し相手になってくれた。ミランダ・マーティンは、本書の写真を整理するのを手伝い、原稿執筆中に私がした大量の質問に親切に答えてくれた。イボンヌ・ジプターは見事な編集作業をしてくれた。これまで私が１０００以上のエッセイを主として犬に関して書いた『サイコロジー・トゥデイ』の担当編集者のリビー・マーは、動物の行動、認知、感情に関する最新で最高の科学を幅広い読者に伝えたいという私の試みを常に支援してくれた。

カール・サフィーナは、愛犬のチュラとジュードがロングアイランドのビーチで走りまわる写真を、快く提供してくれた。シャンテ・アルバーツには、最も困難な時代に犬たちがどれほど彼女を助けたかという貴重な話を聞かせてくれたことに感謝したい。ドッグトレーナーでジャーナリストのトレイシー・クルーリックは、幾度もの大変充実した話し合いを通じて力になってくれた。同様に、〈ケイナイン・エフェクト〉の設立者のキンバリー・ベックも、仕事としての義務の範囲を遥かに超えた協力をしてくれたことに、心より感謝したい。ジェフ・キャンベルは、私が文に磨きをかける過程で、計り知れないほど大きな力になってくれた。エリス・ガッティは私がよく知らなかった人と犬の関係について非常に多くの情報源を提供し、特に8章では多くの参考になる意見をくれた。リッチー・パターソンと愛犬モーリーは、何度となく私をドッグパークに誘ってくれて、私たちは犬と犬、人と人の行動に関してたくさんの話し合いをした。

アダム・ミクロシ、ブライアン・ヘア、ルイージ・ボアターニ、ジョン・ブラッドショー、セルジオ・ペリスたちは、犬の研究への彼らの意見を快く提供してくれた。パトリック・ジャクソン、メリッサ・ハウス、リタ・アンダーソン、キャロライン・ウォルシュ、アネク・リスバーグ、サイモン・ガドボワからは、私の原稿のさまざまな部分について、フィードバックをもらった。また本書の準備中、ふたりの匿名のレビューアーからは、多くの参考になる提案をいただいた。

そして、何十年もの間、私の研究を助けてくれた素晴らしい人たちに、心からの感謝を表したい。何年にもわたり、幅広い質問をくれて個人的な話を共有してくれたドッグパークの訪問者たち、質問や愛犬の話をメールしてくれた人たち。もちろん、私が実際にはわかっていなかったのに何でもわかっていると思い込んだとき、私を初心に立ち戻らせてくれた犬たちにも感謝する。犬と人の助けなしには、この本はけっして実現しなかっただろう。

メルルはドッグパークに着くと、飼い主がゲートを開けるのを待ち切れない様子だ。ゲートを大股で通り抜けると、一目散に岩まで行って、我こそは「犬の王様」だとでも言うように、右足を高く上げてオシッコをじゃんじゃんかけ、必死で地面を引っかく。それからドッグパークを囲むフェンスまで歩いていって、左足を上げてオシッコをかけ、周囲に誰かいないか、あるいは誰か自分のすることを見ていなかったかを確かめるために周囲を見回す。これがメルルのお決まりの行動である。私はこれまでにそれを幾度となく見てきた。2度目にオシッコをするときにもし友だちのアントニオを見つけたら、メルルは彼のところにすっとんで行って、すばやく数回遊び《プレイ》のお辞儀《バウ》をする。2頭はレスリングをして気ままにお互いを軽く咬み、そこらじゅう追いかけあい、ほかの犬もそれを追いかけて人間たちまで倒しそうになる。彼らは飼い主が止めるまで遊び続ける。だが、もしアントニオがいなくてほかの犬たちが彼を見ているのに気づくと、メルルはオシッコをして地面をまた引っかき、みんなに彼のしたことを必ず見せる。そして、もし別の犬がやって来てメルルのオシッコを嗅ぎその上にオシッコをすると、小競り合いになる。私は一度、メルルと別の犬がオシッコを5回もすばやくやり合ったのを見たことがある。

このメルルの遊びやオシッコの記述は、3章冒頭のジェスロとジークの観察記録と同じようにフィールドノートの優秀な例だ。実際、ドッグパークで人々は、このふたつの行動を眺め意見を言いあって長い時間を過ごす。ドッグパークで私は通常、遊び、オシッコ、地面を引っかくこと、犬がほかの犬を観察すること、などの行動に焦点を当てる。なぜならこれらの行動は、個々の個体ごとに観察でき、犬たちが互いに接触している間ずっと見られる行動であり、そしてそれぞれの行動が明確で記録しやすいため、優れた教材になるからだ。生徒たちに動物行動学者になるためのトレーニングをするとき、私はこうした標準的な犬たちのやりとりの場面を使い、生徒たちはだんだん良い観察者になっていく。犬が何をしようとしているか、動作がどんな意味を持つかなどで意見が一致すると、誰もがうれしい。また、たまに意見が食い違うこともあるが、それもまた学びにつながる。物事の見方は人によって異なるものであり、こうした相違点の分析も重要だ。

ドッグパークでのこうした動物行動学のミニレッスンを、みんな喜んで聞いてくれる。ジャックという男性に、彼の3頭の愛犬、ヘンリー、マックス、バイオレットを観察するのをコーチしたことがある。彼は、市民動物行動学者になるためのトレーニングに私がわざわざ時間を割いてくれたと喜んでくれて、そのおかげでジャックは、彼が好きなときにいつでも、彼の3頭の犬たちのうちの1頭に「なりきる」ことができるようになった。ジャックは、彼の犬たちにより親密になれたように感じたと言って、ドッグパークでほかの飼い主たちに動物行動学者になるためのトレーニングをするようになった。私はこの成果はすべての人にとって有意義なことだと思う。犬も飼い主も、犬の行動に関するこんなミニレッスンから常に得るものがあるのだ。

犬は動物行動学者にとって夢のような存在だ。注意深く犬を観察すると学べることが無限にある。どうして犬はこんな行動をするのだろうという疑問が次々に生まれてくる。そして、犬を理解するのに、注意深い観察と記録に代わるものはない。動物行動学者にとって、犬をあらゆる設定や状況での観察することが、実験、モデル、理論を作り出すために重要だ。そしてみなさんにとっては、自分の犬を丁寧に観察することが、私たちが犬の仲間として彼らの生活の質を向上させ、多くの犬が毎日耐えているストレスを軽減する最善の道となる。

この章は、動物行動学者のように観察する方法を学びたい人たちのためのものだ。まず、犬であるとはどういうことかを理解することから始めるのが良いだろう。つまり、犬の身になるのだ。これには想像力の飛躍と犬の視点の習得が必要である。犬やほかの動物を観察するとき、まずは彼らの視点に立ち、彼らの行動を正確に見て、理解しようとしなければならない。そうすれば、私たちは観察する側の者から観察される側になる。[1] 犬の体の動きにはストーリー性を持った一連の流れがあり、大きな流れの中にまた微小な動きや小さな流れがある。犬が何を考え感じているかを理解するためには、彼らの行動の細かな部分にまで注意をはらわなければならない。すべての細部が重要な意味を持つのだ。

私はドッグパークで市民科学者に会って刺激を与えるのが大好きだ。一緒に観察して、犬についての、ほかの人たちの思いを聞くのが大好きだ。一般的に科学は、そして特に犬の動物行動学は、市民科学者の努力を通じてのみ、向上して成長していくと私は強く感じている。

動物行動学とは何か

簡単に言うと、動物行動学者は動物を観察して、さまざまな行動パターンの進化的、生態学的意味を問いかける。最も基礎的な言葉で言うとしたら、動物行動学とは、誰が何を誰に何回、いつどこでしたかを詳細に調べることだ。動物の行動に関心を持っている心理学者も多いが、彼らは行動について、動物行動学者ほど進化的、生態学的な広い視点を採用しないのが普通だ。

また、動物行動学者は通常、飼育されている動物よりも自由に行動している動物に焦点を当てる。一部の犬たちは自由な生活をしていて、彼らを観察して、どこへ行くか、誰と行くか、どんな目的かなど、人間が犬の選択に干渉しないときの様子を見て、いろいろなことを学ぶのだ。私たちは、ほかの野生動物を調査するように野犬を調査することができる。しかし、人の仲間になっている犬たちを、さまざまな状況や文脈で調査することもできる。一般的にこうした研究分野は、犬の行動生態学と呼ばれている。というのも、いろいろな生態的ニッチにおいて彼らを観察し研究ができるからだ。たとえば、自由に走れる道、ドッグパーク、家庭、リードの有無など。また、ほかの犬と一緒、犬と人の両方と一緒、見知らぬ人と一緒、飼い主の家族と一緒など、さまざまなやりとりの様子を観察できる。そして、飼い犬を研究する大きなメリットは、観察する犬たちを個体識別でき、彼らがほかの個体識別可能な犬とやりとりするところを観察でき、そして長い時間観察を続けることができる点だ。動物行動学の分野でほかの動物を研究するとき、個々の個体を確実に識別したり、時間をかけて観察することは、常に可能なわけではない。

　理解すべきなのは、行動とは個体が「する」ことだけではなく、個体が「持つ」何かでもあり、測定できる行為でもあるということである。長期間にわたって（また、世代を越えて）持続している行動のパターンは、進化的適応とみなされる。たとえば、遊びのお辞儀《プレイバウ》は、「遊びの気分」を開始して持続させるために有効なので、適応的である。この動作は、何世代にもわたって表現され、新しい各世代が使い続けている。プレイバウは、一部の犬たちによって限定的に行われているわけではない。すべての犬たちが（ユニークな発声で知られているニューギニアン・シンギング・ドッグという野生の犬たちの種類を除いて）、特定の意図を伝える優れた手段としてお辞儀を使っている。[2]思い出してみよう。プレイバウが、その後に続く動作の意味を変えることを。ほかの状況では攻撃や交尾と思われるような動作が、プレイバウの後に続くと、単なる遊びになるのだ。

　このように動物行動を個体が所有するシステムと考えて研究することによって、動物行動学者のコンラート・ローレンツは、いかに進化が広範囲の行動パターンに影響を与えうるかを示した。そこには、遊びも含まれるし、ほかにも威嚇や順位を伝えるためのシグナル行動も含まれる。ローレンツは『人イヌにあう』の著者で動物行動学の父と呼ばれた。彼は、子ガモやガンのヒナに彼を親であると刷り込みをして、草むらを散歩する彼の後を追わせたことで有名になった。

1973年にコンラート・ローレンツが、好奇心旺盛な動物学者として知られるニコラース・ティンバーゲン、ミツバチのダンス言語の研究をしたカール・フォン・フリッシュの2名とともに、ノーベル生理学・医学賞を受賞したことで、動物行動学の広範囲にわたる研究の重要性が脚光を浴びることになった。[3] 自分たちの研究こそが「真の研究」であると思っていた多くの科学者たちは、神聖な賞が動物の観察だけで給料をもらっている3人組に行ったことにかなりイライラしただろう。だが、独創的な野外実験を考案して動物の行動を調査する（そしてそれを楽しむ）ことが真の研究ではないというのだろうか？ これほど真実から遠い批判はないだろう。3人の科学者は、熱心に動物を観察し、斬新で時には驚くほどシンプルな実験を考案し、行動の進化に関する有用で確固たる理論を示した。動物行動学と動物の博物学についての研究に関する書籍に、詩人のホフマン・ヘイズが著した、とても読みやすい本がある。『鳥、獣、人（Birds, Beasts, and Men）』である。[4] 上の3人の科学者たちや動物行動学の歴史、動物行動学者の仕事についてもっと知りたい人たちに、私はこの本を折あるごとに薦めている。

ティンバーゲンの「4つの問い」

私を含めて多くの動物行動学者は、ニーコラス・ティンバーゲンが掲げた動物行動学が扱うべき「4つの問い」［訳注：動物の行動の理由を説明する4つの観点］についての総合的見解に従っている。

進化　なぜある行動が進化したのか？［訳注：「進化的起源」あるいは「系統発生」に関する問いとも言われ、共通の進化的起源を持つ近縁種の行動との関係や、祖先のどのような行動から進化してきたのか、その進化の道筋を扱う。］

適応　ある特定の行動が、どのように個体に直近の状況への適切な対応を可能にするのか？　またその行動は、どのように個体の繁殖成功度を増加させるのか？［訳注：「機能」に関する問いとも言われ、その行動が、どんなふうにその行動をした個体にとってどんな役にたっているかを適応度の観点から研究する。］

直接原因　外的原因と内的原因がある。外的原因は、あなたに車のブレーキを踏ませる赤信号のようなもので、内的要因はあなたを驚かせるホルモンや神経の反応のようなもの

個体発生　個体の相違の発達と発生、学習の役割[5]

ティンバーゲンが示した動物行動の研究方法についての見解は、広く受け入れられることになった。その後、テネシー大学の心理学者、ゴードン・バーグハルトは、ティンバーゲンの枠組みに個体のパーソナルな体験［訳注：ある種の主観的体験］に関する問いを加えた。[6]　バーグハルトはドナルド・

グリフィンと共同研究をした。グリフィンは世界的に有名な生物学者で、1970年代半ば、動物の意識の進化にもっと注目する必要があると提言して同業者たちにショックを与えた。[7] 個体のパーソナルな体験に関する問いは、ティンバーゲンの「4つの問い」への重要な追加となった。それは、動物が感情的あるいは個としてのパーソナルな生活を持っていて、意識があり感じることができる存在であることを強調するものだった。

私は自分の研究で、比較的、進化的、生態学的なアプローチを使い、さまざまな種における類似点や相違点を探求している。なぜ特定の行動パターンが進化して、なぜそれらのパターンがある種のレパートリーとして維持されたか（選択されたか）、あるいは消滅したのか。私は、行動が生態学的に異なる場でどのように変化するかを観察している。もちろん、1~2回の調査でこれらすべてをできるわけがなく、研究者は成果を交換して話し合うのが重要だ。積極的にそうする研究者もいればそれほどでもない研究者もいるとはいえ、犬に関する研究もこうした協調によって恩恵を受けてきた。

相関関係≠因果関係

行動の分析についてもう一点注意すべきことがある。それは、相関関係が因果関係を意味しないということだ。異なる出来事が同時に（あるいは、ほぼ同時に）起こったとしても、必ずしも因果関係があるとはかぎらない。もし、パトカーが自宅のそばを疾走する間に私がグラスの赤ワインを自分にこぼしたとする。これらの出来事は時間的には相関関係にあるが、もっともらしい因果関係の説明はできない。同じように、もし毎朝、早朝に隣人がコーヒーを1杯注ぐたびにあなたの愛犬が起きて（あなたを起こしても）、ふたつの出来事に因果関係があると主張することは難しいだろう。しかし、それほど明らかではないけれども、人はこの種の誤りをいつも犯している。たとえば、犬をトレーニングしているとき、人は犬の間違った行動にうっかりごほうびをあげて偶然に関連性を作ってしまう。犬は、これに因果関係があると判断してしまうのだ。これでは、問題解決にならない。だから私は、時間をかけた観察することの重要性をいつも強調するのだ。

犬の身になって動物行動学を実践

動物行動学者として、つまり、進化や生態、近縁なあるいはもう少し遠い関係の他種との比較に焦点を当てて動物行動を研究する生物学者として、私は犬がすることならすべてより深く知りたいし、なぜそうするかも知りたいと思っている。また、私はある種と別の種を比べることにも関心があり、異種間の比較をしてなぜ類似点と相違点があるのかも理解したいと思っている。

強調しておきたいのは、動物行動学者になることであなたは「犬の身になる」ことができ、少なくとも犬であるとはどんなことかをかなり理解できるということだ。哲学をたしなんでいる読者は、私が現象学のことを書いていることがわかるだろう。現象学は、直接経験を重視する学問分野だ。だからある意味、現象学的動物行動学と呼ぶ人もいる分野を私は支持している。

さて、ここからは、基本的な動物行動学の段階を追った入門編だ。

社会的やりとりのパターン

本書全体を通して私は犬の社会的やりとりを左の表のように、犬から犬（左の表の1）、犬から人（2）、人から犬（3）、そして人から人（4）への4つに分けて検討している。

犬やほかの動物たちを観察していると、さまざまな種類のやりとりがあっと言う間に混ざってしまい、わかりにくくなることが多いと気づくはずだ。誰が接触をはじめて、誰が終えたのかを見つけるのが困難な場合もあり、犬が3頭以上の場合や犬と人の場合は、すぐに悪夢のような状況になり得る。それでも、この単純なマトリクスを使ってさまざまなタイプのやりとりを読み解くことから、多くのことが学べるのだ。

開始者	受け手	
	犬	人
犬	1	2
人	3	4

動物行動学者になるための第一歩として、あなた自身の表をいくつか作成して、いろんな種類のやりとりを観察して数値を入れてみよう。あなたの愛犬の性格がよくわかる単純だが楽しい作業だ。たとえば、彼女は、あるいは彼は、リーダーかフォロワーか、遊び好きかどちらかと言うと一匹オオカミか？　どんなタイプのやりとりの開始者になることが多いか、どんなタイプの出会いを特に好むか、あるいは避けようとするか。また、好き嫌いがあるか、気分がいい日や悪い日があるのか、さまざまな社会的・環境的文脈において親しいあるいはあまり親しくない犬や人といるときにどのように行動が変化していくか。学べる事象のリストは、あなたの関心次第でどこまでも長くなる。だからこそ、犬の観察はワクワクするのだ。

行動を測る

動物行動学者になると、観察方法によって集めるデータの種類が異なることがわかる。行動を観察して分析するとき、動物行動学者は客観的な基準を使うように努力する。その測り方には、下のようなものがある。

生起回数——単純に、行動が行われる回数のこと。
頻度（生起回数／時間）——生起回数を改良したもので、時間の長さを考慮に入れて評価している。犬がある行動をある時間内にどのくらい頻繁に行うのかということ。

強度——個体を観察しているとき、行動の強度あるいは行動への熱中度を測るのは難しく、研究者によっては、ディストラクション・インデックス（注意散漫指数）と呼ばれるものを使う。動物をじっとさせておくのはなんと難しいことだろう。犬が鼻を地面につけて歩きまわっているとき、彼の注意をこちらに引くのはほぼ不可能だ。行動の強度は、観察者による主観的な測定だが、個体の注意を引きつけるのに必要とされる匂いの強さ、音の大きさ、注意を引きつけるまでにかかる時間の長さによって測れば、いくらか客観的にすることが可能だ。

サンプリング・テクニック

動物行動学の調査のもうひとつの問題は、動物をどのように観察するか決めることだ。研究者はこれを、サンプリング技術と呼ぶ。以下に、ジーン・アルトマンによる概要を少しだけ掲載した。彼女は、人間以外の霊長類の行動に関する独創性に富んだ研究を行ったことで知られている。[8]

アドリブサンプリング：観察できることをすべて記録する。動物たちを撮影している場合、この方法は比較的やりやすい。進行中の行動をテープ・レコーダーかスマートフォンで記録しているときにも可能だ。もちろん、ある個体が見えないところに行ったら、何をしたか何をされたか、ほとんどわからないが。

フォーカルアニマルサンプリング：特定の時間内に、集団の1頭のメンバーがすることとされることとすべてを観察して記録する。それから、順繰りに（無作為に）集団のメンバー全員で焦点を当てる対象を回す。サンプリングは無作為であるべきで、そうすれば全個体が1日の異なる時間に観察される（あるいは、観察時間枠内の別の時に観察される）ことになる。この方法を機能させるためには、個体識別が必要である。

1－0サンプリング：この方法は、1頭の個体を選んで、ある一定の時間間隔を設定し、彼が何をやっているか、されているかのみを記録するものである。詳細なデータを得ることができない、かなり大ざっぱな方法だ。しかし、特に複数の個体の追跡や特定が難しい場合はこれが唯一の方法となる。

方法を選ぶ：最高に素晴らしい環境が整っていて、ほかの集団のメンバーがすることをすべて記録すると同時に、ある個体のすることをすべて記録できたら良いだろう。しかし、これは難しいことが多いので、できることをやり、最善を尽くすしかない。まず、使えるサンプリングの方法の限界を知ることだ。もし、犬を常に観察できないなら、あるいは個体をきちんと識別できないなら、得られる知識にも限界がある。しかし、それもまたいい。むしろ自分にできることをやって、自分の限界が何かをわかることにも意味がある。

もちろん、短期の観察による結果は、長期間にわたる観察で得られる結果とは大きく異なるかもしれない。だから「どこで観察をやめればいいの？」というのは良い質問である。一定の期間がたっても、新しいパターンや観察がされない場合、重要なことの大部分はすでに観察されている可能性が高い。もちろん、多くの動物が年に1回だけ繁殖期を迎えるので、もしこれを見逃していたら、とても重要な出来事を見逃していたことになるだろう！　約3年間犬を調査して、私は行動記録一覧に追加できる新しい行動パターンを見つけられなくなった。だが、野生のコヨーテを8年間研究したときは、驚くほど抜け目なくて適応性のあるこのイヌ科動物について、最後の最後になっても、私たちはまだ新しい行動パターンを発見していた。

エソグラムの作成

すでに言っているように、犬やほかの動物の気持ちになるための一番簡単な方法は、彼らの観察に時間を使うことだ。好きなように走って探検することが許されているドッグパークや道を、彼らが自由に走りまわるのを観察するだけで、驚くほど勉強になる。しかし、犬たちがリードで飼い主につながれて歩いているところを観察しても、それはそれでデータになる。犬と一緒の飼い主たちを観察するのも、同じくらい大切だ。こうした観察の成果は、エソグラムと呼ばれる行動パターンのリストになるだろう。このリストは、なぜその行動をしたかという解釈や説明は抜きに、犬や飼い主の行動だけを記述する表である。動作は、身体的特性によって描写される。たとえば、姿勢、身ぶり手ぶり、表情、足取りといった「彼らがどのように見えるか」だ。また、行動が向けられた環境中の対象や行動によって達成されたゴールや何らかの結果のような、行動の結末によっても描写される。

私が動物行動学の講座を担当したとき、生徒たちは全員、調査フィールドで何らかの研究プロジェクトをしなければならなかった。多くの生徒がコロラド州ボールダーで一緒に暮らしている犬か、その地に住むよく知らない犬たちを観察することになった。彼らが最初にしたことは、15~20時間、ひたすら犬と飼い主を観察することだった。彼らはメモをとったり、ただいろいろな社会的やりとりを観察して、多様な行動パターンや現実に起きているやりとりに親しむようにした。キャンパスのリスや小鳥たちの観察を選んだ生徒もいて、彼らも同じように時間をかけて動物の観察をして、対象の動物たちが何者で何をするのかを把握した。その後、生徒たちはエソグラムを作成して、異なる行動と社会的出会いが含まれた良いサンプル作りができているか確認するために、お互いのメモを比較した。

直接観察で集めた情報は、動物を撮影すれば補足されるが、最初の観察はあくまで目、耳、鼻を通して行われる。現代では、テープ・レコーダー、携帯電話、コンピューターなどの新しい手段を使ってデータを記録でき、道具は日進月歩で発達している。生徒たちが私によく言ったのは、すでによくわかっていると思い込んでいた親しい犬の観察で、こんなに多くのことを学ぶなんて、ということだった。私は彼らに、一緒に暮らしている犬たちやよその犬でも、一歩離れて観察してみるといつも驚かされるのは私もまったく同じだと答えた。動物行動学のトレーニングを受けたので、私は動物行動学者がみんな、興味のある動物たちを「ただ観察する」ために長い時間を費やすことを知っている。そこに隠された意図はなく、動物がすることを学び、動物が多様な社会的状況および社会とは無関係な状況と折り合いをつける方法の感じをつかむことが目的だ。もうおわかりのように、私は動物の行動を学ぶためには、動物行動学的なアプローチが何より素晴らしいと信じている。

エソグラム、つまり動物の行動リストを作成することは、行動研究の最も重要な部分だ。それは私にとって、動物がどのように行動するかを学ぶなかで、本当に楽しく素晴らしいと思う部分だ。数えきれないほどエソグラムはあるが、私がよく使うふたつは、動物行動学者のロジャー・アブランテスによる『犬の言語（Dog Language）』と、同じく動物行動学者のマイケル・W・フォックスによる『オオカミ、犬、イヌ科イヌ属の動物たちの行動（Behaviour of Wolves, Dogs, and Related Canids）』だ。バーバラ・ハンデルマンの『イヌの行動――フォト・ハンドブック（Canine Behavior: AI Photo Illustrated Handbook）』も、オンラインのブログ「犬への話し方を学ぶ・パート4――犬の体を読み解く[9]（Learning to Speak Dog Part 4 : Reading a Dog's Body）」と同じく、豊富な画像があり、素晴らしい情報源だ。犬を観察する人たちが記録する行動パターンには、犬のほかの犬への接近（速さ、方向）、体のさまざまな部位を咬む、咬む激しさ（抑制してそっと、あるいは激しく頭を振ったり、振らなかったり）、転がる、見下ろす、あごを休める、遊びに誘う、ひとり遊び、オシッコをすることとその際に使われた姿勢、ウンチ、唸る、吠える、クンクン鳴く、近づいて遠ざかる、体のさまざまな部位に前足をふれる、耳の位置、尻尾の位置、歩き方、などがある。何年も観察してわかったのは、ほとんどの犬の行動は、だいたい50くらいの行動パターンを用いれば記述できるということであった。

細かく分ける研究者と大きくまとめる研究者

何に焦点を当てるかによって、データへの取り組み方や整理の仕方が2種類に分かれる。細かく分けるか大きくまとめるかだ。細かく分ける研究者は、行動の細かい分析を好み、大きくまとめる研究者は、遊び、攻撃、交尾などといった広いカテゴリーに興味がある。私はいつも細かく分ける。というのも、もし大きくまとめるのが最善の策だとしても、それなら、後でまとめることが可能だからだ。だが、最初に大きくまとめてしまうと、後で細かく分けるのは不可能だ。いずれにせよ、犬のエソグラムを作成する人たちの多くが同意するような、どんな犬にも共通する基本的な行動パターンというのはある。

まとめると、エソグラムを作成する基本的なステップは次にようになる。動物をビデオではなく、直接観察する。異なる各行動をリストアップする。自分のリストをほかの人のリストを比較する。もっと観察して、さらに行動を書き留める。各行動の体系をつかみ、観察を簡単に「記録」できるようになる。行動を2〜3個まとめるよりも分ける。たとえば、「咬む」と書くよりも、その行動はどこの部位で起こったかを区別する。顔を咬んだのか、耳なのか、首なのか、体なのかなど。また、行動の強度も示す。集中して（激しく）腰を叩いたのか、穏やかに腰を叩いたのか。後で、すべての咬む動作をひとつのグループにまとめることは可能だが、最初に記録しておかないと、微妙な相違が失われるかもしれない。最後に、生データから行動のフローチャート（流れ図）やマトリクス（行列）を作成する。

動物行動学は犬のためになるのか？

この本の最後を、私がよく聞かれる質問を検討して、締めくくりたいと思う。「ところで、その動物行動学とかいう学問は、私や私の犬のためになる何かいいことがあるの？」そのあとは、こんなふうに続く。「先生たちはみんな、浮世離れした研究室から外に出なきゃ」。もちろん、それこそ私が信じていることだ。実験室や問題の起こった場所にいる犬たちを見るだけの研究者やドッグトレーナーが多すぎる。彼らには、犬が普段散歩させられている場所や自由に走りまわっているところに行ってみてほしい。現実の世界の犬を観察してほしい。

みんな、犬の行動に関する研究から、何か具体的なものが出てこないか知りたがっている。たとえば、犬を引き取りたい多くの人たちが、個々の犬の性格を理解するために使われるアセスメント・テストの有効性に興味がある。信頼性についての議論があるが、私はこのテストはかなりうまく機能しているようなので続けるべきだと思う[10]。具体的な応用例として、テキサス工科大学、動物・食品科学部のコンパニオン・アニマル専門の准教授、アレクサンドラ・プロトポポバによる方法を紹介しよう。科学ニュースサイト「サイエンス・デイリー」によると、彼女は次のように言った。「犬のどの行動特性が潜在的な里親にとって最も魅力的か見つけ出して、里親候補が来たときシェルターと一緒に犬にその特性を見せられるようにトレーニングしている」[11]。「私たちはこの方法にとてもワクワクしています」。つづけてプロトポポバは言った。「今回、本当にはじめて、実験として組織的に動物行動学を通して犬の引き取り率が上昇したことを示せたのです」。これはまさに、住まいを求めながら、シェルターの檻でずっと過ごして、眠らされている何百万頭という犬たちにとって朗報だ。

「犬の行動学の研究が実際に犬たちのためになるかどうか」という質問への答えとして、私はこの本がさまざまな意味で役立ってほしいと心から願っている。犬の研究は、家族であるペットやコンパニオンたちへの人の理解を深めて、人が犬の生活を向上させる助けになる。やがていつか人は、犬のために最善の暮らしを提供できるようになるだろう。そこで私は、この本の最後に、犬の研究分野の国際的エキスパートたちに、「いかにこの分野の研究が犬のためになるか」について、彼らの考えを読者と共有してもらおうと思う。以下は、質問への彼らの返事だ。

アダム・ミクロシ――優れた著書、『イヌの動物行動学――行動、進化、認知』を著し、ハンガリーのブダペストにあるエトヴェシュ・ロラーンド大学の多くの同僚たちと一緒にたくさんの研究論文を発表してきた。ミクロシはファミリー・ドッグ・プロジェクト［訳注：犬と人間の関係を研究する世界最先端の研究プロジェクトのひとつ］も主宰している。

これは、とてもよく聞く質問です。私の経験では、一般の人たちは、犬たちの行動も問題解決能力もあまりよく知りません。犬の能力を過大評価していることもあります（たとえば、犬の嗅覚など）。そうかと思えば、過小評価していることもあるのです（犬は、クリッカー・トレーニング［訳注：犬が好ましい行動をしたときにあらかじめエサと結びつけたクリック音を発するクリッカーを鳴らして学習させる方法］だけでなく、人やほかの犬を観察して物事を学ぶこともできることを知らない人がいます）。だから、私たちの研究は、犬の行動や能力についての客観的な知識を提供することを目指しています。

よく人は、人間と犬の類似点を探ります。スタンリー・コレンは、犬は２〜３歳の人間のようだと言っています。私たちは、もっと正確に、どんな場合なら（行動機能／技術）に犬の能力が人間の２歳児相当と言いいのか、そして逆に、どんな場合にこの比較が問題の多いものになるのかを解明したいと思っています。さらに、たとえ類似点が見つかったとしても、根本的な精神の構造自体は異なるとい可能性は依然として残るのです。

私は、犬と人との友情という考え方を支持していて、これは人間が犬との関係に時間を使い努力する必要があるということです。人間は、犬に犬らしくさせてやるべきだし、犬を「小さな赤ちゃん」にしようとするべきではないのです。

私たちの１００以上ある論文を読んだ人は、犬についての全体像と言えるものをつかんでくれるのではないかと思っています。犬は、「野生」の状態から人間の親友へと、とても興味深い進化の旅をしたのです[12]。

ジョン・ブラッドショー――犬と猫の研究で国際的に知られている彼は、著書『犬はあなたをこう見ている――最新の動物行動学でわかる犬の心理』でも有名。[13] メールで、彼は野犬についての研究を例にとり、こう語った。「私の見解では、野犬の研究がもたらした最大の貢献は、犬がオオカミではないということを確認したことだ」。そして彼は、ニコラ・ルーニーと書いたエッセイの一部を送ってくれた。

犬の行動を理解するためにオオカミの社会生物学に関する知識を参考にすることの妥当性は、最近では疑いを持たれるようになっている。オオカミと犬の認知能力は大きく異なることが、今日では知られてきているからだ。また、自由に活動している犬たちの調査は、犬たちも群れを基本とする社会構造を好むものの、そのほかの点ではオオカミの群れとはかなり異なっていることを明らかにしている。しかし、一般の人々の間では20年前の見解が今も確かなことであるかのように思われていて、現在の研究者たちに受け入れられている新しい理解には置き換わっていない。犬の行動を機能的に説明するには、オオカミから分かれた後に犬を形作ってきた適応圧を理解する必要がある。こうした圧力は人間が原因のようで、各犬の生涯における繁殖の成功は、ほかの犬とのやりとりよりも人間とのやりとりによって影響されている。もしそうなら、自由に行動する犬が採用しているどんな社会的構造も、野犬としての生活に十分適応しているということはないだろう。[14]

ルイージ・ボアターニ――オオカミや野犬の研究で著名な彼からは、次のような返事が届いた。

これは、簡単な質問ではありません！　野犬の研究をして、私たちは少なくともふたつのことに関する情報を学ぶ機会を得ました。

1. 自然環境に対応する犬の能力が、家畜化によってどのくらい失われたか。言い換えれば、家畜化がどのくらいオオカミの自然の遺産（順位、縄張り性、群れの中での社会的団結…）を変えたかです。この問題は犬の飼い主には興味がないことかもしれませんが、生物学者にとっては大きな関心の的です。

2. 自然環境と家畜化された環境にはどのくらいの違いがあるのか。「アントロポセン／人新世」という、人間による支配が地球全体にすさまじい勢いで広がっている時代において、自然な（であるべき）環境と人による環境の間の境界を維持することは、倫理的、生物学的、進化的、経済的、さまざまな側面を持つ非常に難しい問題になっています。野犬や犬とオオカミの交雑犬（狼犬）は、ふたつの世界の間にある摩擦を探求するための完璧な枠組みを提供してくれます。そして、人が犬を飼うことの意味を考える手助けをしてくれます[15]。

ロベルト・ボナンニ――ボナンニは、ローマ郊外のムラテッラで放し飼いの犬の群れに綿密な調査を同僚と行ったことで有名。私は彼に、野犬から学んだことを飼い犬にどのように応用できるか尋ねた。

ご存知のように、それはとても難しい問題です！　野良犬／野犬は、遺伝的に飼い犬と違うかもしれないのです（個体発生的に違うだけでないのです）。そのほかにも多くの理由から、比較はすべて、とても慎重に行うべきです。とにかく、私が野外経験で学んだことをお話ししましょう。

簡単に言って、犬は感情を持つ動物なので、安定した社会的集団に暮らす必要がありまず。たとえば、犬はなんらかの理由で仲間の支援をなくすと、すぐに別の誰かと（犬でも人でも）付き合おうとします。しかし犬は、自分の安定した社会単位に属していない個体（犬でも人でも）と、より緩やかな親和的関係を維持することもできます。だから犬は公園に行き、親しい個体とのやりとりを好みますが、それほど親しくない犬たちともやりとりができて、なごやかな関係を持てるのです。

人間の家族と暮らしている犬たちは、多くの制約や束縛を受けていますが、野良犬／野犬たちはそんなものを普通はまったく経験しません。犬の群れには順位があり、社会生活のいくつかの場面ではその影響がありますが、一般的に犬のリーダーたちは人間のリーダーほど独裁的ではないのです。たとえば、下位の犬たちも集団行動を率いることが許されることがありますし、群れのメンバーがリーダーに従うように強制されることは皆無です。メンバーはいつでも、どこに行くかは完全に自由です。彼らは、リードで引かれることなく、好きなものをなんでも嗅ぐ自由があります。下位の犬たちも、少なくともある程度は繁殖することが許されています。マーキングのために排尿することも、たいてい許されています。私たちの研究によれば、下位の犬たちはリーダーのそばで休憩するのが好きで、これは重要なことです。これが、普段メンバーたちがリーダーに従っている理由なのですから！　群れの中の協調や協力は、好意的で親和的な関係を深めることによって進められているのです。もうひとつの重要な点は、こうした群れの中の順位は、主として年齢、および体のサイズよりもっと重要と思われる要素に大きく影響を受けており、年齢は体サイズよりも重要に思われました（未発表データ）。つまり、社会的地位は、攻撃的な挑戦よりも年をとることによって得られることが多いようなのです。

大ざっぱに言うと、犬は協力的な肉食獣です。彼らは、物事を他個体と一緒に行うこと、特に強調して行うのが好きで、群れの仲間内で攻撃はまれで（特に小さい集団では少なく）、激しい攻撃はきわめてまれです。攻撃的行動は、食べ物やメスを巡って競っているときに増える傾向にありますが、普通は群れのメンバー同士が、緊張感なしに一緒に食事をしている光景が目撃されます。実際、犬の群れの中でリーダーと下位の犬の間に普通は小さな社会的距離しかないので、飼い犬が飼い主のベッドや、さらに素敵な草原で一緒に眠ることも可能になっているのです！　さらに、一緒に何かする（たとえば、歩く、走る、遊ぶ、自然を探検する、一緒に休息する、マーキングする）行動は、犬と人間の関係の質を良いものにするために大いに貢献するにちがいありません。ところで、愛犬の食事を人間より後回しにする行為は、必ず自分の後ろに愛犬を歩かせるのと同じで、独裁的なふるまいなので避けるべきです。[16]

ブライアン・ヘア――デューク大学イヌ科動物認知センター所長のヘアは、『あなたの犬は「天才」だ』をサイエンス・ライターのヴァネッサ・ウッズと共著している（＊17）。「市民科学がどんな力になっているか」という質問に対して、ヘアはこのテーマで同僚と書いた論文の要約を、私に送ってくれた。

愛犬とその飼い主は市民科学によって、伝統的なアプローチでは答えが出にくい動物行動の疑問について、可能性にあふれた力強い支援をしてくれている。私たちは、〈ドッグニション・コム（Dognition.com）〉のサイトを通じて市民科学者が集めた犬の認知に関するデータの質を精査している。私たちは、５００人以上の市民科学者によって生みだされたデータから、それらデータ自体に一貫性があるかどうか、またすでに公表されている科学的成果を再現できるかを分析した。参加者の半分は無料で、あとの半分は有料で参加してもらった。サイトでは各参加者に、犬の気質についてのアンケートと連続した10の認知テストのやり方に関する説明書を提供した。インターネット接続設備、犬、いくつかの日用品さえあれば、参加者は世界中どこからでもＰＣ、タブレット、スマートフォンに彼らの回答を記録できて、そのデータはサーバーに保存された。

市民科学者と愛犬たちからの結果は、実験室での伝統的な研究で得られてきた多くの結果を再現するものだった。市民科学者が結果を操作した形跡はほとんどない。彼らのデータを大きなサンプルとして使用する可能性を探るために、私たちは認知的作業における個体差を調べるために因子分析［訳注：心理学におけるパーソナリティ研究などのための統計手法として使用される］を使った。データを最もよく説明する複数の因子があり、それは、「犬を含む人間以外の動物が相互に独立な複数の認知ドメインを進化させている」という仮説を支持するものである。この分析は、将来、市民科学者が仮説を検証して疑問に答えるための有効なデータ・セットを生みだし、これまで犬の心理学研究に使われてきた伝統的な実験技術を補ってくれるだろうことを示唆している。[18]

私は、このようなエキスパートたちが私の質問への答えに時間をとってくれたことをとてもうれしく思う。賛成するかどうかは別にして、彼らは考える材料をたくさん提供してくれた。いずれにしても、私たちの共通目標は知識を活用することで、私たちと家や心を分かちあっている犬たちとの暮らしを、最高のものにすることだ。この犬の行動に関する短期集中コースで提供された知識や考え方のどれかを使えば、あなたもきっと、あなたの人生を最高に豊かなものにしてくれるあの素晴らしい犬たちを助ける大きな力になれるはずだ。

June 9, 2017. https://www.usnews.com/news/best-states/vermont/articles/2017-06-09/vermont-has-new-law-banning-sexual-abuse-of-animals.

- "The Vet Who 'Euthanised' Herself in Taiwan." *BBC News*, February 2, 2017. http://www.bbc.com/news/world-asia-36573395.
- Vilari, Robin Maria. "Tails of Laughter: A Pilot Study Examining the Relationship between Companion Animal Guardianship (Pet Ownership) and Laughter." *Society and Animals* 14, no. 3 (2006): 275–93. http://www.animalsandsociety.org/wp-content/uploads/2016/04/valeri.pdf.
- Wamsley, Laurel. "In a First, Connecticut's Animals Get Advocate in the Courtroom." *The Two-Way: Breaking News from NPR*. National Public Radio, June 2, 2017. http://www.npr.org/sections/thetwo-way/2017/06/02/531283235/in-a-first-connecticuts-animals-get-advocates-in-the-courtroom.
- Ward, Camille, Rebecca Trisko, and Barbara Smuts. "Third-Party Interventions in Dyadic Play between Littermates of Domestic Dogs, *Canis lupus familiaris*." *Animal Behaviour* 78 (2009): 1153–60. http://pawsoflife-org.k9handleracademy.com/Library/Behavior/Ward_2009.pdf.
- Warden, C. J., and L. H. Warner. "The Sensory Capacities and Intelligence of Dogs, with a Report on the Ability of the Noted Dog 'Fellow' to Respond to Verbal Stimuli." *Quarterly Review of Biology* 3 (1928): 1–28. http://www.journals.uchicago.edu/doi/abs/10.1086/394292.
- Wild, Karen. *Being a Dog*. Buffalo, NY: Firefly Books, 2016.
- Wilson, Edward O. *Sociobiology: The New Synthesis*. Cambridge, MA: Harvard University Press, 1975.『社会生物学』(エドワード・O・ウィルソン著、伊藤嘉昭、坂上昭一、宮井俊一、前川幸恵、北村省一、松本忠夫、粕谷英一、松沢哲郎、郷采人、巌佐庸、羽田節子訳、新思索社、1999年)
- Wogan, Lisa. *Dog Park Wisdom: Real-World Advice on Choosing, Caring for, and Understanding Your Canine Companion*. Seattle: Skipstone Press, 2008.
- Wolch, Jennifer, and Stacy Rowe. "Companions in the Park." *Landscape* 31 (2002): 16–23.
- Wood, Lisa, Billie Giles-Corti, Max Bulsara, and Darcy Bosch. "More Than a Furry Companion: The Ripple Effect of Companion Animals on Neighborhood Interactions and Sense of Community." *Society and Animals* 15 (2007): 43–56.
- Wynne, Clive D. L. "Should Shelters Bother Assessing Their Dogs?" *Dogs and Their People* (blog). *Psychology Today*, August 19, 2016. https://www.psychologytoday.com/blog/dogs-and-their-people/201608/should-shelters-bother-assessing-their-dogs.
- Yin, Sophia. *How to Behave So Your Dog Behaves*. Neptune, NJ: THF Publications, 2010.
- Ziv, Gal. "The Effects of Using Aversive Training Methods in Dogs—a Review." *Journal of Veterinary Behavior* 19 (2017): 50–60. http://www.journalvetbehavior.com/article/S1558-7878(17)30035-7/abstract.

pubmed/25000794.
- "Sophia Grows: A Rhodesian Ridgeback Time-Lapse." YouTube video, 1:50. Posted by "Greg Coffin." November 27, 2014. https://www.youtube.com/watch?v=c6eUidLqUAo.
- Spinka, Marek, Ruth Newberry, and Marc Bekoff. "Mammalian Play: Training for the Unexpected." *Quarterly Review of Biology* 72 (2001): 141–68. https://www.ncbi.nlm.nih.gov/pubmed/11409050.
- "State Laws Governing Elective Surgical Procedures." State Summary Report, American Veterinary Medical Foundation. Last updated December 2014. https://www.avma.org/Advocacy/StateAndLocal/Pages/sr-elective-procedures.aspx.
- Stewart, Laughlin, Evan L. MacLean, David Ivy, Vanessa Woods, Eliot Cohen, Kerri Rodriguez, Matthew McIntyre, et al. "Citizen Science as a New Tool in Dog Cognition Research." *PLOS One*, vol. 10, no. 9 (2015). http://journals.plos.org/plosone/article?id=10.1371/journal.pone.0135176.
- Stilwell, Victoria. *The Secret Language of Dogs*. Berkeley, CA: Ten Speed Press, 2016.
- "Study Demonstrates Rapid Decline in Male Dog Fertility, with Potential Link to Environmental Contaminants." *ScienceDaily*, August 9, 2016. https://www.sciencedaily.com/releases/2016/08/160809095138.htm.
- Sweet, Laurel J. "Teen Files Bill to Make Vocal Surgery Illegal." *Boston Herald*, February 2, 2009. http://www.bostonherald.com/news_opinion/local_coverage/2009/02/teen_files_bill_make_vocal_surgery_illegal.
- Szentágothai, J. "The 'Brain-Mind' Relation: A Pseudo-Problem?" In *Mindwaves: Thoughts on Intelligence, Identity and Consciousness*, edited by C. Blakemore and S. Greenfield, 323–36. Oxford: Basil Blackwell, 1987.
- Tasaki, Susan. "Trending: Dog-Friendly Housing Associations: Dogs Are Being Written into Residential Master Plans." *The Bark*, no. 84 (Fall 2016). http://thebark.com/content/dogs-are-being-written-housing-development-plans.
- "TEDxDirigo—Zoe Weil: The World Becomes What You Teach," YouTube video, 17:24. Posted by "Tedx Talks." January 14, 2012. https://www.youtube.com/watch?v=t5HEV96dIuY.
- Tenzin-Dolma, Lisa. *Dog Training: The Essential Guide*. Peterborough, UK: Need2Know, 2012.
- Tinbergen, Niko. *The Study of Instinct*. New York: Oxford University Press, 1951.
- Todd, Zazie. "'Dominance' Training Deprives Dogs of Positive Experiences." *Companion Animal Psychology* (blog). February 15, 2017. http://www.companion animalpsychology.com/2017/02/dominance-training-deprives-dogs-of.html?m=1.
- ——. "New Literature Review Recommends Reward-Based Training." *Companion Animal Psychology* (blog). April 5, 2017. http://www.companionanimalpsychology.com/2017/04/new-literature-review-recommends-reward.html.
- Travis, Randy. "Supreme Court: All Dogs Have Value." Fox 5 Atlanta. June 6, 2016. http://www.fox5atlanta.com/news/i-team/154610286-story.
- Vaira, Angelo, and Valeria Raimondi. *Un cuore felice: L'arte di giocore con il tuo cane* [*A Happy Heart: The Art of Playing with a Dog*]. Milan: Sperling & Kupfer, 2016.
- Velarde, Victoria, and Madeline Schmitt. "New Mexico Lawmaker Wants to Make Animal Cruelty a Felony." KRQE News 13. January 25, 2017. http://krqe.com/2017/01/25/new-mexico lawmaker-wants-to-make-animal-cruelty-a-felony/.
- "Vermont Has New Law Banning Sexual Abuse of Animals." *U.S. News and World Report*,

paper. December 27, 1946. http://davemech.org/schenkel/ExpressionstudiesP.1-10.pdf.
・ Schenone, Laura. *The Dogs of Avalon: The Race to Save Animals in Peril*. New York: W. W. Norton, 2017.
・ Schoen, Allen, and Susan Gordon. *The Compassionate Equestrian: 25 Principles to Live by When Caring for and Working with Horses*. North Pomfret, VT: Trafalgar Square Books, 2015.
・ Scott, John Paul, and John Fuller. *Genetics and the Social Behavior of the Dog*. 1965. Reprint, Chicago: University of Chicago Press, 1998.
・ Scully, Marisa. "The Westminster Dog Show Fails the Animals It Profits From: Here's Why." *Guardian*, February 16, 2017. https://www.theguardian.com/sport/2017/feb/16/the-westminster-dog-show-fails-the-animals-it-profits-from-heres-why.
・ Serpell, James. "Creatures of the Unconscious: Companion Animals as Mediators." In *Companion Animals and Us: Exploring the Relationships between People and Pets*, edited by Anthony Podberscek, Elizabeth Paul, and James Serpell, 108–21. New York: Cambridge University Press, 2005.
・ ——, ed. *The Domestic Dog: Its Evolution, Behavior and Interactions with People*. New York: Cambridge University Press, 2017.
・ ——. "Epilogue: The Tail of the Dog." In *The Domestic Dog: Its Evolution, Behavior and Interactions with People*, edited by James Serpell, 404–12. New York: Cambridge University Press, 2017.
・ Shelley-Grielen, Frania. *Cats and Dogs: Living with and Looking at Companion Animals from Their Point of View*. Bloomington, IN: Archway Publishing, 2014.
・ Shipman, Pat. *The Invaders: How Humans and Their Dogs Drive Neanderthals to Extinction*. Cambridge, MA: The Belknap Press, 2015.『ヒトとイヌがネアンデルタール人を絶滅させた』(パット・シップマン著、河合 信和、柴田 譲治訳、原書房、2015年)
・ Shyan, Melissa R., Kristina A. Fortune, and Christine King. "'Bark Parks'—a Study on Interdog Aggression in a Limited-Control Environment." *Journal of Applied Animal Welfare Science* 6, no. 1 (2003): 25–32. http://freshairtraining.com/pdfs/BarkParks.pdf.
・ Siler, Wes. "Why Dogs Belong Off-Leash in the Outdoors." *Outside Magazine*, May 24, 2016. http://www.outsideonline.com/2082546/why-dogs-belong-leash-outdoors.
・ Singer, Peter. *Animal Liberation*. New York: HarperCollins, 1975.［改訂版］『動物の解放』(ピーター・シンガー著、戸田清訳、人文書院、2011年)
・ "Sleep Habits of the Animal Kingdom." *Sleepopolis*, September 30, 2016. http://sleepopolis.com/blog/sleep-habits-of-the-animal-kingdom-infographic/.
・ Smith, Cheryl. "Behavior: Dog Park Tips." *The Bark*, no. 43 (Summer 2007). http://thebark.com/content/behavior-dog-park-tips.
・ Smuts, Barbara, Erika Bauer, and Camille Ward. "Rollovers during Play: Complementary Perspective." *Behavioural Processes* 116 (2016): 50–51. http://www.sciencedirect.com/science/article/pii/S0376635715001047.
・ Sober, Elliott. *The Nature of Selection*. Chicago: University of Chicago Press, 2014.
・ Solotaroff, Paul. "The Dog Factory: Inside the Sickening World of Puppy Mills." *Rolling Stone*, January 3, 2017. http://www.rollingstone.com/culture/features/the-dog-factory-inside-the-sickening-world-of-puppy-mills-w457673.
・ Sonntag, Q., and K. L. Overall. "Key Determinants of Dog and Cat Welfare: Behaviour, Breeding and Household Lifestyle." *Scientific and Technical Review of the Office International des Epizooties* 33 (2014): 213–20. https://www.ncbi.nlm.nih.gov/

- Quengua, Douglas. "A Dog's Tail Wag Says a Lot, to Other Dogs." *New York Times*, October 31, 2013. http://www.nytimes.com/2013/11/05/science/a-dogs-tail-wag-can-say-a-lot.html.
- Ray, C. Claiborne. "How Does One Dog Recognize Another as a Dog?" *New York Times*, February 15, 2016. http://www.nytimes.com/2016/02/16/science/how-does-one-dog-recognize-another-as-a-dog.html?_r=1.
- Reber, Arthur. "Caterpillars, Consciousness and the Origins of Mind." *Animal Sentience*, 2016. http://animalstudiesrepository.org/cgi/viewcontent.cgi?article=1124&context=animsent.
- Reed, S.E., and A.M. Merenlender. "Effects of Management of Domestic Dogs and Recreation on Carnivores in Protected Areas in Northern California." *Conservation Biology* 25, no. 3 (2011): 504–13. https://www.ncbi.nlm.nih.gov/pubmed/21309853.
- Reid, Pamela. *Dog Insight*. Wenatchee, WA: Dogwise Publishing, 2011.
- Reisner, Ilana. "The Learning Dog: A Discussion of Training Methods." In *The Domestic*
- *Dog: Its Evolution, Behavior and Interactions with People*, edited by James Serpell, 210–26. New York: Cambridge University Press, 2017.
- Riley, Katherine. "Puppy Love: The Coddling of the American Pet." *Atlantic*, May 2017. https://www.theatlantic.com/magazine/archive/2017/05/puppy-love/521442/.
- Robert, Christopher. "The Evolution of Humor: From Grunts to Poop Jokes." *Humor at Work* (blog). *Psychology Today*, November 23, 2016. https://www.psychologytoday.com/blog/humor-work/201611/the-evolution-humor-grunts-poop-jokes.
- Rogers, Lesley, Giorgio Vallortigara, and Richard Andrew. *Divided Brains: The Biology and Behaviour of Brain Symmetries*. New York: Cambridge University Press, 2013.
- Romero, Teresa, Miho Nagasawa, Kazutaka Mogi, Toshikazu Hasegawa, and Takefumi Kikusui. "Oxytocin Promotes Social Bonding in Dogs." *Proceedings of the National Academy of Sciences* 111, no. 25 (2014): 9085–90. doi: 10.1073/pnas.1322868111.
- Root, Andrew. *The Grace of Dogs: A Boy, a Black Lab, and a Father's Search for the Canine Soul*. New York: Convergent Books, 2017.
- Rosell, Frank Narve. *Secrets of the Snout: The Dog's Incredible Nose*. Translated by Diane Oatley. Chicago: University of Chicago Press, 2018.
- Rose-Solomon, Diane. *What to Expect When Adopting a Dog: A Guide to Successful Dog Adoption for Every Family*. N.p.: SP03 Publishing, 2016.
- "RSPCA Animal Welfare Prosecutions in Wales Up." *BBC News*, March 29, 2017. http://www.bbc.com/news/uk-wales-39423292.
- Rugaas, Turid. *On Talking Terms with Dogs: Calming Signals*. Wenatchee, WA: Dogwise Publishing, 2006.
- Safina, Carl. *Beyond Words: What Animals Think and Feel*. New York: Henry Holt and Company, 2015.
- "Sale of Puppies under Eight Weeks Old to Be Made Illegal." *Guardian*, February 1, 2017. https://www.theguardian.com/world/2017/feb/02/sale-of-puppies-under-eight-weeks-old-to-be-made-illegal.
- Sanders, Clinton. *Understanding Dogs: Living and Working with Canine Companions*. Philadelphia: Temple University Press, 1998.
- Schaefer, Donovan. *Religious Affects: Animality, Evolution, and Power*. Durham, NC: Duke University Press Books, 2015.
- Schenkel, Rudolph. "Expression Studies on Wolves: Captivity Observations." Working

printed by author, 2011.

- Payne, Elyssa M., Pauleen C. Bennett, and Paul D. McGreevy. "DogTube: An Examination of Dogmanship Online." *Journal of Veterinary Behavior* 17 (2017): 50–61. http://www.journalvetbehavior.com/article/S1558-7878(16)30167-8/fulltext?elsca1=etoc&elsca2=email&elsca3=1558-7878_201701_17__&elsca4=Veterinary%20Science%2FMedicine.
- Pearce, Fred. "Down with Data: Sagas Are More Likely to Save Earth." *New Scientist*, January 11, 2017. https://www.newscientist.com/article/mg23331080-500-down-with-data-sagas-are-more-likely-to-save-earth/.
- Pellis, Sergio, and Vivien Pellis. *The Playful Brain: Venturing to the Limits of Neuroscience*. London: Oneworld Publications, 2010.
- Penkowa, Milena. *Dogs and Human Health: The New Science of Dog Therapy and Therapy Dogs*. Bloomington, IN: Balboa Press, 2015.
- "People Living in Cities Will Risk Own Safety to Save Animals." World Animal Protection, July 9, 2014. https://www.worldanimalprotection.org/news/people-living-cities-will-risk-own-safety-save-animals.
- "Pet Dogs Help Kids Feel Less Stressed, Study Finds." University of Florida News, May 9, 2017. http://news.ufl.edu/articles/2017/05/pet-dogs-help-kids-feel-less-stressed-study-finds.php.
- Peterson, Dale. *Jane Goodall: The Woman Who Redefined Man*. Boston: Mariner Books, 2008.
- Petty, Michael. *Dr. Petty's Pain Relief for Dogs: The Complete Medical and Integrative Guide to Treating Pain*. Woodstock, VT: Countryman Press, 2016.
- Pierce, Jessica. "Deciding When a Pet Has Suffered Enough." *Sunday Review* (opinion). New York Times, September 22, 2012. http://www.nytimes.com/2012/09/23/opinion/sunday/deciding-when-a-pet-has-suffered-enough.html.
- ——. "Is Your Dog in Pain?" *All Dogs Go to Heaven* (blog). *Psychology Today*, February 3, 2016. https://www.psychologytoday.com/blog/all-dogs-go-heaven/201602/is-your-dog-in-pain.
- ——. *The Last Walk: Reflections on Our Pets at the End of Their Lives*. Chicago: University of Chicago Press, 2012.
- ——. "Not Just Walking the Dog: What a Dog Walk Can Tell Us about Our Human-Animal Relationships." *All Dogs Go to Heaven* (blog). *Psychology Today*, March 16, 2017. https://www.psychologytoday.com/blog/all-dogs-go-heaven/201703/not-just-walking-the-dog.
- ——. "Palliative Care for Pets." Seniors Resource Guide. November 2012. http://www.seniorsresourceguide.com/articles/art01240.html.
- ——. *Run, Spot, Run: The Ethics of Keeping Pets*. Chicago: University of Chicago Press, 2016.
- Pilgrim, Tom. "Children Are Closer to Their Pets Than Their Siblings, Cambridge Study Finds." *Cambridge News*, January 24, 2017. http://www.cambridge-news.co.uk/news/cambridge-news/children-closer-pets-siblings-cambridge-12501590.
- Pilley, John. *Chaser: Unlocking the Genius of the Dog Who Knows a Thousand Words*. New York: Mariner Books, 2014.
- Pongracz, P., C. Molnár, A. Miklósi, and V. Csányi. "Human Listeners Are Able to Classify Dog (*Canis familiaris*) Barks Recorded in Different Situations." *Journal of Comparative Psychology* 119, no. 2 (2005): 136–44. doi: 10.1037/0735-7036.119.2.136.

- Olson, Marie-Louise. "Dogs Have FEELINGS Too! Neuroscientist Reveals Research that Our Canine Friends Have Emotions Just Like Us." *DailyMail*, October 6, 2013. http://www.dailymail.co.uk/news/article-2447991/Dogs-FEELINGS-Neuroscientist-reveals-research-canine-friends-emotions-just-like-us.html#ixzz4ghiZFCAD.
- Orr, Becky. "2 Bills Seek Tougher Penalties for Animal Abusers in Wyoming." *Wyoming Tribune Eagle*, February 2, 2017. http://m.wyomingnews.com/news/bills-seek-tougher-penalties-for-animal-abusers-in-wyoming/article_66d52212-e913-11e6-ae2e-73ca35a90a16.html.
- Overall, Christine, ed. *Pets and People: The Ethics of Our Relationships with Companion Animals*. New York: Oxford University Press, 2017.
- Overall, Karen. *Manual of Clinical Behavioral Medicine for Dogs and Cats*. St. Louis: Elsevier Mosby, 2013.
- ——. "Special Issue: The 'Dominance' Debate and Improved Behavioral Measures—Articles from the 2014 CSF/FSF." *Journal of Veterinary Behavior* 11 (2015): 1–6. http://www.journalvetbehavior.com/article/S1558-7878(15)00202-6/pdf.
- Pacelle, Wayne. "Federal Court Upholds New York City Ban on Puppy Mill Sales." *A Humane Nation* (blog). Humane Society of the United States. March 2, 2017. http://blog.humanesociety.org/wayne/2017/03/federal-court-upholds-new-york-city-ban-puppy-mill-sales.html.
- ——. "Ohio Lawmakers Crack Down on Cockfighting, Bestiality, but Give Puppy Mills a Pass." *A Humane Nation* (blog). Humane Society of the United States. December 8, 2016. http://blog.humanesociety.org/wayne/2016/12/ohio-bill-cockfighting-bestiality-puppy-mills.html.
- ——. "*Rolling Stone* Crushes Puppy Mill Trade." *A Humane Nation* (blog). Human Society of the United States. January 3, 2017. http://blog.humanesociety.org/wayne/2017/01/rolling-stone-crushes-puppy-mill-trade.html?credit=blog_em_010317_id8700&utm_source=feedblitz&utm_medium=FeedBlitzRss&utm_campaign=humanenation.
- Pachniewska, Amanda. "List of Animals That Have Passed the Mirror Test." *Animal Cognition*, April 15, 2015. http://www.animalcognition.org/2015/04/15/list-of-animals-that-have-passed-the-mirror-test/.
- Paiella, Gabriella. "This Bill to Protect Domestic-Violence Victim's Pets Could Save Women's Lives." *The Cut*, February 9, 2017. http://nymag.com/thecut/2017/02/paws-act-aims-to-protect-domestic-violence-victims-pets.html.
- "Paintings from the Perspective of a Dog's Nose." Nova Scotia College of Art & Design University News, November 8, 2016. http://nscad.ca/en/home/abouttheuniversity/news/paintingsfromtheperspectiveofadogsnose.aspx.
- Palagi, Elisabetta, Velia Nicotra, and Giada Cordoni. "Rapid Mimicry and Emotional Contagion in Domestic Dogs." *Royal Society Open Science*, December 2015. http://rsos.royalsocietypublishing.org/content/2/12/150505.
- Pangal, Sindhoor. "Lives of Streeties: A Study on the Activity Budget of Free-Ranging Dogs." *IAABC Journal* (Winter 2017). https://winter2017.iaabcjournal.org/lives-of-streeties-a-study-on-the-activity-budget-of-free-ranging-dogs/.
- Pascaline, Mary. "Minnesota Town Elects Dog Mayor Named Duke for the Third Time." *International Business Times*, August 24, 2016. http://www.ibtimes.com/minnesota-town-elects-dog-mayor-named-duke-third-time-2406433.
- Paxton, David. *Why It's OK to Talk to Your Dog: Co-Evolution of People and Dogs*. N.p.:

- ——. *Play with Your Dog*. Wenatchee, WA: Doggies Training Manual, 2008.
- ——. *The Power of Positive Dog Training*. Nashville, TN: Howell Book House, 2008.
- Milligan, Tony. "The Ethics of Animal Training." In *Pets and People: The Ethics of Our Relationships with Companion Animals*, edited by Christine Overall, 203–17. New York: Oxford University Press, 2017.
- Mills, Daniel, and Carri Westgarth, eds. *Dog Bites: A Multidisciplinary Perspective*. Sheffield, UK: 5M Publishing, 2017.
- Mondal, Pankaj. "Study: Mice Can Sense, Feel Each Other's Pains with a Whiff." *Nature World News*, October 24, 2016. http://www.natureworldnews.com/articles/30571/20161024/mice-can-sense-feel-each-other-s-pains-with-a-whiff-study-shows.htm.
- Morey, Darcy. *Dogs: Domestication and the Development of a Social Bond*. New York: Cambridge University Press, 2010.
- Morey, Darcy, and Rujana Jeger. "From Wolf to Dog: Late Pleistocene Ecological Dynamics, Altered Trophic Strategies, and Shifting Human Perceptions." *Historical Biology*, 2016, 1–9. http://dx.doi.org/10.1080/08912963.2016.1262854.
- Morris, Paul, Christine Doe, and Emma Godsell. "Secondary Emotions in Non-Primate Species? Behavioural Reports and Subjective Claims by Animal Owners." *Cognition and Emotion* 22 (2007): 3–20. http://www.tandfonline.com/doi/abs/10.1080/02699930701273716.
- "Most Desirable Traits in Dogs for Potential Adopters." *Science Daily*, November 3, 2016. https://www.sciencedaily.com/releases/2016/11/161103151956.htm.
- Müller, Corsin A., Kira Schmitt, Anjuli L. A. Barber, and Ludwig Huber. "Dogs Can Discriminate Emotional Expressions of Human Faces." *Current Biology* 25 (2015): 601–5. http://www.cell.com/current-biology/abstract/S0960-9822(14)01693-5.
- Nader, Ralph. *Animal Envy: A Fable*. New York: Seven Stories Press, 2016.
- Nagasawa, Miho, Emi Kawai, Kazutaka Mogi, and Takefumi Kikusui. "Dogs Show Left Facial Lateralization upon Reunion with Their Owners." *Behavioural Processes* 98 (2013): 112–16. http://www.sciencedirect.com/science/article/pii/S0376635713001101.
- Newman, Andy. "World (or at Least Brooklyn) Stops for Lost Dog." *New York Times*, November 11, 2016. http://www.nytimes.com/2016/11/13/nyregion/world-or-at-least-brooklyn-stops-for-lost-dog.html?_r=0.
- Nichols, Henry. "Animal Magnetism: Why Dogs Do Their Business Pointing North." *New Scientist*, December 14, 2016. https://www.newscientist.com/article/mg23231040-200-how-animal-actions-are-steered-by-magnetism/.
- Norman, K., S. Pellis, L. Barrett, and S. Peter Henzi. "Down but Not Out: Supine Postures as Facilitators of Play in Domestic Dogs." *Behavioural Processes* 110 (2015): 88–95. https://www.ncbi.nlm.nih.gov/pubmed/25217866.
- Odendaal, J. S., and R. A. Meintjes. "Neurophysiological Correlates of Affiliative Behaviour between Humans and Dogs." *Veterinary Journal* 165 (2003): 296–301. http://www.ncbi.nlm.nih.gov/pubmed/12672376.
- O'Heare, James. *Dominance Theory and Dogs*. 2nd ed. Wenatchee, WA: Dogwise Publishing, 2008.
- "Ohio Hunter Faces Felony Charges for Killing Man's Dogs, Is Fired from Job." KTLA 5. December 1, 2016. http://ktla.com/2016/12/01/hunter-charged-with-killing-mans-dogs-is-fired-from-job/.

- Margini, Matt. "What Is It Like to Be an Elephant?" *Public Books*, December 15, 2016. http://www.publicbooks.org/multigenre/what-is-it-like-to-be-an-elephant.
- Mariti, Chiara, et al. "Analysis of the Intraspecific Visual Communication in the Domestic Dog (*Canis familiaris*): A Pilot Study on the Case of Calming Signals." *Journal of Veterinary Behavior* 18 (2017): 49–55. http://www.journalvetbehavior.com/article/S1558-7878(16)30246-5/abstract
- Martino, Marissa. *Human/Canine Behavior Connection: A Better Self through Dog Training*. Boulder, CO: CreateSpace Independent Publishing Platform, 2017.
- Marucot, Joyce. "Dogs Can Smell Fear but Can't Detect If You Have Lung Cancer." *Nature World News*, September 29, 2016. http://www.natureworldnews.com/articles/29386/20160929/dogs-cant-detect-if-you-have-lung-cancer.htm.
- Masson, Jeffrey Moussaieff, and Susan McCarthy. *When Elephants Weep: The Emotional Lives of Animals*. Crystal Lake, IL: Delta Publishing, 1996.
- McConnell, Patricia B. *For the Love of a Dog: Understanding Emotion in You and Your Best Friend*. New York: Ballantine Books, 2009.
- ——. "A New Look at Play Bows." *The Other End of the Leash* (blog), March 28, 2016. http://www.patriciamcconnell.com/theotherendoftheleash/a-new-look-at-play-bows.
- McCue-McGrath, Melissa. *Considerations for the City Dog*. N.p.: MuttStuff Publishing, 2015. See also the author's blog, *MuttStuff*, at http://muttstuff.blogspot.com.
- McGowan, Charlotte. "Debarking (Bark Softening)—Myths and Facts." National Animal Interest Alliance. January 8, 2012. http://www.naiaonline.org/articles/article/debarking-bark-softening-myths-and-facts#sthash.NF3xTGVz.dpbs.
- McGuire, Betty, and Katherine Bernis. "Scent Marking in Shelter Dogs: Effects of Body Size." *Applied Animal Behaviour Science* 186 (2017): 49–55. http://www.appliedanimalbehaviour.com/article/S0168-1591(16)30317-3/fulltext.
- McIntosh, Sandy. "Remembering H. R. Hays." *Poetrybay*. Autumn 2000. http://poetrybay.com/autumn2000/sample_autumn27.html.
- McPherson, Poppy. "'I Want to Kill These Dogs': Question of Whether to Cull Strays Divides Yangon." *Guardian*, January 19, 2017. https://www.theguardian.com/cities/2017/jan/19/stray-dogs-yangon-myanmar-mass-cull-child-attacks.
- Mech, L. David. "Alpha Status, Dominance, and Division of Labor in Wolf Packs." *Canadian Journal of Zoology* 77 (1999): 1196–203. http://www.wolf.org/wp-content/uploads/2013/09/267alphastatus_english.pdf.
- Michaels, Linda. *Do No Harm: Dog Training and Behavior Manual*. 2017. https://gumroad.com/lindamichaels
- ——. "Hierarchy of Dog Needs." Del Mar Dog Training. http://www.dogpsychologistoncall.com/hierarchy-of-dog-needs-tm/.
- Mikanowski, Jacob. "Wild Thing." *Aeon*, November 28, 2016. https://aeon.co/essays/how-domestication-changes-species-including-the-human
- Miklósi, Ádám. *Dog Behaviour, Evolution, and Cognition*. New York: Oxford University Press, 2016.『イヌの動物行動学: 行動、進化、認知』(アダム・ミクロシ著、藪田慎司監訳、森貴久、川島美生、中田みどり、藪田慎司訳、東海大学出版部、2014年)
- Miller, Pat. "5 Steps to Deal with Dog Growling." *Whole Dog Journal*, October 2009. Updated June 8, 2017. http://www.whole-dog-journal.com/issues/12_10/features/Dealing-With-Dog-Growling_16163-1.html?FT=wholedogjournal:e265468:2368867a:&st=email&s=p_Grabbag031917&omhide=true.

Movement Clues." *Behavioural Processes* 136 (2017): 54–58. http://www.sciencedirect.com/science/article/pii/S037663571630208X.

- "Learning to Speak Dog Part 4: Reading a Dog's Body." *Tails from the Lab* (blog). August 29, 2012. http://www.tailsfromthelab.com/2012/08/29/learning-to-speak-dog-part-4-reading-a-dogs-body/.
- Lee, Hyung-Sook, Mardelle M. Shepley, and Chang-Shan Huang. "Evaluation of Off-Leash Dog Parks in Texas and Florida: A Study of Use Patterns, User Satisfaction, and Perception." *Landscape and Urban Planning* 92, nos. 3–4 (2009): 314–24. https://www.researchgate.net/publication/223592560_Evaluation_of_Off-Leash_Dog_Parks_in_Texas_and_Florida_A_Study_of_Use_Patterns_User_Satisfaction_and_Perception.
- Lehner, Philip. *Handbook of Ethological Methods*. 2nd ed. New York: Cambridge University Press, 1998.
- Leone, Jared. "Brewery Offers 'Pawternity' Leave for Employees with New Dogs." WHIO TV, February 17, 2107. http://www.whio.com/news/national/brewery-offers-pawternity-leave-for-employees-with-new-dogs/v7e2jnpbNJtnO0pdvqh21I/
- Lewis, Lauren. "Breaking News! Vancouver Bans Sale of Dogs, Cats, and Rabbits in Pet Stores." World Animal News, June 30, 2017. http://worldanimalnews.com/breaking-news-vancouver-bans-sale-dogs-cats-rabbits-pet-stores/.
- Lewis, Susan. "The Meaning of Dog Barks." *NOVA*, October 28, 2010. http://www.pbs.org/wgbh/nova/nature/meaning-dog-barks.html.
- Lisberg, Anneke, and Charles Snowdon. "The Effects of Sex, Gonadectomy and Status on Investigation Patterns of Unfamiliar Conspecific Urine in Domestic Dogs, *Canis familiaris*." *Animal Behaviour* 77 (2008): 1147–54. https://www.researchgate.net/publication/223011377.
- ——. "Effects of Sex, Social Status and Gonadectomy on Countermarking by Domestic Dogs, *Canis familiaris*." *Animal Behaviour* 81 (2011): 757–64. http://www.sciencedirect.com/science/article/pii/S0003347211000078.
- London, Karen. "Should We Call These Canine Behaviors Calming Signals?" *The Bark* (blog). *The Bark*, June 2, 2017. http://thebark.com/content/should-we-call-these-canine-behaviors-calming-signals.
- London Assembly. "Time to Review the Dangerous Dog Act." Press release, December 7, 2016. https://www.london.gov.uk/press-releases/assembly/time-to-review-the-dangerous-dogs-act.
- London School of Economics. "Mensa Mutts? Dog IQ Tests Reveal Canine 'General Intelligence.'" *Science Daily*, February 7, 2016. www.sciencedaily.com/releases/2016/02/160207203445.htm.
- Lorenz, Konrad. *The Foundations of Ethology*. New York: Springer-Verlag, 1981.
- Ma, Lybi. "Take a Walk on the Rewild Side." *Brainstorm* (blog). *Psychology Today*, November 5, 2014. https://www.psychologytoday.com/blog/brainstorm/201411/take-walk-the-rewild-side.
- MacLean, Evan, and Brian Hare. "Dogs Hijack the Human Bonding Pathway." Science 348 (2015): 280–81.
- "Mall Opens Its Doors for Stray Dogs during Winter Storm." Good News Network. January 11, 2017. http://www.goodnewsnetwork.org/mall-opens-door-stray-dogs-winter-storm/.
- "A Man's Best Friend: Study Shows Dogs Can Recognize Human Emotions." *Science-Daily*, January 12, 2016. https://www.sciencedaily.com/releases/2016/01/160112214507.htm.

- Jamieson, Dale, and Marc Bekoff. "On Aims and Methods of Cognitive Ethology." *PSA: Proceedings of the Biennial Meeting of the Philosophy of Science Association* 1992, no. 2 (1992): 110–24. http://www.journals.uchicago.edu/doi/abs/10.1086/psaprocbienmeetp.1992.2.192828.
- Johnson, Rebecca, Alan Beck, and Sandra McCune, eds. *Health Benefits of Dog Walking for People and Pets: Evidence and Case Studies*. West Lafayette, IN: Purdue University Press, 2011.
- Kaminski, Julianne, and Marie Nitzschner. "Do Dogs Get the Point? A Review of Dog–Human Communication Ability." *Learning and Motivation* 44 (2013): 294–302. http://www.sciencedirect.com/science/article/pii/S0023969013000325.
- Kaminsky, Julianne, and Sarah Marshall-Pescini, eds. *The Social Dog: Behavior and Cognition*. New York: Academic Press, 2014.
- Kaplan, Karen. "Dog Domestication Saddled Man's Best Friend with Defective Genes, Study Says." *Los Angeles Times*, December 22, 2015. http://www.latimes.com/science/sciencenow/la-sci-sn-dog-domestication-harmful-dna-20151221-story.html.
- Kassam, Ashifa. "Judge Rules Pet Dogs Cannot Be Treated as Children in Canada Custody Dispute." *Guardian*, December 19, 2016. https://www.theguardian.com/world/2016/dec/19/dogs-children-property-custody-canada.
- Käufer, Mechtild. *Canine Play Behavior: The Science of Dogs at Play*. Wenatchee, WA: Dogwise Publishing, 2014.
- Kilday, Gregg. "Universal Cancels Premiere of 'A Dog's Purpose.'" Hollywood Reporter, January 19, 2017. http://www.hollywoodreporter.com/news/a-dogs-purpose-premiere-cancelled-controversy-966354.
- King, Camille, Thomas J. Smith, Temple Grandin, and Peter Borchelt. "Anxiety and Impulsivity: Factors Associated with Premature Graying in Young Dogs." *Applied Animal Behaviour Science* 185 (2016): 78–85. http://www.appliedanimalbehaviour.com/article/S0168-1591(16)30277-5/abstract?cc=y=.
- Klonsky, Jane Sobel. *Unconditional: Older Dogs, Deeper Love*. Washington, DC: National Geographic, 2016.
- Knaus, Christopher. "Greyhound Doping: 51 NSW Trainers Offended after Inquiry Began." *Guardian*, January 26, 2017. https://www.theguardian.com/sport/2017/jan/27/greyhound-doping-51-nsw-trainers-charged-from-may-2015-to-september-2016.
- Koler-Matznick, Janice. *Dawn of the Dog: The Genesis of a Natural Species*. Central Point, OR: Cynology Press, 2016.
- Kristof, Nicholas. "Do You Care More about a Dog Than a Refugee?" *New York Times*, August 18, 2016. http://www.nytimes.com/2016/08/18/opinion/but-what-if-my-dog-had-been-a-syrian.html?_r=0.
- Krulik, Tracy. "Dogs and Dominance: Let's Change the Conversation." *Dogz and Their Peoplez* (blog), January 18, 2017. http://dogzandtheirpeoplez.com/2017/01/18/dogs-and-dominance-lets-change-the-conversation/.
- ——. "Dominance and Dogs—the Push-ups Challenge." *Dogz and Their Peoplez* (blog), January 16, 2017. http://dogzandtheirpeoplez.com/2017/01/16/dominance-and-dogs-the-push-ups-challenge/.
- ——. "Eager to Please." *The Bark*, no. 88 (Winter 2016), 39–42.
- Kuroshima, Hika, Yukari Nabeoka, Yusuke Hori, Hitomi Chijiiwa, and Kazuo Fujita. "Experience Matters: Dogs (*Canis familiaris*) Infer Physical Properties of Objects from

『犬であるとはどういうことか——その鼻が教える匂いの世界』（アレクサンドラ・ホロウィッツ著、竹内和世訳、白揚社、2018年）
- ——. "Disambiguating the 'Guilty Look': Salient Prompts to a Familiar Dog Behaviour." *Behavioural Processes* 81 (2009): 447–52. https://www.ncbi.nlm.nih.gov/pubmed/19520245.
- ——, ed. *Domestic Dog Cognition and Behavior: The Scientific Study of Canis familiaris*. New York: Springer, 2014.
- ——. "From Fire Hydrants to Rescue Work, Dogs Perceive the World through Smell." Interview by Terry Gross. *Fresh Air*, October 4, 2016. http://www.npr.org/2016/10/04/496417068/from-fire-hydrants-to-rescue-work-dogs-perceive-the-world-through-smell.
- Horowitz, Alexandra, and Marc Bekoff. "Naturalizing Anthropomorphism: Behavioral Prompts to Our Humanizing of Animals." *Anthrozoös* 20 (2007): 23–35.
- Horsky, Nicole. *My Dog Is Blind...But Lives Life to the Full*! Dorset, UK: Veloce Publishing, 2017.
- Horwitz, Debra F., J. Ciribassi, and Steve Dale, eds. *Decoding Your Dog: The Ultimate Experts Explain Common Dog Behaviors and Reveal How to Prevent or Change Unwanted Ones*. Boston: Houghton Mifflin Harcourt, 2014.
- Howard, Jacqueline. "Here's More Proof That Dogs Can Totally Read Our Facial Expressions." *HuffPost*, February 13, 2015. http://www.huffingtonpost.com/2015/02/13/dogs-read-faces-study-video_n_6672422.html.
- "How Are Animal Abuse and Family Violence Linked?" National Link Coalition. Accessed July 13, 2017. http://nationallinkcoalition.org/faqs/what-is-the-link.
- Howse, Melissa. "Exploring the Social Behaviour of Domestic Dogs (*Canis familiaris*) in a Public Off-Leash Dog Park." MS thesis, Memorial University of Newfoundland, 2016. http://research.library.mun.ca/11670/1/thesis.pdf.
- Hrala, Josh. "Your Dog Doesn't Trust You When You're Angry, Study Finds." Science Alert. May 24, 2016. http://www.sciencealert.com/your-dog-doesn-t-trust-you-when-you-re-angry-study-finds.
- Huber, Ludwig. "How Dogs Perceive and Understand Us." *Current Directions in Psychological Science* 25, no. 5 (2016). http://cdp.sagepub.com/content/25/5/339.
- Hyman, Ira. "Dogs Don't Remember." *Mental Mishaps* (blog). *Psychology Today*, May 1, 2010. https://www.psychologytoday.com/blog/mental-mishaps/201005/dogs-dont-remember.
- Ioja, Cristian, Laurentiu Rozylowicz, Maria Patroescu, Mihai Razvan Nita, and Gabriel Ovidiu Vanau. "Dog Walkers' vs. Other Park Visitors' Perceptions: The Importance of Planning Sustainable Urban Parks in Bucharest, Romania," *Landscape and Urban Planning* 130, no. 1 (2011): 74–82. doi: 10.1016/j.landurbplan.2011.06.002.
- Irvine, Leslie. *Filling the Ark: Animal Welfare in Disasters*. Philadelphia: Temple University Press, 2009.
- ——. *If You Tame Me: Understanding Our Connection with Animals*. Philadelphia: Temple University Press, 2004.
- ——. "The Power of Play." *Anthrozoös* 14 (2001): 151–60.
- Jackson, Patrick. "Situated Activities in a Dog Park: Identity and Conflict in Human-Animal Space." *Society and Animals* 20 (2012): 254–72. http://www.animalsandsociety.org/wp-content/uploads/2016/05/jackson.pdf.

- Hart, Benjamin, Lynette Hart, and Melissa Bain, eds. *Canine and Feline Behavior Therapy*. 2nd ed. Hoboken: Wiley-Blackwell, 2006.
- Hart, Vlastimil, Petra Nováková, Erich Pascal Malkemper, Sabine Begall, Vladimír Hanzal, Miloš Ježek, Tomáš Kušta, et al. "Dogs Are Sensitive to Small Variations of the Earth's Magnetic Field." *Frontiers in Zoology* 10, no. 80 (2013). https://frontiersinzoology.biomedcentral.com/articles/10.1186/1742-9994-10-80.
- Harvey, Adam. "Indonesian Charity Finds New Homes Overseas for Unwanted Dogs." ABC News Australia. January 23, 2017. http://www.abc.net.au/news/2017–01–22/indonesian-rescue-sends-dogs-overseas-in-quest-for-new-life/8192042.
- Hathaway, Bill. "Dogs Ignore Bad Advice That Humans Follow." YaleNews, September 26, 2016. http://news.yale.edu/2016/09/26/dogs-ignore-bad-advice-humans-follow.
- Hays, H. R. *Birds, Beasts, and Men: A Humanist History of Zoology*. New York: G. P. Putnam's Sons, 1972.
- Hecht, Julie. "Dog Speak: The Sounds of Dogs." *The Bark*, no. 73 (Spring 2013). http://thebark.com/content/dog-speak-sounds-dogs.
- ——. "Why Do Dogs Roll Over during Play?" *Dog Spies* (blog). *Scientific American*, January 9, 2015. http://blogs.scientificamerican.com/dog-spies/why-do-dogs-roll-over-during-play/.
- Heimbuch, Jaymi. "15 Things Humans Do Wrong at Dog Parks." Mother Nature Network. December 2, 2013. http://www.mnn.com/family/pets/stories/15-things-humans-do-wrong-at-dog-parks.
- Hekman, Jessica. "Understanding Canine Social Hierarchies." *The Bark*, no. 84 (Winter 2015). http://thebark.com/content/understanding-canine-social-hierarchies.
- Herzog, Hal. "Study Finds Dog-Walkers Have More Bad Mental Health Days!" *Animals and Us* (blog). *Psychology Today*, February 1, 2017. https://www.psychologytoday.com/blog/animals-and-us/201702/study-finds-dog-walkers-have-more-bad-mental-health-days.
- ——. "25 Things You Probably Didn't Know about Dogs." *Animals and Us* (blog). *Psychology Today*, March 13, 2017. https://www.psychologytoday.com/blog/animals-and-us/201703/25-things-you-probably-didn-t-know-about-dogs.
- Hetts, Suzanne. *12 Terrible Mistakes Owners Make That Ruin Their Dog's Behavior...and How to Avoid Them*. N.p.: Animal Behavior Associates, 2014.
- Hirskyj-Douglas, Ilyena. "Here's What Dogs See When They Watch Television." The Conversation, September 8, 2016. https://theconversation.com/heres-what-dogs-see-when-they-watch-television-65000.
- Hodes, Carly. "More Fat, Less Protein Improves Detection Dogs' Sniffers." *Cornell Chronicle*, March 21, 2013. http://news.cornell.edu/stories/2013/03/more-fat-less-protein-improves-detection-dogs-sniffers.
- Hoff, Benjamin. *The Tao of Pooh*. New York: E. P. Dutton, 1982.『タオのプーさん』（ベンジャミン・ホフ著、吉福伸逸、松下みさを訳、平河出版社、1989年）
- Hoffman, Jan. "To Learn How Smart Dogs Are, Humans Learn New Tricks." *New York Times*, January 7, 2017. https://www.nytimes.com/2017/01/07/well/family/dogs-intelligence.html?hpw&rref=health&action=click&pgtype=Homepage&module=well-region&region=bottom-well&WT.nav=bottom-well&_r=2.
- Horowitz, Alexandra. "Attention to Attention in Domestic Dog (*Canis familiaris*) Dyadic Play." *Animal Cognition* 12, no. 1 (2009): 107–18.
- ——. *Being a Dog: Following the Dog into a World of Smell*. New York: Scribner, 2016.

- Gorman, James. "Why Is That Dog Looking at Me?" *New York Times*, September 15, 2015. http://www.nytimes.com/2015/09/16/science/why-is-that-dog-looking-at-me.htm.
- Gough, William, and Betty McGuire. "Urinary Posture and Motor Laterality in Dogs (*Canis lupus familiaris*) at Two Shelters." *Applied Animal Behaviour Science* 168 (2015): 61–70. http://www.appliedanimalbehaviour.com/article/S0168-1591(15)00120-3/abstract?cc=y=.
- Graham, Taryn, and Troy Glover. "On the Fence: Dog Parks in the (Un)Leashing of Community and Social Capital." *Leisure Studies* 36 (2014): 217–34. http://www.tandfonline.com/doi/abs/10.1080/01490400.2014.888020.
- Gray, Richard. "Foxes May Confuse Predators by Rubbing Themselves in Puma Scent." *New Scientist*, January 19, 2017. https://www.newscientist.com/article/2118444-foxes-may-confuse-predators-by-rubbing-themselves-in-puma-scent/.
- Griffin, Donald. *The Question of Animal Awareness*. 1976. Reprint, New York: Rockefeller University Press, 1981.
- Griffiths, Sarah. "Dogs Snub People Who Are Mean to Their Owners—and Even Reject Their Treats." *Daily Mail*, June 13, 2015. http://www.dailymail.co.uk/sciencetech/article-3121280/Dogs-snub-people-mean-owners-reject-treats.html.
- Grimm, David. *Citizen Canine: Our Evolving Relationship with Cats and Dogs*. New York: PublicAffairs, 2014.
- Grossman, Anna Jane. "All Dog, No Bark: The Pitfalls of Devocalization Surgery." The Blog (blog). *HuffPost*, November 20, 2012. http://www.huffingtonpost.com/anna-jane-grossman/debarking_b_2160971.html.
- Gruber, June, and Marc Bekoff. 2017. "A Cross-Species Comparative Approach to Positive Emotion Disturbance." *Emotion Review* 9 (2017): 72– 78. http://emr.sagepub.com/content/early/2016/02/26/1754073915615430.abstract.
- Hailman, Jack. "How an Instinct Is Learned." *Scientific American* 221, no. 6 (December 1969). https://www.scientificamerican.com/article/how-an-instinct-is-learned/.
- Hallgren, Anders. *Ethics and Ethology for a Happy Dog*. Richmond, UK: Cadmos Publishing Limited, 2015.
- Handelman, Barbara. *Canine Behavior: A Photo Illustrated Handbook*. Wenatchee, WA: Dogwise Publishing, 2008.
- Handwerk, Brian. "Bees Can Learn to Play 'Soccer': Score One for Insect Intelligence." Smithsonian.com, February 24, 2017. http://www.smithsonianmag.com/science-nature/bees-can-learn-play-soccer-score-one-insect-intelligence-180962292/.
- Haraway, Donna. *The Companion Species Manifesto: Dogs, People, and Significant Otherness*. Chicago: Prickly Pear Press, 2003.
- ——. When Species Meet. Minneapolis: University of Minnesota Press, 2007.
- Hare, Brian, and Vanessa Woods. *The Genius of Dogs: How Dogs Are Smarter Than You Think*. New York: Plume, 2013.『あなたの犬は「天才」だ』（ブライアン・ヘア、ヴァネッサ・ウッズ著、古草秀子訳、早川書房、2013年）
- Harmon-Hill, Cindy, and Simon Gadbois. "From the Bottom Up: The Roots of Social Neuroscience at Risk of Running Dry?" *Behavioral and Brain Sciences* 36 (2013): 426–27. https://www.cambridge.org/core/journals/behavioral-and-brain-sciences/article/from-the-bottom-up-the-roots-of-social-neuroscience-at-risk-of-running-dry/D5F6CBA92F64BD0BA87ADF527913E200.
- Harris, Christine, and Caroline Prouvost. "Jealousy in Dogs." *PLOS One* 9, no. 7 (2014). http://journals.plos.org/plosone/article?id=10.1371/journal.pone.0094597.

- ——. *Integrative Development of Brain and Behavior in the Dog*. Chicago: University of Chicago Press, 1971.
- Frankel, Rebecca. *War Dogs: Tales of Canine Heroism, History, and Love*. New York: Palgrave Macmillan, 2014.
- Fugazza, Claudia, Ákos Pogány, and Ádám Miklósi. "Recall of Others' Actions after Incidental Encoding Reveals Episodic-Like Memory in Dogs." *Current Biology* 26 (2016): 3209–13. http://dx.doi.org/10.1016/j.cub.2016.09.057.
- Fukuzawa, Megumi, and Ayano Hasha. "Can We Estimate Dogs' Recognition of Objects in Mirrors from Their Behavior and Response Time?" *Journal of Veterinary Behavior* 17 (2017): 1–5. http://dx.doi.org/10.1016/j.jveb.2016.10.008.
- Gallings, Simon. "Sight, Hearing, Smell: The Differences between Dogs and Humans." *TimeHuman* (blog), August 2012. http://timehuman.blogspot.com/2012/08/sight-hearing-smell-differences-between.html.
- Ganardi, Wayne. *The Next Social Contract: Animals, the Anthropocene, and Biopolitics*. Philadelphia: Temple University Press, 2017.
- Gardner, Mary. "Senior vs. Geriatric: Semantics or Significant?" dvm360.com. December 1, 2016. http://veterinarymedicine.dvm360.com/senior-vs-geriatric-semantics-or-significant.
- Gatti, Roberto Cazzolla. "Self-Consciousness: Beyond the Looking-Glass and What Dogs Found There." *Ethology Ecology and Evolution* 28 (2016): 232–40. http://dx.doi.org/10.1080/03949370.2015.1102777.
- Gaunet, F., E. Pari-Perrin, and G. Bernardin. "Description of Dogs and Owners in Outdoor Built-Up Areas and Their More-Than-Human Issues." *Environmental Management* 54, no. 3 (2014): 383–401. doi: 10.1007/s00267-014-0297-8.
- Gayomali, Chris. "Dogs Might Poop in Line with the Earth's Magnetic Field." *The Week*, January 2, 2014. http://theweek.com/articles/453642/dogs-might-poop-line-earths-magnetic-field.
- Geggel, Laura. "Anxiety May Give Dogs Gray Hair." *Live Science*, December 19, 2016. http://www.livescience.com/57254-anxiety-may-give-dogs-gray-hair.html.
- Gilbert, Matthew. *Off the Leash: A Year at the Dog Park*. New York: St. Martin's Griffin, 2016.
- Gill, Victoria, and Jonathan Webb. "Dogs 'Can Tell Difference between Happy and Angry Faces.'" *BBC News*, February 12, 2015. http://www.bbc.com/news/science-environment-31384525.
- Goldman, Laura. "Success! It's Now a Felony to Abuse Companion Animals in Ohio." *Care 2*, September 15, 2016. http://www.care2.com/causes/success-its-now-a-felony-to-abuse-companion-animals-in-ohio.html.
- Gomez, Edwin. "Dog Parks: Benefits, Conflicts, and Suggestions." *Journal of Park and Recreation Administration* 31 (2013): 71–91. http://js.sagamorepub.com/jpra/article/view/4549.
- Gompper, Matthew, ed. *Free-Ranging Dogs and Wildlife Conservation*. New York: Oxford University Press, 2013.
- Goodavage, Maria. *Secret Service Dogs: The Heroes Who Protect the President of the United States*. New York: Dutton, 2016.『戦場に行く犬: アメリカの軍用犬とハンドラーの絆』（マリア・グッダヴェイジ著、櫻井英里子訳、晶文社、2017年）
- Good News for Pets. "Pet Industry Spending at All-Time High: Up $6 Billion," March 24, 2017. http://goodnewsforpets.com/pet-industry-spending-time-high-6-billion/.

2016.

- Dodman, Nicholas. *Pets on the Couch: Neurotic Dogs, Compulsive Cats, Anxious Birds, and the New Science of Animal Psychiatry*. New York: Atria Books, 2016.
- "Dog Fights Prompt 5,000 Calls to RSPCA in Past Decade." *BBC News*, January 18, 2017. http://www.bbc.com/news/uk-england-38653726.
- "Dog Parks Lead Growth in U.S. City Parks." Trust for Public Lands, April 15, 2015. https://www.tpl.org/media-room/dog-parks-lead-growth-us-city-parks#sm.0001n49qvy4vyfo0114gq7j2cqaeg.
- "Dogs Share Food with Other Dogs Even in Complex Situations." *Science Daily*, January 27, 2017. https://www.sciencedaily.com/releases/2017/01/170127112954.htm.
- "Dog Training and Consumer Protection: What You Should Know." Facebook video, 3:41. Posted by the Academy for Dog Trainers. March 4, 2016. https://www.facebook.com/AcademyforDogTrainers/videos/987644334623619/.
- Donaldson, Jean. *Train Your Dog Like a Pro*. New York: Howell Book House, 2010.
- Eaton, Barry. *Dominance in Dogs: Fact or Fiction*? Wenatchee, WA: Dogwise Publishing, 2009.
- El Nasser, Haya. "Fastest-Growing Urban Parks Are for the Dogs." *USA Today*, December 8, 2011. http://usatoday30.usatoday.com/news/nation/story/2011-12-07/dog-parks/51715340/1.
- Estep, Daniel Q., and Suzanne Hetts. "Pilgrim Bark Park Provincetown: Dog Park Etiquette and Safety Tips." Animal Behavior Associates, Littleton, CO, 2006. http://www.provincetowndogpark.org/documents/Etiquette.pdf.
- Fagen, Robert. *Animal Play Behavior*. New York: Oxford University Press, 1981.
- Farricelli, Adrienne. "Does Human Perfume Affect Dogs?" *Cuteness*. https://www.cuteness.com/blog/content/does-human-perfume-affect-dogs.
- Feddersen-Petersen, Dorit Urd. "Vocalization of European Wolves (*Canis lupus lupus* L.) and Various Dog Breeds (*Canis lupus* f. fam.)." *Archiv für Tierzucht* 43 (2000): 387–97. http://www.archanimbreed.com/pdf/2000/at00p387.pdf.
- "Federal Court Rules Police Can Shoot a Dog If It Moves, Barks When Officer Enters Home." WISHTV10. December 23, 2016. http://wishtv.com/2016/12/23/federal-court-rules-police-can-shoot-a-dog-if-it-moves-barks-when-officer-enters-home/.
- Feuerbacher, E. N., and C. D. Wynne. "Most Domestic Dogs (*Canis lupus familiaris*) Prefer Food to Petting: Population, Context, and Schedule Effects in Concurrent Choice." *Journal of the Experimental Analysis of Behavior* 101 (2014): 385–405. https://www.ncbi.nlm.nih.gov/pubmed/24643871.
- Forsman, Chuck. *Walking Magpie: On and Off the Leash*. Staunton, VA: George F. Thompson Publishing, 2013.
- Foubert, Elizabeth M. "Occupational Licensure for Pet Dog Trainers: Dogs Are Not the Only Ones Who Should Be Licensed." Paper presented at the Animal Law Conference, New York, October 7–9, 2016. http://aldf.org/wp-content/uploads/ALC/2016/Occupational_Licensure_for_Pet_Dog_Trainers.pdf.
- Fowler, Sarah. "MS Legislator Pushing Animal Cruelty Bill." *Jackson Clarion-Ledger* (MS), December 31, 2016. http://www.clarionledger.com/story/news/politics/2016/12/31/ms-legislator-pushing-animal-cruelty-bill/95953796/.
- Fox, Michael W. *Behaviour of Wolves, Dogs, and Related Canids*. New York: Harper & Row, 1972.

Today, February 16, 2016. https://www.psychologytoday.com/blog/canine-corner/201602/understanding-the-nature-dog-intelligence.
- ——. "What Are Dogs Trying to Say When They Bark?" *Canine Corner* (blog). *Psychology Today*, March 15, 2011. https://www.psychologytoday.com/blog/canine-corner/201103/what-are-dogs-trying-say-when-they-bark.
- ——. "What a Wagging Dog Tail Really Means: New Scientific Data." *Canine Corner* (blog). *Psychology Today*, December 5, 2011. https://www.psychologytoday.com/blog/canine-corner/201112/what-wagging-dog-tail-really-means-new-scientific-data.
- ——. *The Wisdom of Dogs*. N.p.: Blue Terrier Press, 2014.
- Costello, Alex. "Dog Abuse Video Spurs Legislation to License Trainers." *Long Beach Patch*, December 19, 2016. http://patch.com/new-york/longbeach/dog-abuse-video-spurs-legislation-license-trainers.
- Council of Europe. *European Convention for the Protection of Pet Animals = Convention européenne pour la protection des animaux de compagnie*. Strasbourg: Council of Europe, 1987. https://www.animallaw.info/treaty/european-convention-protection-pet-animals.
- Crosby, James. "The Specific Use of Evidence in the Investigation of Dog Bite Related Human Fatalities." MS thesis, University of Florida, 2016.
- Dahl, Melissa. "What Does a Dog See in a Mirror?" *Science of Us* (blog). *New York*, May 23, 2016. http://nymag.com/scienceofus/2016/05/what-does-your-dog-see-when-he-looks-in-the-mirror.html.
- Darwin, Charles. *The Descent of Man and Selection in Relation to Sex*. Vol. 1. 2nd ed. New York: American Home Library, 1902.『人間の由来（上・下）』（チャールズ・ダーウィン著、長谷川眞理子訳、講談社学術文庫、2016年）
- Davis, Nicola. "Puppies' Response to Speech Could Shed Light on Baby-Talk, Suggests Study." *Guardian*, January 10, 2017. https://www.theguardian.com/science/2017/jan/11/puppies-response-to-speech-could-shed-light-on-baby-talk-suggests-study.
- DeKok, Wim. "The Origin of World Animal Day." World Animal Day, September 29, 2016. http://www.worldanimalday.org.uk/img/resource/Origin%20of%20World%20Animal%20Day.pdf.
- DeMello, Margo, ed. *Mourning Animals: Rituals and Practices Surrounding Animal Death*. East Lansing: Michigan State University Press, 2016.
- Derr, Mark. *Dog's Best Friend: Annals of the Dog-Human Relationship*. Chicago: University of Chicago Press, 2004.『美しい犬、働く犬―アメリカの犬たちはいま』（マーク・デア著、中村凪子、水野尚子 訳、草思社、2001年）
- ——. *How the Dog Became the Dog: From Wolves to Our Best Friends*. New York: Overlook Press, 2011.
- ——. "What Do Those Barks Mean? To Dogs, It's All Just Talk." *New York Times*, April 24, 2001. http://www.nytimes.com/2001/04/24/science/what-do-those-barks-mean-to-dogs-it-s-all-just-talk.html.
- de Waal, Frans. "How Do Dogs Recognize Us? And Why Do We Love Cats Anyway?" Review of *Being a Dog*, by Alexandra Horowitz, and of *The Lion in the Living Room*, by Abigail Tucker. *New York Times*, November 8, 2016. http://www.nytimes.com/2016/11/13/books/review/being-a-dog-alexandra-horowitz-lion-in-the-living-room-abigail-tucker.html.
- Dickey, Bronwen. *Pit Bull: The Battle over an American Icon*. New York: Vintage Books,

- Cherney, Elyssa. "Orange-Osceola State Attorney Creates Animal Cruelty Unit." *Orlando Sentinel*, July 29, 2016. http://www.orlandosentinel.com/news/os-state-attorney-specialty-unit-20160729-story.html.
- "Clever Dog Steals Treats from Kitchen Counter." YouTube video, 1:52. Posted by "Poke My Heart." June 14, 2012. https://www.youtube.com/watch?v=xYBbymUyFwQ.
- Coffey, Laura. *My Old Dog: Rescued Pets with Remarkable Second Acts*. Novato, CA: New World Library, 2015.
- Contorno, Steve. "'Sarge's Law' Could Bring New Rules for Dog Trainers in Hillsborough, Entire State." *Tampa Bay Times*, February 28, 2017. http://www.tampabay.com/news/humaninterest/sarges-law-could-bring-new-rules-for-dog-trainers-in-hillsborough-entire/2314707.
- Cook, Gareth. "Inside the Dog Mind." *Mind* (blog). *Scientific American*, May 1, 2013. http://www.scientificamerican.com/article/inside-the-dog-mind/.
- Cook, Peter, Ashley Prichard, Mark Spivak, and Gregory S. Berns. "Awake Canine fMRI Predicts Dogs' Preference for Praise versus Food." *Social Cognitive and Affective Neuroscience* 11, no. 12 (2016): 1853–62. https://doi.org/10.1093/scan/nsw102.
- Cooper, Caren. *Citizen Science: How Ordinary People Are Changing the Face of Discovery*. New York: Overlook Press, 2016.
- Corbley, McKinley. "Hundreds of Strangers Escort Dying Dog for Final Walk on Favorite Beach." *Good News Network*, November 16, 2016. https://www.goodnewsnetwork.org/hundreds-strangers-escort-dying-dog-final-walk-favorite-beach/.
- Cordoni, Giada, Velia Nicotra, and Elisabetta Palagi. "Unveiling the 'Secret' of Play in Dogs (*Canis lupus familiaris*): Asymmetry and Signals." *Journal of Comparative Psychology* 130 (2016): 278–87. http://dx.doi.org/10.1037/com0000035.
- Coren, Stanley. "Are There Behavior Changes When Dogs Are Spayed or Neutered?" *Canine Corner* (blog). *Psychology Today*, February 22, 2017. https://www.psychologytoday.com/blog/canine-corner/201702/are-there-behavior-changes-when-dogs-are-spayed-or-neutered.
- ——. "A Designer Dog-Maker Regrets His Creation." *Canine Corner* (blog). *Psychology Today*, April 1, 2014. https://www.psychologytoday.com/blog/canine-corner/201404/designer-dog-maker-regrets-his-creation.
- ——. "Do Dogs Feel Jealousy and Envy?" *Canine Corner* (blog). *Psychology Today*, June 19, 2013. https://www.psychologytoday.com/blog/canine-corner/201306/do-dogs-feel-jealousy-and-envy.
- ——. "Do Dogs Have a Sense of Humor?" *Canine Corner* (blog). *Psychology Today*, December 17, 2015. https://www.psychologytoday.com/blog/canine-corner/201512/do-dogs-have-sense-humor.
- ——. "Do Dogs Have Empathy for Other Dogs?" *Canine Corner* (blog). *Psychology Today*, November 2, 2016. https://www.psychologytoday.com/blog/canine-corner/201611/do-dogs-have-empathy-other-dogs.
- ——. *How Dogs Think: What the World Looks Like to Them and Why They Act the Way They Do*. New York: Atria Books, 2005.
- ——. "Long Tails versus Short Tails and Canine Communication." *Canine Corner* (blog). *Psychology Today*, February 1, 2012. https://www.psychologytoday.com/blog/canine-corner/201202/long-tails-versus-short-tails-and-canine-communication.
- ——. "Understanding the Nature of Dog Intelligence." *Canine Corner* (blog). *Psychology

- Briggs, Helen. "Cats May Be as Intelligent as Dogs, Say Scientists." *BBC News*, January 25, 2017. http://www.bbc.com/news/science-environment-38665057.
- Brulliard, Karin. "Americans Are Spending More on Health Care—for Their Pets." *Animalia* (blog). *Washington Post*, November 2, 2016. https://www.washingtonpost.com/news/animalia/wp/2016/11/02/americans-are-spending-more-on-health-care-for-their-pets/.
- ——. "In a First, Alaska Divorce Courts Will Now Treat Pets More Like Children." *Animalia* (blog). *Washington Post*, January 24, 2017. https://www.washingtonpost.com/news/animalia/wp/2017/01/24/in-a-first-alaska-divorce-courts-will-now-treat-pets-more-like-children/?utm_term=.1ab12e0738a1.
- Burghardt, Gordon. *The Genesis of Animal Play: Testing the Limits*. Cambridge, MA: Bradford Books, 2005.
- ——. "Mediating Claims through Critical Anthropomorphism." *Animal Sentience* (2016). http://animalstudiesrepository.org/cgi/viewcontent.cgi?article=1063& context=animsent.
- Burkhardt, Richard. *Patterns of Behavior: Konrad Lorenz, Niko Tinbergen, and the Founding of Ethology*. Chicago: University of Chicago Press, 2005.
- Byars, Mitchell. "Boulder Mailman Builds Ramp for Aging Dog along Route." *Daily Camera*, January 6, 2017. http://www.dailycamera.com/news/boulder/ci_30706844/boulder-mailman-builds-ramp-aging-dog-along-route.
- Byosiere, Sarah-Elizabeth, Julia Espinosa, and Barbara Smuts. "Investigating the Function of Play Bows in Adult Pet Dogs (*Canis lupus familiaris*)." *Behavioural Processes* 125 (2016): 106–13. https://www.researchgate.net/publication/295898387_Investigating_the_function_of_play_bows_in_adult_pet_dogs_Canis_lupus_familiaris.
- Cafazzo, Simona, Eugenia Natoli, and Paola Valsecchi. "Scent-Marking Behaviour in a Pack of Free-Ranging Domestic Dogs." *Ethology* 118 (2012): 955–66. http://onlinelibrary.wiley.com/doi/10.1111/j.1439-0310.2012.02088.x/abstract.
- Caldwell, Christine. "Mindfulness & Bodyfulness: A New Paradigm." *Journal of Contemplative Inquiry* 1 (2014): 77–96. http://naropa.edu/documents/faculty/bodyful-art-joci-2014.pdf.
- Carlos, Naia. "Even Dogs Have Gotten into the Plastic Surgery Craze with Botox, Nose Jobs, and More." *Nature World News*, March 22, 2017. http://www.natureworldnews.com/articles/36610/20170322/even-dogs-gotten-plastic-surgery-craze-botox-nose-jobs-more.htm.
- ——. "True Best Friends: Dogs, Humans Mirror Each Other's Personality." *Nature World News*, February 20, 2017. http://www.natureworldnews.com/articles/35563/20170210/true-best-friends-dogs-humans-mirror-each-others-personality.htm.
- Carr, Neil. *Dogs in the Leisure Experience*. Oxfordshire, UK: CABI, 2014.
- Carrier, Lydia Ottenheimer, Amanda Cyr, Rita E. Anderson, and Carolyn J. Walsh. Exploring the Dog Park: Relationships between Social Behaviours, Personality and Cortisol in Companion Dogs." *Applied Animal Behaviour Science* 146 (2013): 96–106. http://www.sciencedirect.com/science/article/pii/S0168159113000981.
- Case, Linda P. "Dog Park People." *The Science Dog* (blog). February 12, 2014. https://thesciencedog.wordpress.com/2014/02/12/dog-park-people/.
- Cavalier, Darlene, and Eric Kennedy. *The Rightful Place of Science: Citizen Science*. Tempe, AZ: Consortium for Science, Policy, & Outcomes, 2016.
- Chan, Melissa. "The Mysterious History behind Humanity's Love of Dogs." *Time*, August 25, 2016. http://time.com/4459684/national-dog-day-history-domestic-dogs-wolves/.

www.cell.com/current-biology/issue?pii=S0960-9822(14)X0025-4.

- Bird, Susan. "Dogs Are Worth More Than Mere 'Fair Market Value,' Rules Ohio Appeals Court." *Care 2*, December 19, 2016. http://www.care2.com/causes/dogs -are-worth-more-than-mere-fair-market-value-rules-ohio-appeals-court.html.
- ——. "Mexico Gets Serious: Dogfighting Will Now Be Penalized as a Felony." *Care 2*, May 1, 2017. http://www.care2.com/causes/mexico-gets-serious-dogfighting-will-now-be-penalized-as-a-felony.html.
- ——. "Undercover Video Shows Texas A&M Intentionally Breeds Deformed Dogs." *Care 2*, December 19, 2016. http://www.care2.com/causes/undercover-video-shows-texas-am-intentionally-breeds-deformed-dogs.html.
- Bonanni, Roberto, Simona Cafazzo, Arianna Abis, Emanuela Barillari, Paola Valsecchi, and Eugenia Natoli. "Age-Graded Dominance Hierarchies and Social Tolerance in Packs of Free-Ranging Dogs." *Behavior Ecology* arx059 (April 2017). https://academic.oup.com/beheco/article-abstract/doi/10.1093/beheco/arx059/3743771/Age-graded-dominance-hierarchies-and-social?redirectedFrom = fulltext
- Bonanni, Roberto, Eugenia Natoli, Simona Cafazzo, and Paola Valsecchi. "Free-Ranging Dogs Assess the Quantity of Opponents in Intergroup Conflicts." *Animal Cognition* 14 (2011): 103–15. http://link.springer.com/article/10.1007/s10071-010-0348-3.
- Bonanni, Roberto, Paola Valsecchi, and Eugenia Natoli. "Pattern of Individual Participation and Cheating in Conflicts between Groups of Free-Ranging Dogs." *Animal Behaviour* 79 (2010): 957–68. http://www.sciencedirect.com/science/article/pii/S0003347210000382.
- Boult, Adam. "Rats Laugh When Tickled— and This Is What It Sounds Like." *The Telegraph*, November 12, 2016. http://www.telegraph.co.uk/science/2016/11/12/rats-laugh-when-tickled---and-this-is-what-it-sounds-like/.
- Bowman, A., F. J. Dowell, and N. P. Evans. "The Effect of Different Genres of Music on the Stress Levels of Kennelled Dogs." *Physiology and Behavior* 171 (2017): 207–15. http://www.sciencedirect.com/science/article/pii/S0031938416306977.
- Bradley, Theresa, and Ritchie King. "The Dog Economy Is Global— but What Is the World's True Canine Capital?" *Atlantic*, November 13, 2012. https://www.theatlantic.com/business/archive/2012/11/the-dog-economy-is-global-but-what-is-the-worlds-true-canine-capital/265155/.
- Bradshaw, John. *Dog Sense: How the New Science of Dog Behavior Can Make You a Better Friend to Your Pet*. New York: Basic Books, 2014.『犬はあなたをこう見ている——最新の動物行動学でわかる犬の心理』(ジョン・ブラッドショー著、西田美緒子訳、河出文庫、2016年)
- Bradshaw, John, Emily-Jayne Blackwell, and Rachel Casey. "Dominance in Domestic Dogs—a Response to Schilder et al. (2014)." *Journal of Veterinary Behavior* 11 (2016): 102–8. http://www.journalvetbehavior.com/article/S1558-7878(15)00198-7/pdf.
- Bradshaw, John, and Nicola Rooney. "Dog Social Behavior and Communication." In *The Domestic Dog: Its Evolution, Behavior and Interactions with People*, edited by James Serpell, 133–59. New York: Cambridge University Press, 2017.
- Brandow, Michael. *A Matter of Breeding: A Biting History of Pedigree Dogs and How the Quest for Status Has Harmed Man's Best Friend*. Boston: Beacon Press, 2015.
- Bray, Emily, Evan MacLean, and Brian Hare. "Increasing Arousal Enhances Inhibitory Control in Calm but Not Excitable Dogs." *Animal Cognition* 18 (2015): 1317–29. https://www.ncbi.nlm.nih.gov/pubmed/26169659.

(blog). *Psychology Today*, December 26, 2013. https://www.psychologytoday.com/blog/animal-emotions/201312/we-are-animals-and-therein-lies-hope-better-future.
- ——. "We Don't Know If Dogs Feel Guilt So Stop Saying They Don't." *Animal Emotions* (blog). *Psychology Today*, May 22, 2016. https://www.psychologytoday.com/blog/animal-emotions/201605/we-dont-know-if-dogs-feel-guilt-so-stop-saying-they-dont.
- ——. "What's Happening When Dogs Play Tug-of-War? Dog Park Chatter." *Animal Emotions* (blog). *Psychology Today*, May 6, 2016. https://www.psychologytoday.com/blog/animal-emotions/201605/whats-happening-when-dogs-play-tug-war-dog-park-chatter.
- ——. "Why Dogs Belong Off-Leash: It's Win-Win for All." *Animal Emotions* (blog). *Psychology Today*, May 25, 2016. https://www.psychologytoday.com/blog/animal-emotions/201605/why-dogs-belong-leash-its-win-win-all.
- ——. *Why Dogs Hump and Bees Get Depressed: The Fascinating Science of Animal Intelligence, Emotions, Friendship, and Conservation*. Novato, CA: New World Library, 2014.
- ——. "Why People Buy Dogs Who They Know Will Suffer and Die Young." *Animal Emotions* (blog). *Psychology Today*, February 25, 2017. https://www.psychologytoday.com/blog/animal-emotions/201702/why-people-buy-dogs-who-they-know-will-suffer-and-die-young.
- Bekoff, Marc, and Robert Ickes. "Behavioral Interactions and Conflict among Domestic Dogs, Black-Tailed Prairie Dogs, and People in Boulder, Colorado." *Anthrozoös* 12, no. 2 (1999): 105–10. http://www.tandfonline.com/doi/abs/10.2752/089279399787000318.
- Bekoff, Marc, and Carron Meaney. "Interactions among Dogs, People, and the Environment in Boulder, Colorado: A Case Study." *Anthrozoös* 10 (1997): 23–31. http://www.aldog.org/wp-content/uploads/2011/04/Bekoff-Meaney-1997-dogs.pdf.
- Bekoff, Marc, and Jessica Pierce. *The Animals' Agenda: Freedom, Compassion, and Coexistence in the Human Age*. Boston: Beacon Press, 2017.
- ——. *Wild Justice: The Moral Lives of Animals*. Chicago: University of Chicago Press, 2009.
- Ben-Aderet, Tobey, Mario Gallego-Abenza, David Reby, and Nicolas Mathevon. "Dog-Directed Speech: Why Do We Use It and Do Dogs Pay Attention to It?" *Proceedings of the Royal Society* B, vol. 284 (2017). http://rspb.royalsocietypublishing.org/content/284/1846/20162429.
- Berns, Gregory. *How Dogs Love Us: A Neuroscientist and His Adopted Dog Decode the Canine Brain*. Boston: New Harvest, 2013.『犬の気持ちを科学する』（グレゴリー・バーンズ著、浅井みどり訳、シンコーミュージック、2015年）
- ——. *What It's Like to Be a Dog*. New York: Basic Books, 2017.
- Berns, Gregrory, Andrew Brooks, and Mark Spivak. "Scent of the Familiar: An fMRI Study of Canine Brain Responses to Familiar and Unfamiliar Human and Dog Odors." *Behavioural Processes* 116 (2014): 37–46. http://www.sciencedirect.com/science/article/pii/S0376635714000473.
- Beston, Henry. *The Outermost House: A Year of Life on the Great Beach of Cape Cod*. New York: Holt Paperbacks, 2003. First published 1928 by Doubleday and Doran.『ケープコッドの海辺に暮らして――大いなる浜辺における1年間の生活』（ヘンリー・ベストン著、村上清敏訳、本の友社、1997年）
- "Biology of Fun." 25th anniversary special issue. *Current Biology* 25, no. 1 (2015). http://

- ——. "'If Dogs Truly Were Humans They Would Be Jerks.'" *Animal Emotions* (blog). *Psychology Today*, January 3, 2017. https://www.psychologytoday.com/blog/animal-emotions/201701/if-dogs-truly-were-human-they-would-be-jerks.
- ——. "Is an Unnamed Cow Less Sentient Than a Named Cow?" *Animal Emotions* (blog). *Psychology Today*, February 7, 2016. https://www.psychologytoday.com/blog/animal-emotions/201602/is-unnamed-cow-less-sentient-named-cow.
- ——. "iSpeakDog: A Website Devoted to Becoming Dog Literate." *Animal Emotions* (blog). *Psychology Today*, March 27, 2017. https://www.psychologytoday.com/blog/animal-emotions/201703/ispeakdog-website-devoted-becoming-dog-literate. An interview with Tracy Krulik, founder of iSpeakDog.
- ——. *Minding Animals: Awareness, Emotions, and Heart*. New York: Oxford University Press, 2002.
- ——. "Older Dogs: Giving Elder Canines Lots of Love and Good Lives." *Animal Emotions* (blog). *Psychology Today*, December 1, 2016. https://www.psychologytoday.com/blog/animal-emotions/201612/older-dogs-giving-elder-canines-lots-love-and-good-lives.
- ——. "Perils of Pooping: Why Animals Don't Need Toilet Paper." *Animal Emotions* (blog). *Psychology Today*, January 14, 2014. https://www.psychologytoday.com/blog/animal-emotions/201401/perils-pooping-why-animals-dont-need-toilet-paper.
- ——. "Pit Bulls: The Psychology of Breedism, Fear, and Prejudice." *Animal Emotions* (blog). *Psychology Today*, June 2, 2016. https://www.psychologytoday.com/blog/animal-emotions/201606/pit-bulls-the-psychology-breedism-fear-and-prejudice.
- ——. "Play Signals as Punctuation: The Structure of Social Play in Canids." *Behaviour* 132 (1995): 419–29. http://cogprints.org/158/1/199709003.html.
- ——. *Rewilding Our Hearts: Building Pathways of Compassion and Coexistence*. Novato, CA: New World Library, 2014.
- ——. "Scent-Marking by Free Ranging Domestic Dogs: Olfactory and Visual Components." *Biology of Behavior* 4 (1979): 123–39.
- ——, ed. *The Smile of a Dolphin: Remarkable Accounts of Animal Emotions*. Washington, DC: Discovery Books, 2000.
- ——. "Social Communication in Canids: Evidence for the Evolution of a Stereotyped Mammalian Display." *Science* 197 (1977): 1097–99. http://animalstudiesrepository.org/cgi/viewcontent.cgi?article=1038&context=acwp_ena.
- ——. "Some Dogs Prefer Praise and a Belly Rub over Treats." *Animal Emotions* (blog). *Psychology Today*, August 22, 2016. https://www.psychologytoday.com/blog/animal-emotions/201608/some-dogs-prefer-praise-and-belly-rub-over-treats.
- ——. "Theory of Mind and Play: Ape Exceptionalism Is Too Narrow." *Animal Emotions* (blog). *Psychology Today*, October 9, 2016. https://www.psychologytoday.com/blog/animal-emotions/201610/theory-mind-and-play-ape-exceptionalism-is-too-narrow.
- ——. "Training Dogs: Food Is Fine and Your Dog Will Still Love You." *Animal Emotions* (blog). *Psychology Today*, December 31, 2016. https://www.psychologytoday.com/blog/animal-emotions/201612/training-dogs-food-is-fine-and-your-dog-will-still-love-you.
- ——. "Valuing Dogs More Than War Victims: Bridging the Empathy Gap." *Animal Emotions* (blog). *Psychology Today*, August 21, 2016. https://www.psychologytoday.com/blog/animal-emotions/201608/valuing-dogs-more-war-victims-bridging-the-empathy-gap.
- ——. "We Are Animals and Therein Lies Hope for a Better Future." *Animal Emotions*

animal-emotions/201612/dogs-dominance-breeding-and-legislation-mixed-bag.
- ——. "Dogs Growl Honestly and Women Understand Better Than Men." *Animal Emotions* (blog). *Psychology Today*, May 17, 2017. https://www.psychologytoday.com/blog/animal-emotions/201705/dogs-growl-honestly-and-women-understand-better-men.
- ——. "Dogs Know When They've Been Dissed, and Don't Like It a Bit." Animal Emotions (blog). Psychology Today, July 23, 2014. https://www.psychologytoday.com/blog/animal-emotions/201407/dogs-know-when-theyve-been-dissed-and-dont-it-bit.
- ——. "Dogs Line Up with the Earth's Magnetic Field to Poop and Pee." *Animal Emotions* (blog). *Psychology Today*, January 2, 2014. https://www.psychologytoday.com/blog/animal-emotions/201401/dogs-line-the-earths-magnetic-field-poop-and-pee.
- ——. "Dog Smarts: If We Were Smarter We'd Understand Them Better." *Animal Emotions* (blog). *Psychology Today*, January 11, 2017. https://www.psychologytoday.com/blog/animal-emotions/201701/dog-smarts-if-we-were-smarter-wed-understand-them-better.
- ——. "Dogs Recognize Emotional States Using Mental Representations." *Animal Emotions* (blog). *Psychology Today*, January 13, 2016. https://www.psychologytoday.com/blog/animal-emotions/201601/dogs-recognize-emotional-states-using-mental-representations.
- ——. "Do Our Dogs Really Love Us More Than Our Cats Do?" *Animal Emotions* (blog). *Psychology Today*, February 3, 2016. https://www.psychologytoday.com/blog/animal-emotions/201602/do-our-dogs-really-love-us-more-our-cats-do.
- ——. *The Emotional Lives of Animals*. Novato, CA: New World Library, 2007.
- ——. "Empathy Burnout and Compassion Fatigue among Animal Rescuers." *Animal Emotions* (blog). *Psychology Today*, January 23, 2017. https://www.psychologytoday.com/blog/animal-emotions/201701/empathy-burnout-and-compassion-fatigue-among-animal-rescuers.
- ——. "Ethology Hasn't Been Blown: Animals Need All Help Possible." *Animal Emotions* (blog). *Psychology Today*, December 29, 2015. https://www.psychologytoday.com/blog/animal-emotions/201512/ethology-hasnt-been-blown-animals-need-all-help-possible.
- ——. "For the Love of a Ball: Dogs as Conservation Biologists." *Animal Emotions* (blog). *Psychology Today*, October 26, 2016. https://www.psychologytoday.com/blog/animal-emotions/201610/the-love-ball-dogs-conservation-biologists.
- ——. "The Genius of Dogs and the Hidden Lives of Wolves," *Animal Emotions* (blog), *Psychology Today*, February 4, 2013, https://www.psychologytoday.com/blog/animal-emotions/201302/the-genius-dogs-and-the-hidden-life-wolves#comment-507763.
- ——. "'Gosh, My Dog Is Just Like Me': Shared Neuroticism." *Animal Emotions* (blog). *Psychology Today*, February 11, 2017. https://www.psychologytoday.com/blog/animal-emotions/201702/gosh-my-dog-is-just-me-shared-neuroticism.
- ——. "Hidden Tales of Yellow Snow: What a Dog's Nose Knows—Making Sense of Scents." *Animal Emotions* (blog). *Psychology Today*, June 29, 2009. https://www.psychologytoday.com/blog/animal-emotions/200906/hidden-tales-yellow-snow-what-dogs-nose-knows-making-sense-scents.
- ——. "A Hierarchy of Dog Needs: Abraham Maslow Meets the Mutts." Animal Emotions (blog). Psychology Today, May 31, 2017. https://www.psychologytoday.com/blog/animal-emotions/201705/hierarchy-dog-needs-abraham-maslow-meets-the-mutts
- ——. "Hugging a Dog Is Just Fine When Done with Great Care." *Animal Emotions* (blog). *Psychology Today*, April 28, 2016. https://www.psychologytoday.com/blog/animal-emotions/201604/hugging-dog-is-just-fine-when-done-great-care.

Park Association. January 1, 2014. https://www.parksandrecreation.org/parks-recreation-magazine/2014/january/all-dogs-allowed/.

- Bauer, Erika, and Barbara Smuts. "Cooperation and Competition during Dyadic Play in Domestic Dogs, *Canis familiaris*." *Animal Behaviour* 73 (2007): 489–99. http://psycnet.apa.org/psycinfo/2007-03752-013.
- Beaver, Bonnie. *Canine Behavior: Insights and Answers*. 2nd ed. St. Louis: Saunders Elsevier, 2009.
- Bekoff, Marc. *Animal Emotions: Do Animals Think and Feel?* (blog). *Psychology Today*, 2009–present. https://www.psychologytoday.com/blog/animal-emotions.
- ——. "The Animal Welfare Act Claims Rats and Mice Are Not Animals." *Animal Emotions* (blog). *Psychology Today*, September 25, 2016. https://www.psychologytoday.com/blog/animal-emotions/201609/the-animal-welfare-act-claims-rats-and-mice-are-not-animals.
- ——. "The Animal Welfare Act Claims Rats and Mice Are Not Animals: Why Aren't Researchers Protesting This Idiocy?" *HuffPost*, September 25, 2016. http://www.huffingtonpost.com/entry/the-animal-welfare-act-claims-rats-and-mice-are-not_us_57e7c8b1e4b00267764fc50a.
- ——. "Anthropomorphic Double-Talk: Can Animals Be Happy but Not Unhappy? No!" *Animal Emotions* (blog). *Psychology Today*, June 24, 2009. https://www.psychologytoday.com/blog/animal-emotions/200906/anthropomorphic-double-talk-can-animals-be-happy-not-unhappy-no.
- ——. "Bowsers on Botox: Dogs Get Eye Lifts, Tummy Tucks, and More." *Animal Emotions* (blog). *Psychology Today*, March 23, 2017. https://www.psychologytoday.com/blog/animal-emotions/201703/bowsers-botox-dogs-get-eye-lifts-tummy-tucks-and-more.
- ——. "Censored: Animal Welfare and Animal Abuse Data Taken Offline." *Animal Emotions* (blog). *Psychology Today*, February 6, 2017. https://www.psychologytoday.com/blog/animal-emotions/201702/censored-animal-welfare-and-animal-abuse-data-taken-offline.
- ——. "Do Dogs Ever Simply Want to Die to End the Pain?" *Animal Emotions* (blog). *Psychology Today*, December 17, 2015. https://www.psychologytoday.com/blog/animal-emotions/201512/do-dogs-ever-simply-want-die-end-the-pain.
- ——. "Do Dogs Really Bite Someone for 'No Reason at All'? Take Two." *Animal Emotions* (blog). *Psychology Today*, December 5, 2016. https://www.psychologytoday.com/blog/animal-emotions/201612/do-dogs-really-bite-someone-no-reason-all-take-two.
- ——. "Do Dogs Really Feel Guilt or Shame? We Really Don't Know." *Animal Emotions* (blog). *Psychology Today*, March 23, 2014. https://www.psychologytoday.com/blog/animal-emotions/201403/do-dogs-really-feel-guilt-or-shame-we-really-dont-know.
- ——. "A Dog Named Gucci: 'Justice Is a Dog's Best Friend.'" *Animal Emotions* (blog). *Psychology Today*, January 11, 2017. https://www.psychologytoday.com/blog/animal-emotions/201701/dog-named-gucci-justice-is-dogs-best-friend.
- ——. "Dogs and Humans Process Sounds Similarly." *Animal Emotions* (blog). *Psychology Today*, August 30, 2016. https://www.psychologytoday.com/blog/animal-emotions/201608/dogs-understand-what-we-say-and-how-we-say-it.
- ——. "Dogs: Do 'Calming Signals' Always Work or Are They a Myth?" *Animal Emotions* (blog). *Psychology Today*, June 25, 2017. https://www.psychologytoday.com/blog/animal-emotions/201706/dogs-do-calming-signals-always-work-or-are-they-myth.
- ——. "Dogs, Dominance, Breeding, and Legislation: A Mixed Bag." *Animal Emotions* (blog). *Psychology Today*, December 22, 2016. https://www.psychologytoday.com/blog/

Neuroscience and Biobehavioral Reviews. Published electronically January 7, 2017. http://www.sciencedirect.com/science/article/pii/S0149763416303578.
- Andics, A., A. Gábor, M. Gácsi, T. Faragó, D. Szabó, and Á. Miklósi. "Neural Mechanisms for Lexical Processing in Dogs." Science 353 (2016): 1030–32. http://science.sciencemag.org/content/early/2016/08/26/science.aaf3777.
- "Animal Cruelty Law Has Governor's Signature, Dog's Paw Print." *Pocono Record*, June 28, 2017. http://www.poconorecord.com/news/20170628/animal-cruelty-law-has-governors-signature-dogs-paw-print.
- Animal Legal Defense Fund. *2016 U.S. Animal Protection Laws Rankings*. http://aldf.org/wp-content/uploads/2017/01/Rankings-Report-2016-ALDF.pdf.
- Antonacopoulos, Nikolina M. Duvall, and Timothy A. Pychyl. "The Possible Role of Companion-Animal Anthropomorphism and Social Support in the Physical and Psychological Health of Dog Guardians." *Society and Animals* 18, no. 4 (2010): 379–95. http://booksandjournals.brillonline.com/content/journals/10.1163/156853010x524334.
- "Appetite for Designer Dogs 'Unquenchable,' MSP's Are Told." *BBC News*, May 11, 2017. http://www.bbc.com/news/uk-scotland-scotland-politics-39886045.
- Archer, John. "Why Do People Love Their Pets?" *Evolution and Human Behavior* 18 (1997), 237–59. http://courses.washington.edu/evpsych/Archer_Why-do-people-love-their-pets_1997.pdf.
- Arden, Rosalind, and Mark James Adams. "A General Intelligence Factor in Dogs." *Intelligence* 55 (2016): 79–8 5. http://www.sciencedirect.com/science/article/pii/S016028961630023X.
- Arden, Rosalind, Miles K. Bensky, and Mark J. Adams. "A Review of Cognitive Abilities in Dogs, 1911 through 2016: More Individual Differences, Please!" *Current Directions in Psychological Science* 25, no. 5 (2016): 307–12. http://cdp.sagepub.com/content/25/5/307.full.
- "Argentina Lawmakers Pass Law Banning Greyhound Racing." *DailyMail*, November 17, 2016. http://www.dailymail.co.uk/wires/ap/article-3946300/Argentina-lawmakers-pass-law-banning-greyhound-racing.html.
- Arnold, Jennifer. *Love Is All You Need*. New York: Spiegel & Grau, 2016.
- Artelle, K. A., L. K. Dumoulin, and T. E. Reimchen. "Behavioural Responses of Dogs to Asymmetrical Tail Wagging of a Robotic Dog." *Laterality* 16 (2011): 129–35. http://www.ncbi.nlm.nih.gov/pubmed/20087813.
- Autier-Dérian, Dominique, Bertrand L. Deputte, Karine Chalvet-Monfray, Marjorie Coulon, and Luc Mounier. "Visual Discrimination of Species in Dogs (*Canis familiaris*)." *Animal Cognition* 16, no. 4 (2013): 637–51. https://link.springer.com/article/10.1007%2Fs10071-013-0600-8.
- Balcombe, Jonathan. *What a Fish Knows: The Inner Lives of Our Underwater Cousins*. New York: Farrar, Straus and Giroux, 2015.
- Bálint, Anna, Tamás Faragó, Antal Dóka, Ádám Miklósi, and Péter Pongrácz. "'Beware, I Am Big and Non-Dangerous!'—Playfully Growling Dogs Are Perceived Larger Than Their Actual Size by Their Canine Audience." *Applied Animal Behaviour Science* 148, nos. 1–2 (2013): 128–37. http://www.sciencedirect.com/science/article/pii/S0168159113001871.
- Ball, Philip. "Don't Be Sniffy If You Smell Like a Dog." *Guardian*, May 14, 2017. https://www.theguardian.com/science/2017/may/14/dont-be-sniffy-if-you-smell-like-a-dog.
- Bartram, Samantha. "All Dogs Allowed." *Parks and Recreation*. National Recreation and

参考資料

この参考資料のリストには、私が本書でさまざまな視点から考察した文書が、ほぼすべて入っている（もちろん、私はこのすべての内容に同意しているわけではない。しかし、巷にどんな意見があるかを知ってから、どの意見が自分の考え方と一致するかを判断することが大事だ。本書で強調してきたように、プラス思考で威圧感のないトレーニング方法／教育だけが受け入れられるべきだと思う）。犬の行動とトレーニングに関する本はたくさんある。Dogwise Publishing (www.dogwise.com)とHubble and Hattie (www.hubble andhattie.com)は、犬の行動、ドッグトレーニング、犬と人間の関係など、犬のあらゆる側面に関心がある人たちのための本を、いつも用意してくれている。犬の専門雑誌、『The Bark』もだ。ジェームス・サーペルが特別編集した*The Domestic Dog: Its Evolution, Behavior and Interactions with People*は、犬に関する多様なテーマの最新情報の宝庫だ。ウェブサイト*Animal Sentience: An Interdisciplinary Journal on Animal Feeling* (http://animalstudiesrepository.org/animsent/) は、ますます増えつつある動物の感覚、感情の比較研究など、このテーマへの関心が集まる学問の垣根を超えたオープンな場所になっている。また、ウェブサイト iSpeakDog (http://www.ispeakdog.org) は、人間と犬のコミュニケーションを良くする対話型ツールで、すべての犬のための情報源としても素晴らしい。

- Abbott, Elizabeth. “Dogs (and Cats) without Borders: Frontier Animal Society,” *Elizabeth Abbott* (blog), July 14, 2015. https://elizabethabbott.wordpress.com/category/dogs-and-underdogs/.
- ——. *Dogs and Underdogs: Finding Happiness at Both Ends of the Leash*. New York: Viking, 2015.
- ——. “Jane Goodall, Rusty and Me.” *The Blog* (blog). *HuffPost*. Updated May 14, 2016. http://www.huffingtonpost.com/elizabeth-abbott/jane-goodall-rusty-and-me_b_7275668.html.
- Abrantes, Roger. *Dog Language: An Encyclopedia of Canine Behaviour*. Ann Arbor, MI: Wakan Tanka, 2009.
- “Actress & celebrity GUL PANAG launches the SOUND OF SILENCE CAMPAIGN!” YouTube video, 1:23. Posted by “PFA Chennai.” August 2, 2016. https://www.youtube.com/watch?v=j4XCbp83J8c.
- Addady, Michal. “This Is How Much Americans Spend on Their Dogs.” *Fortune*, August 26, 2016. http://fortune.com/2016/08/26/pet-industry.
- Allen, Laurel. “Dog Parks: Benefits and Liabilities.” Master’s capstone project, University of Pennsylvania, May 29, 2007. http://repository.upenn.edu/cgi/viewcontent.cgi?article=1017&context=mes_capstones.
- Altmann, Jeanne. “Observational Study of Behavior: Sampling Methods.” *Behaviour* 49, nos. 3–4 (1974): 227–67. http://www.uwyo.edu/animalcognition/altmann1974.pdf.
- American Veterinary Society of Animal Behavior. “Position Statement on the Use of Dominance Theory in Behavior Modification of Animals.” 2008. http://www.liabc.com/Articles/dominance_statement.pdf.
- Anderson, James R., Benoit Bucher, Hitomi Chijiiwa, Hika Kuroshima, Ayaka Takimoto, and Kazuo Fujita. “Third-Party Social Evaluations of Humans by Monkeys and Dogs.”

を認知行動学の父と呼ぶ人もいる。

8 Altmann, “Observational Study of Behavior.” For more details on different methods of study, 及びLehner's *Handbook of Ethological Methods*.

9 “Learning to Speak Dog Part 4.”も参照。

10 SENSDOGというプロジェクトも進行中で、犬の飼い主が愛犬の行動データを集めて分析する手助けをし、最新の研究情報を提供している。(http://sensdog.com/blog/index.php/sample-page/).

11 ジョン・ブラッドショーから著者へのメール、February 15, 2016.

12 Bradshaw and Rooney, “Dog Social Behavior and Communication,” 152.

13 ルイージ・ボアターニから著者へのメール、February 7, 2016.

14 ロベルト・ボナンニから著者へのメール、February 12, 2016.

15 デューク大学イヌ科動物認知センターの情報：https://evolutionaryanthropology.duke.edu/research/dogs.

16 Stewart et al., “Citizen Science as a New Tool in Dog Cognition Research.”

57 Ibid.; Council of Europe, *European Convention for the Protection of Pet Animals*; Sweet, "Teen Files Bill to Make Vocal Surgery Illegal."

58 "Actress & Celebrity GUL PANAG Launches the SOUND OF SILENCE CAMPAIGN!"

59 さらに深い考察のために：Ganardi, *The Next Social Contract*.

60 Newman, "World (or at least Brooklyn) Stops for Lost Dog."

61 前にも書いたように、Animal Welfare Actは良いものと悪いものの寄せ集めの状態だ。犬や人間以外の霊長類は動物とみなされているが、驚いたことに実験用のラットやマウスなどは引き続き動物とはみなされていない(Bekoff, "The Animal Welfare Act Claims Rats and Mice Are Not Animals")。まったく馬鹿げた話で、ラットやマウスが実際に動物だと知っている研究者たちがなぜこんな愚かな話に声を上げないのか不思議だ。これらの齧歯類が感覚のある生き物であることをはっきりと示している科学は、完全に無視されつづけている。2002 iteration of the Animal Welfare Act は、「動物」の定義を変えて、特に研究目的で育てられた鳥類やクマネズミ属とハツカネズミ属の齧歯類を動物から除いた。"Enacted January 23, 2002, Title X, Subtitle D of the Farm Security and Rural Investment Act, c" (Farm Security and Rural Investment Act of 2002, Pub. L. No. 107-171, https://www.nal.usda.gov/awic/public-law-107-171-farm-security-and-rural-investment-act-2002).

62 "Mall Opens Its Doors for Stray Dogs during Winter Storm."

63 Harvey, "Indonesian Charity Finds New Homes Overseas for Unwanted Dogs."

64 ジェーン・グドールの〈ルーツ＆シューツ教育プログラム〉に関する情報は次のウェブサイトで：https://www.rootsandshoots.org.

65 "TEDxDirigo—Zoe Weil: The World Becomes What You Teach."

66 *Encyclopaedia Britannica Online*, s.v. "Biophilia hypothesis," by Kara Rogers, accessed June 30, 2017, https://www.britannica.com/science/biophilia-hypothesis.

動物行動学者になりたいなら

1 See Bekoff, *Rewilding Our Hearts*及び書籍内の参考文献。

2 ニューギニア・シンギング・ドッグに関する情報は、Janice Koler-Matznickとの個人的な交流より。

3 "The Nobel Prize in Physiology or Medicine 1973," https://www.nobelprize.org/nobel_prizes/medicine/laureates/1973/.

4 Sandy McIntosh, "Remembering H. R. Hays."

5 デール・ジェイミーソンと私は、ふたりのエッセイ「On Aims and Methods of Cognitive Ethology（認知動物行動学の目的と方法）」を、動物行動学の問題を統合的に考えるというテーマで執筆している。

6 Bekoff, "Ethology Hasn't Been Blown."

7 故ドナルド・グリフィンはハーバード大学の学生時代にコウモリの「エコロケーション［訳注：反響定位。動物が音や超音波を発し、その反響によって物体の距離・方向・大きさなどを知ること］を発見して多くの論文や本を著し、鳥の渡りについても発表した。彼は、画期的な研究によって米国科学アカデミーの一員に選ばれた。著書 *The Question of Animal Awareness*（動物の意識の探求）（1976年）は、彼をもっと実験重視な科学者だと思っていた同僚たちに衝撃を与えた。彼が自説を話したとき、私もある会合に同席していたが、多くの彼の同僚たちは懐疑的だった。なぜかと言うと、当時は人間以外の動物の自己認知、個の体験（主観的体験）、意識を口にすることは、少なくとも公の場ではめずらしいことだったからだ。長い年月を経て、彼の見解は徐々に受け入れられていき、現在ではグリフィン博士

31 Brulliard, "In a First, Alaska Divorce Courts Will Now Treat Pets More Like Children"; Paiella; "This Bill to Protect Domestic-Violence Victim's Pets Could Save Women's Lives"; Pacelle, "Federal Court Upholds New York City Ban on Puppy Mill Sales."
32 "Argentina Lawmakers Pass Law Banning Greyhound Racing"; London Assembly, "Time to Review the Dangerous Dog Act."
33 Bird, "Mexico Gets Serious."
34 "Sale of Puppies under Eight Weeks Old to Be Made Illegal."
35 "RSPCA Animal Welfare Prosecutions in Wales Up."
36 Bekoff, "Empathy Burnout and Compassion Fatigue among Animal Rescuers"; "The Vet Who 'Euthanised' Herself in Taiwan."
37 "Dog Fights Prompt 5,000 Calls to RSPCA in Past Decade."
38 Bird, "Dogs Are Worth More Than Mere 'Fair Market Value.'"
39 Pacelle, "Ohio Lawmakers Crack Down on Cockfighting."
40 "Federal Court Rules Police Can Shoot a Dog If It Moves, Barks When Officer Enters Home"; Kassam, "Judge Rules Pet Dogs Cannot Be Treated as Children in Canada Custody Dispute."
41 Kilday, "Universal Cancels Premiere of 'A Dog's Purpose.'"
42 "Animal Cruelty Law Has Governor's Signature, Dog's Paw Print."
43 Lewis, "Breaking News! Vancouver Bans Sale of Dogs, Cats, and Rabbits in Pet Stores"; Wamsley, "In a First, Connecticut's Animals Get Advocates in the Courtroom"; "Vermont Has New Law Banning Sexual Abuse of Animals."
44 Leone, "Brewery Offers 'Pawternity' Leave for Employees with New Dogs."
45 Bekoff, "Censored: Animal Welfare and Animal Abuse Data Taken Offline."
46 Contorno, "'Sarge's Law' Could Bring New Rules for Dog Trainers in Hillsborough."
47 Costello, "Dog Abuse Video Spurs Legislation to License Trainers."
48 Foubert, "Occupational Licensure for Pet Dog Trainers" 情報公開をするドッグトレーナーの団体：アカデミー・フォー・ドッグトレーナー https://www.facebook.com/AcademyforDogTrainers/?fref=nf.
49 "Dog Training and Consumer Protection," アカデミー・フォー・ドッグトレーナーによるビデオ：https://www.facebook.com/AcademyforDogTrainers/videos/987644334623619/;
団体ウェブサイト：https://academyfordogtrainers.com.
50 Carlos, "Even Dogs Have Gotten into the Plastic Surgery Craze."
51 エッセイ"Are There Behavior Changes When Dogs Are Spayed or Neutered," でスタンレー・コレンは、去勢（避妊）手術後に、犬には予想できなかった望ましくない行動の変化がたくさんあるかもしれないと言う。博士はたくさんの犬の調査結果を要約する。それによると、飼い主たちの期待に反して、去勢（避妊）手術を受けた犬はオスもメスも、それまでより攻撃性が高まり、恐怖感が増大することもある。ただし、尿マーキングは手術のあとで減った。コレン博士は、言う。「犬に去勢（避妊）手術が勧められる理由の1つは、犬の問題行動を正すことだが、ダフィーとセルペルの結論では、この定説が作り話であることがわかる。伝統的な知恵とはうらはらに、去勢（避妊）は問題行動の悪化に結びついた」。
52 Bekoff, "Bowsers on Botox."
53 "State Laws Governing Elective Surgical Procedures."
54 Ryan, "Veterinarians in British Colombia Ban Animal Tail Docking and Ear Cropping."
55 McGowan, "Debarking (Bark Softening)."
56 Grossman, "All Dog, No Bark."

ニマルを含めて、いかにさまざまな動物の死に嘆き悲しむかという考察：DeMello's *Mourning Animals*. ペット・ロスの教育と支援のウェブサイト：Adam Clark (www . lovelosstransition.com). さらに、老犬が送る素晴らしい暮らしとそれを無私無欲で助ける思いやりある人たちの美しい物語：Coffey, *My Old Dog*.

10 Gardner, "Senior vs. Geriatric."

11 Byars, "Boulder Mailman Builds Ramp for Aging Dog along Route."

12 目が見えない犬、目が不自由な犬にも、できるだけ良い暮らしをさせてあげる方法：Horsky, *My Dog Is Blind*.

13 ジェーン・ソベル・クロンスキーから著者へのメール、November 22, 2016. クロンスキーへのインタビュー記事：Bekoff, "Older Dogs."

14 シーシー・フランクリンから著者へのメール、January 11, 2017.

15 さまざまなトレーニング法の最近の調査は、正の強化を使い、正の罰や負の強化を避ける重要性を強調している。Ziv, "The Effects of Using Aversive Training Methods in Dogs." 及びTodd, "New Literature Review Recommends Reward-Based Training"、Michael "Hierarchy of Dog Needs" を参照。*Do No Harm*はhttps://gumroad.com/1/trainingmanualにて購入可能。

16 〈ケイナイン・エフェクト〉の情報：Canine Effect https://www.facebook.com/thecanineeffect/; 人間と犬の間に形成されるさまざまな関係と犬の複雑さ、その理解の重要性を幅広く議論する——参考文献：ダナ・ハラウェイ（Donna Haraway）の著作。

17 ドッグトレーニングに関するアドバイス、提言：www.ispeakdog.org created by Tracy Krulik, *Psychology Today*、トレイシーへのインタビュー (Bekoff, "iSpeakDog").

18 Kristof, "Do You Care about a Dog More Than a Refugee?"

19 Singer, *Animal Liberation*, 27.［改訂版］『動物の解放』（ピーター・シンガー著、戸田清訳、人文書院、2011年）

20 Bekoff, "Valuing Dogs More Than War Victims."

21 パトリシア・アデア・ゴワテイーから著者へのメール、August 21, 2016.

22 最新の研究についての参考文献：Herzog, "Study Finds Dog-Walkers Have More Bad Mental Health Days!"

23 *Dogs on the Inside*ブリーン・カニングハムとダグラス・セイラップ 監督が、刑務所を舞台に囚人と虐待された犬たちのリハビリと復活の日々を描いたドキュメンタリー映画 (New York: Bond/360, 2014), DVD; 映画製作については次のサイトを参照。http://www.dogsontheinside.com/.

24 アメリカの動物保護法（2016年）について：Animal Legal Defense Fund, *2016 U.S. Animal Protection Laws Rankings*.

25 "Study Demonstrates Rapid Decline in Male Dog Fertility."

26 Travis, "Supreme Court: All Dogs Have Value."

27 Goldman, "Success! It's Now a Felony to Abuse Companion Animals in Ohio"; "Ohio Hunter Faces Felony Charges for Killing Man's Dogs"; Cherney, "Orange-Osceola State Attorney Creates Animal Cruelty Unit."

28 *A Dog Named Gucci*, ゴーマン・ベチャード監督。(What Were We Thinking Films, 2015), DVD、映画のオフィシャルサイト：http://www.adognamedgucci.com; Bekoff, "A Dog Named Gucci."

29 Velarde and Schmitt, "New Mexico Lawmaker Wants to Make Animal Cruelty a Felony"; Orr, "2 Bills Seek Tougher Penalties for Animal Abusers in Wyoming."

30 Fowler, "MS Legislator Pushes Animal Cruelty Bill"; "How Are Animal Abuse and Family Violence Linked?"

Dogs and Recreation," 504).

12 エリス・ガッティから著者へのメール、January 23, 2017.

13 Carrier et al., "Exploring the Dog Park."

14 Howse, "Exploring the Social Behaviour of Domestic Dogs," 2.

15 同上、100.

16 Bekoff, "Social Communication in Canids."

17 Graham and Glover, "On the Fence," 217.

18 Jackson, "Situated Activities in a Dog Park."

19 Siler, "Why Dogs Belong Off-Leash in the Outdoors." 私がウェス・シラーのエッセイを書いたと勘違いして連絡をしてきた人がたくさんいたが、そうではない。私の書いた文章がシラーのエッセイに引用されたのだ。Bekoff, "Why Dogs Belong Off-Leash."

20 犬にリードを付けるべきかどうかに関連するおもしろい事件が、ローレル・キャニオン・ドッグ・パークで勃発。違法な人間の活動を減らすために、飼い主たちが違法に愛犬を放したらしい。今のパークは犬と飼い主が行ける元の場所に戻っている(Wolch and Rowe, "Companions in the Park")。

21 Bekoff and Meaney, "Interactions among Dogs, People, and the Environment in Boulder, Colorado."

22 Bekoff and Ickes, "Behavioral Interactions and Conflict among Domestic Dogs, Black-Tailed Prairie Dogs, and People in Boulder."

23 パトリック・ジャクソンから著者へのメール、May 29, 2015.

第9章

1 Bekoff, "Do Dogs Ever Simply Want to Die to End the Pain?" 犬に痛みがあるかないかを判断する方法についての詳しい考察：Jessica Pierce's essay "Is Your Dog in Pain?"

2 Geggel, "Anxiety May Give Dogs Gray Hair."

3 King et al., "Anxiety and Impulsivity."

4 Arnold, *Love Is All You Need*, 6.

5 Milligan, "The Ethics of Animal Training," 212.

6 Pangal, "Lives of Streeties."

7 London, "Should We Call These Canine Behaviors Calming Signals?"　マリティらによるカーミング・シグナルについての研究("Analysis of the Intraspecific VisualCommunication")を分析して、専門の有資格ドッグトレーナーでもあるロンドンは、研究者たちがカーミング・シグナルを見せなくても衝突にならなかった場合の率を報告しなかったことを指摘している。しかし、観察の33％（36例中）のケースにおいて、攻撃的な行動を受けた後にカーミング・シグナルを出さなかったが、たいていが逃走するか立ち去るかで相手と自分との距離を広げたことが報告されている。論文の責任著者であるマリティが私に書いたところでは、率を報告しなかったのは、36のうち24のケースで1頭の犬しか関与していなかったからだそうである（著者へのメール、July 5, 2017）。

8 エッセイ"Dogs: Do 'Calming Signals' Always Work?"で、私は全体として、マリティらに賛成だ。彼らは論文("Analysis of the Intraspecific Visual Communication")で、「カーミング・シグナルは実際に社会的促進や攻撃的な行動を防ぐ効果を持っている可能性がある」と結論づけている。

9 多数の参考文献：Pierce, "Palliative Care for Pets," Pierce, *The Last Walk*, 及び "Deciding When a Pet Has Suffered Enough"; and Klonsky, *Unconditional*. 人間がコンパニオン・ア

30 Hecht, "Dog Speak."
31 Coren, "What Are Dogs Trying to Say When They Bark?"
32 Miller, "5 Steps to Deal with Dog Growling."
33 Odendaal and Meintjes, "Neurophysiological Correlates of Affiliative Behaviour between Humans and Dogs."
34 Nagasawa et al., "Dogs Show Left Facial Lateralization upon Reunion with Their Owners."
35 神経画像研究についての優れた要約：グレゴリー・バーンズ, *What It's Like to Be a Dog*.
36 Berns, Brooks, and Spivak, "Scent of the Familiar."
37 Davis, "Puppies' Response to Speech Could Shed Light on Baby-Talk"; Ben-Aderet et al., "Dog-Directed Speech."
38 Olson, "Dogs have FEELINGS too!"
39 MacLean and Hare, "Dogs Hijack the Human Bonding Pathway," 280.
40 Hathaway, "Dogs Ignore Bad Advice That Humans Follow."
41 Andics et al., "Neural Mechanisms for Lexical Processing in Dogs."
42 Bekoff, "Dogs and Humans Process Sounds Similarly."
43 Carlos, "True Best Friends:"; Bekoff, "'Gosh, My Dog Is Just Like Me.'"

第8章

1 犬はまた、人間を自然のなかに連れ出してくれる。著名な写真家、チャック・フォースマンの 愛犬、マグパイは、好奇心旺盛な鼻、耳、目で、大自然や人間が作り出した環境へチャックを先導する大役を務め、その様子は2013年に出版された本に記録されている。*Walking Magpie*. 余暇を犬と過ごすことの重要性についてはNeil Carr's *Dogs in the Leisure Experience* がお薦めで、掲載されている参考文献も役に立つ。
2 Serpell, "Creatures of the Unconscious"　また Wood et al., "More Than a Furry Companion"; and Johnson et al., *Health Benefits of Dog Walking for People and Pets*. も参照。
3 "Dog Parks Lead Growth in U.S. City Parks." ウェブサイト：the Trust for Public Lands (www.tpl.org), 都会の公園について、多彩な視点から貴重な情報が掲載されている。
4 ドッグパーク、犬専用公園の歴史： Allen, "Dog Parks"; and El Nasser, "Fastest-Growing Urban Parks Are for the Dogs."
5 Bartram, "All Dogs Allowed"; and Gaunet et al., "Description of Dogs and Owners in Outdoor Built-Up Areas."
6 「利用者がほぼ満足している」リードなしのドッグランについての詳しい評価研究： Lee, Shepley, and Huang, "Evaluation of Off-Leash Dog Parks in Texas and Florida."
7 Case, "Dog Park People."
8 Estep and Hetts, "Pilgrim Bark Park Provincetown."
9 Heimbuch, "15 Things Humans Do Wrong at Dog Parks."
10 Smith, "Behavior: Dog Park Tips" また、Gomez,"Dog Parks"; and Ioja et al., "Dog Walkers' vs. Other Park Visitors' Perceptions."も参照。
11 Bekoff and Meaney, "Interactions among Dogs, People, and the Environment in Boulder, Colorado."多くの人が、自然界への犬の影響を心配している。サラ・リードらは、北カリフォルニアでは、「イエイヌへの政策は肉食哺乳類の種類や数に影響を与えてないようだ」という発見をした。(Reed and Merenlender, "Effects of Management of Domestic

44 レベッカ・サベージから著者へのメール、May 26, 2016.

第7章

1 レベッカ・ジョンソンから著者へのメール、December 15, 2011.
2 McConnell, *For the Love of a Dog*, 283.
3 Reber, "Caterpillars, Consciousness, and the Origins of Consciousness."
4 動物の感情の比較研究について、詳しくは私の本を参照：*The Emotional Lives of Animals*『動物たちの心の科学——仲間に尽くすイヌ、喪に服すゾウ、フェアプレイ精神を貫くコヨーテ』（マーク・ベコフ著、高橋洋訳、青土社、2014年）。また、『サイコロジー・トゥデイ』のウェブサイトのブログにも、私は関連したテーマのエッセイを多数掲載している。*Animal Emotions* blog in *Psychology Today*.
5 Bekoff, "Anthropomorphic Double-Talk."
6 Bekoff, "Anthropomorphic Double-Talk"; Burghardt, "Mediating Claims through Critical Anthropomorphism."
7 Mondal, "Study: Mice Can Sense, Feel Each Other's Pains with a Whiff."
8 Coren, "Do Dogs Have Empathy for Other Dogs?"
9 犬の高い精神性についての、感動的で広範な知識に裏打ちされた議論：Root, *The Grace of Dogs*.
10 クリスティ・オリスから著者へのメール、November 12, 2016.
11 Coren, "Do Dogs Feel Jealousy and Envy?" オキシトシンは、犬の社会的絆を強めることでも知られている。(Romero et al., "Oxytocin Promotes Social Bonding in Dogs").
12 Stillwell, *The Secret Language of Dogs*, 39.
13 Bekoff, "Dogs Know When They've Been Dissed."
14 Harris and Prouvost, "Jealousy in Dogs."
15 Bekoff, "We Don't Know If Dogs Feel Guilt So Stop Saying They Don't."
16 Morris, Doe, and Godsell, "Secondary Emotions in Non-primate Species?"
17 Bekoff, "Do Dogs Really Feel Guilt or Shame?"
18 Alexandra Horowitz, February 4, 2013, "Spot on, on 'guilt,'" comment on Bekoff, "The Genius of Dogs and the Hidden Lives of Wolves."
19 ジョン・ブラッドショーから著者へのメール、January 4, 2016.
20 Schenkel, "Expression Studies on Wolves."
21 マリサ・ウェアから著者へのメール、November 4, 2016.
22 Coren, "Long Tails versus Short Tails and Canine Communication."
23 See, e.g., Leaver and Reimchen, "Behavioural Responses of *Canis familiaris* to Different Tail Lengths of a Remotely-Controlled Life-Size Dog Replica."
24 Artelle, Dumoulin, and Reimchen, "Behavioural Responses of Dogs to Asymmetrical Tail Wagging."
25 Quengua, "A Dog's Tail Wag Says a Lot, to Other Dogs."
26 Coren, "What a Wagging Dog Tail Really Means."
27 Feddersen-Petersen, "Vocalization of European Wolves (*Canis lupus lupus* L.) 及び Various Dog Breeds (*Canis lupus* f. fam.)."
28 Derr, "What Do Those Barks Mean?"
29 Pongracz et al., "Human Listeners Are Able to Classify Dog (*Canis familiaris*) Barks Recorded in Different Situations"、また Lewis, "The Meaning of Dog Barks."も参照。

るというスタンレー・コレンの意見には反対だ。

14 Bekoff, *The Emotional Lives of Animals*, 57–60.『動物たちの心の科学——仲間に尽くすイヌ、喪に服すゾウ、フェアプレイ精神を貫くコヨーテ』(マーク・ベコフ著、高橋洋訳、青土社、2014年)

15 “Dogs Share Food with Other Dogs Even in Complex Situations.”

16 Cook et al., “Awake Canine fMRI Predicts Dogs’ Preference for Praise Versus Food,” 1853.

17 Feuerbacher and Wynne, “Most Domestic Dogs (*Canis lupus familiaris*) Prefer Food to Petting”及びBekoff, “Training Dogs.”も参照。

18 Bekoff, “Training Dogs.”

19 Arden and Adams, “A General Intelligence Factor in Dogs”; London School of Economics, “Mensa Mutts?”

20 Coren, “Understanding the Nature of Dog Intelligence.”

21 猫に関するある研究は、猫が犬と同じように、以前どこで食べ物を見つけたかといった「エピソード記憶」を持っていることを明らかにした。この研究は、犬のほうが猫より賢いと言いたい人たちに、そんな定説が誤りだと教えている。Briggs, “Cats May Be as Intelligent as Dogs.”

22 Anderson et al., “Third-Party Social Evaluations of Humans by Monkeys and Apes.”

23 Hyman, “Dogs Don’t Remember.”

24 Kuroshima et al., “Experience Matters.”

25 Fugazza, Pogány, and Miklósi, “Recall of Others’ Actions after Incidental Encoding Reveals Episodic-like Memory in Dogs.”

26 アダム・ミクロシから著者へのメール、November 24, 2016.

27 Bekoff, “Theory of Mind and Play.”

28 “Clever Dog Steals Treats From Kitchen Counter.”

29 Pilley, *Chaser*.

30 Kaminski and Nitzschner, “Do Dogs Get The Point?” 294.

31 Howard, “Here’s More Proof That Dogs Can Totally Read Our Facial Expressions.”

32 Bekoff, “Dogs Recognize Emotional States Using Mental Representations”;Griffiths, “Dogs Snub People Who Are Mean to Their Owners.”

33 Gill and Webb, “Dogs ‘Can Tell Difference between Happy and Angry Faces’”; Müller et al., “Dogs Can Discriminate Emotional Expressions of Human Faces”; “A Man’s Best Friend.”

34 Hrala, “Your Dog Doesn’t Trust You When You’re Angry.”

35 Bonanni, Valsecchi, and Natoli, “Pattern of Individual Participation and Cheating an Conflicts between Groups of Free-Ranging Dogs,” 957.

36 Bonanni, Natoli, Cafazzo, and Valsecchi, “Free-Ranging Dogs Assess the Quantity of Opponents in Intergroup Conflicts,” 103.

37 Bekoff, “Hidden Tales of Yellow Snow.”

38 Gatti, “Self-consciousness.”

39 Horowitz, *Being a Dog*, 28.

40 Dahl, “What Does a Dog See in a Mirror?”

41 アリアナ・シュラボームから著者へのメール、January 13, 2017.

42 ミラーテストをパスした動物たちの一覧が、Amanda Pachniewskaのウェブサイトの記事で見られる。“List of Animals That Have Passed the Mirror Test.”

43 ジーノ・ジンマーマンから著者へのメール、January 6, 2015.

6 Cafazzo, Natoli, and Valsecchi, "Scent-Marking Behaviour in a Pack of Free-Ranging Domestic Dogs," 955.
7 Bradshaw and Rooney, "Dog Social Behavior and Communication," 150.
8 Lisberg and Snowdon, "Effects of Sex, Social Status and Gonadectomy on Countermarking," 757.
9 Gough and McGuire, "Urinary Posture and Motor Laterality in Dogs," 61.
10 Cafazzo, Natoli, and Valsecchi, "Scent-Marking Behaviour in a Pack of Free-Ranging Domestic Dogs."
11 McGuire and Bernis, "Scent Marking in Shelter Dogs," 53.
12 Gray, "Foxes May Confuse Predators by Rubbing Themselves in Puma Scent," 15.
13 "Sophia Grows."
14 グレッグ・コフィンから著者へのメール、November 14, 2016.
15 Gilbert, *Off the Leash*, 66. 人間があらゆる種類のウンチのことを、どんなふうにユーモアたっぷりに話すかに関する考察は、こちらを参照：Robert, "The Evolution of Humor."
16 Gilbert, *Off the Leash*, 67.
17 Horowitz, *Being a Dog*, 17.
18 Cafazzo, Natoli, and Valsecchi, "Scent-Marking Behaviour in a Pack of Free-Ranging Domestic Dogs," 955.
19 Bekoff, "Perils of Pooping."
20 Gayomali, "Dogs Might Poop in Line with the Earth's Magnetic Field"; また Hart et al., "Dogs Are Sensitive to Small Variations of the Earth's Magnetic Field" 、Bekoff, "Dogs Line up with the Earth's Magnetic Field to Poop and Pee."も参照。
21 ヘンリー・ニコルズは、さまざまな種類の動物が、多様な活動で体の位置を南北方向にとるが、その理由は不明だと記している("Animal Magnetism.")。

第6章

1 メアリー・デヴァインから著者へのメール、August 25, 2016.
2 食料や実験動物として利用されている意識ある動物たちに対して自らがやっている行為から目を背けようとして、このような動物たちを「気にとめない」ようにしている人たちがいるという指摘。：Bekoff and Pierce, *The Animals' Agenda*にはこの点に関するさらなる議論が書かれている。
3 *Understanding Dogs*で、社会学者のクリントン・サンダースは、犬の思考の過程、感情、ユニークな性格に目を向けて、人間が犬を思いやることや、犬との関係を前進させて維持することがいかに大切かを探求している。
4 "Dog Quotations," http://www.crazyfordogs.com/quotes/quotes.shtml.
5 Cook, "Inside the Dog Mind," interview with Brian Hare.
6 Hoffman, "To Learn How Smart Dogs Are, Humans Learn New Tricks."
7 Szentágothai, "The 'Brain-Mind' Relation," 323.
8 Bekoff, "Dog Smarts."
9 Horowitz, "Attention to Attention in Domestic Dog (*Canis familiaris*) Dyadic Play," 107.
10 Harmon-Hill and Gadbois, "From the Bottom Up."
11 Gorman, "Why Is That Dog Looking at Me?"
12 Payne, Bennett, and McGreevy, "DogTube."
13 Coren, "Do Dogs Have a Sense of Humor?"　私は、犬が「こどものような心」を持ってい

32 リンゼイ・マーカム博士から著者へのメール、June 24, 2015.
33 Palagi, Nicotra, and Cordoni, "Rapid Mimicry and Emotional Contagion in Domestic Dogs."
34 同上
35 Bálint et al., "'Beware, I Am Big and Non-Dangerous!'" 128.

第4章

1 著者へのメール、March 10, 2016; 著者は匿名を希望。
2 Krulik, "Dogs and Dominance."
3 Bradshaw, Blackwell, and Casey, "Dominance in Domestic Dogs."
4 Gompper, ed., *Free-Ranging Dogs and Wildlife Conservation*.
5 Hekman, "Understanding Canine Social Hierarchies."
6 L・デイヴィッド・ミッチ博士から著者へのメール、February 16, 2012.
7 Mech, "Alpha Status, Dominance, and Division of Labor in Wolf Packs," 1200.
8 Serpell, "Epilogue," 407.
9 Bekoff, "What's Happening When Dogs Play Tug-of-War?"
10 Miller, *Play with Your Dog*.
11 トレイシー・クルーリックは、ドッグトレーナーで動物行動コンサルタント(http://dogzandtheirpeoplez.com)。Bekoff, "Dogs, Dominance, Breeding, and Legislation."
12 トレイシー・クルーリックから著者へのメール、December 22, 2016.
13 分離不安についてのクルーリックの記事："Dominance and Dogs."
14 著者への匿名のメール、January 15, 2017.
15 Overall, "Special issue: The 'Dominance' Debate."
16 同上。
17 Michaels, *Do No Harm*、さらなる考察として私のマイケルズへのインタビュー。"A Hierarchy of Dog Needs."
18 Arnold, *Love Is All You Need*, 6.
19 Reisner, "The Learning Dog," 214.
20 Bradshaw and Rooney, "Dog Social Behavior and Communication," 153.
21 ジョン・ブラッドショー博士から著者へのメール、July 11, 2016.
22 American Veterinary Society of Animal Behavior, "Position Statement on the Use of Dominance Theory in Behavior Modification of Animals."
23 O'Heare, *Dominance Theory and Dogs*, 67.

第5章

1 Pierce, "Not Just Walking the Dog."
2 Bradshaw and Rooney, "Dog Social Behavior and Communication," 150.
3 Horowitz, "From Fire Hydrants to Rescue Work."
4 特に断わりがない場合、この章のアンネ・リスバーグの引用文は、著者への個人的なメールやメッセージから。November 1, 2016.
5 Lisberg and Snowdon, "The Effects of Sex, Gonadectomy and Status on Investigation Patterns," 1147.

第3章

1 Darwin, *The Descent of Man*, 99.『人間の進化と性淘汰（1）』（チャールズ・ダーウィン著、長谷川眞理子訳、文一総合出版、1999年）

2 同上、105.

3 Boult, "Rats Laugh When Tickled."

4 Caldwell, "Mindfulness & Bodyfulness."

5 サラ・ベクセルから著者へのメール、November 21, 2016.

6 カール・サフィーナ博士から著者へのメール、October 16, 2016.

7 "Biology of Fun."

8 Gruber and Bekoff, "A Cross-Species Comparative Approach to Positive Emotion Disturbance."

9 調査は、犬の唸りが正直な信号であることを示している。犬は、特に真剣なもめ事の状況では、正直に言いたいことを伝える。人間は、犬が唸っているときの気持ちをよく理解できて、特に女性は男性よりこの発声を正確に聞き分ける。研究者は、遊びのなかでの唸りにはもっと種類があることも発見した。多分これが、遊びから深刻で攻撃的な絡み合いにめったにならない理由の1つだろう。このテーマに関する考察：Bekoff, "Dogs Growl Honestly and Women Understand Better Than Men."

10 *Wikipedia*, s.v. "stabilizing selection," last modified May 7, 2017, https://en.wikipedia.org/wiki/Stabilizing_selection.

11 こうした選択は、さまざまな種類の自然選択だ。

12 Burghardt, *The Genesis of Play*.

13 Schaefer, *Religious Affects*, 188.

14 犬の社会的および身体的発達についての古典的研究：Scott and Fullerの古典的著書*Genetics and the Social Behavior of the Dog*、Fox, *Integrative Development of Brain and Behavior in the Dog*.

15 Spinka, Newberry, and Bekoff, "Mammalian Play."

16 ジェニファー・ミラーから著者へのメール、November 20, 2016.

17 Rugaas, *On Talking Terms with Dogs*.

18 McConnell, "A New Look at Play Bows."

19 Bekoff, "Social Communication in Canids."

20 Byosiere, Espinosa, and Smuts, "Investigating the Function of Play Bows in Adult Pet Dogs (*Canis lupus familiaris*)."

21 Bekoff, "Play Signals as Punctuation."

22 Bauer and Smuts, "Cooperation and Competition during Dyadic Play in Domestic Dogs, *Canis familiaris*."

23 Norman et al., "Down but Not Out."

24 Smuts, Bauer, and Ward, "Rollovers during Play."

25 Hecht, "Why Do Dogs Roll Over during Play?"

26 Ward, Trisko, and Smuts, "Third-Party Interventions in Dyadic Play between Littermates."

27 Cordoni, Nicotra, and Palagi, "Unveiling the 'Secret' of Play in Dogs (*Canis lupus familiaris*)."

28 Bradshaw and Rooney, "Dog Social Behavior and Communication," 152.

29 セルジオ・ペリス博士から著者へのメール、October 19, 2016.

30 McConnell, "A New Look at Play Bows."

31 Shyan, Fortune, and King, "'Bark Parks.'"

51 Bird, "Undercover Video Shows Texas A&M Intentionally Breeds Deformed Dogs."
52 Bekoff, "Why People Buy Dogs Who They Know Will Suffer."
53 また、私はよく「猫よりも犬の方が人間を愛しているか？」と聞かれる。簡単に言えば、まだ答えはよくわかっていない。参考文献：Bekoff, "Do Our Dogs Really Love Us More Than Our Cats Do?"
54 エリス・ガッティから著者へのメール、January 25, 2016

第2章

1 「体がついた鼻」は、Frans de Waalの "How Do Dogs Recognize Us?"での、ホロウィッツ博士の本の要約から。
2 犬の鼻についての貴重な情報が、鼻に焦点を当てた2冊の本でたくさん見つかる。1冊目は犬の研究者 アレクサンドラ・ホロウィッツの『犬であるとはどういうことか――その鼻が教える匂いの世界』（竹内和世訳、白揚社、2018年）*Being a Dog*、2冊目はノルウェーの生物学者 フランク・ローズル博士 の *Secrets of the Snout*である。
3 Horowitz, *Being a Dog*,29–31. 私はよく、犬が飼い主の帰宅時間を知っていることを示す研究があるか尋ねられる。この疑問について、ルパート・シェルドレイク博士 は膨大な量の研究をしている(参照：e.g., under "Scientific Papers on Animal Powers" at http://www.sheldrake.org/research)。私の友人のローレンス・ボッシュの話では、彼がいっしょに暮らすスタンダードプードルの1頭ロケットは、季節を問わず、窓が開いていても閉まっていても、彼を訪れる家族が道路を近づいてくる時がわかるという。私は、シェルドレイク博士の研究を知らない多くの人から、同じような話をかなり聞いた。この分野の研究がさらに必要だ。
4 犬による病気の検知についての詳しい情報：Milena Penkowa,*Dogs and Human Health*及び書籍内の参考文献、Marucot, "Dogs Can Smell Fear but Can't Detect If You Have Lung Cancer."も参照。
5 保全犬についての情報なら、Pete Coppolillo, executive director of Working Dogs への私のインタビューを参照。(https://wd4c.org): Bekoff, "For the Love of a Ball."
6 "Paintings from the Perspective of a Dog's Nose."
7 2017年5月に発表された研究は、人間の嗅覚が犬の嗅覚に比べてほんとうにそんなに劣っているのか疑問を呈している(Ball, "Don't Be Sniffy If You Smell Like a Dog").。Gallings, "Sight, Hearing, Smell."
8 Horowitz, "From Fire Hydrants to Rescue Work."
9 Horowitz,*Being a Dog*,48.
10 Hodes, "More Fat, Less Protein Improves Detection Dogs' Sniffers."
11 Farricelli, "Does Human Perfume Affect Dogs?"
12 Rosell, *Secrets of the Snout*, 27.
13 同上、28.
14 同上、32.
15 Bradshaw and Rooney, "Dog Social Behavior and Communication," 140.
16 Ray, "How Does One Dog Recognize Another as a Dog?"、 及びAutier-Dérian et al., "Visual Discrimination of Species in Dogs (*Canis familiaris*)."
17 犬の聴覚は、どのくらい優れているのだろうか？　2009. Service Dog Central; http://servicedogcentral.org/content/node/435
18 Huber, "How Dogs Perceive and Understand Us."

30 ジャミン・チェンからジェシカ・ピアスへのメール、May 8, 2016.
31 DeKok, "The Origin of World Animal Day."
32 Pascaline, "Minnesota Town Elects Dog Mayor Named Duke for the Third Time."
33 Chen,"The Mysterious History behind Humanity's Love of Dogs."
34 Good News for Pets, "Pet Industry Spending at All-Time High."
35 Addady, "This Is How Much Americans Spend on Their Dogs."
36 Brulliard, "Americans Are Spending More on Health Care-for Their pets." ; see also Riley, "Puppy Love."
37 "People Living in Cities Will Risk Own Safety to Save Animals."及び Irvine,*Filling the Ark*も参照。
38 Bradley and King, "The Dog Economy Is Global."
39 同じテーマへの考察：Archer, "Why Do People Love Their Pets?"; Carr,*Dogs in the Leisure Experience*.
40 Pilgrim, "Children Are Closer to Their Pets Than Their Siblings."
41 "Pet Dogs Help Kids Feel Less Stressed."
42 Tasaki, "Trending: Dog-Friendly Housing Associations."
43 この数に関する〈学術的な〉参考文献が見つからないが、よく耳にする話だ。5〜10％でも、かなり高いと思う。
44 McPherson, "'I Want to Kill These Dogs.'"
45 "The Vet Who 'Euthanised' Herself in Taiwan."
46 2017年1月、オーストラリアで51名のグレーハウンドのトレーナーが、犬にケタミン、アンフェタミン、殺虫剤、コバルトなどを与えた罪で告発された (Knaus, "Greyhound Doping).
47 デザイナー・ドッグは一部の人たちがよく言うような純血種の犬ではない。最初にラブラドゥードルを作成したウォーリー・コンロンの後悔を知ることは重要だ。 スタンリー・コレンによる "A Designer Dog-Maker Regrets His Creation"というエッセイには、コンロンの「私はパンドラの箱を開けてしまった。フランケンシュタインを作ってしまったのだ。今では、たくさんの人がただ金儲けのためにブリーディングをしている。こうした犬の多くには身体的な問題があり、まともじゃない」と発言している。
48 "Appetite for Designer Dogs 'Unquenchable.'"
49 Kaplan, "Dog Domestication Saddled Man's Best Friend with Defective Genes"及び Brandow, *A Matter of Breeding*も参照。 さらに、ペットショップで売られている犬たちについて特集した号が、ほかにもある。

これに関連して、私は今までに何度か、多様な遺伝形質はどのように選択されるのかと尋ねられたことがある。この質問をしたなかに生物学の学位を持っていた人はわずかだったので、私は進化生物学について簡単な「講義」をした。たとえばブリーダーが押しつぶされたような鼻や顔の形質を選ぶ場合の彼らへの説明として、私はウィスコンシン大学マディソン校の哲学者エリオット・ソーバー博士が著書*The Nature of Selection*の中で指摘している、さまざまな形質を「選択する」(selection for) ことと、さまざまな形質が「選択される」(selection of) ことの相違点を引き合いに出して説明した。

基本的に、ある形質が特定の目的のために選択をされる (selected for) とき、人は意図的にその形質を作ろうとしていて、ほかの形質はそれに伴う副産物になる。多くの人が生物学の基本的な知識や学位を持っているわけではないのに、話している対象の具体例が見える場合には、このような進化生物学的な議論でさえもできてしまうことは興味深い。ドッグパークは、動物の行動と生物学の野外授業に最適の「教室」だ。それに、犬にとってもプラスになる。
50 Scully, "The Westminster Dog Show Fails the Animals It Profits From."

共出版、1975年）

8 私はエッセイに、放っておいてくれと何度も警告したホリーという犬に無理やり近づいて、シーザー・ミランはホリーに咬まれたと書いたことがある。それに対して、ある人物は、ホリーが飼い主やミランを「理由もなく」咬んだのだのかもしれないと言った（“Do Dogs Really Bite Someone for‘No Reasonat All?’”）。だが、もちろんホリーには、「もう、たくさん。放っておいて」という彼女の警告を聞かない人間を咬む十分な理由がある。

9 ジョナサン・バルコムの*What a Fish Knows*を参照。また、マルハナバチは道具を使い、数字を4まで数えることができ、サッカーもすることがわかっている。(Handwerk, “Bees Can Learn to Play ‘Soccer’”).

10 動物の鋭い感覚について、数多くの優れた論文を読めるウェブサイト：*Animal Sentience: An Interdisciplinary Journal on Animal Feeling* (http://animalstudiesrepository.org/animsent/)
〈意識に関するケンブリッジ宣言〉の資料も参照：The Cambridge Declaration on Consciousness (http://fcmconference.org/img/CambridgeDeclarationOnConsciousness.pdf)

11 本書の大部分の個人的なエピソードでは、後ろめたく感じる人や、罪のない人を守るために仮名を使用した。引用部分の多くは話されたとおりだが、本人が読んだときに誰のことかわからないように言い換えたものもある。

12 Pearce, “Down with Data.”

13 Bray, MacLean, and Hare, “Increasing Arousal Enhances Inhibitory Control in Calm but Not Excitable Dogs.”

14 Howse, “Exploring the Social Behaviour of Domestic Dogs.”

15 Arden, Bensky, and Adams, “A Review of Cognitive Abilities in Dogs.”

16 Bekoff,“Pit Bulls.” Dickey, *Pit Bull*も参照。

17 ジェイムズ・クロスビーから著者へのメール、July 15, 2017、Crosby, “The Specific Use of Evidence in the Investigation of Dog Bite Related Human Fatalities.” 犬が咬む行為について、ほかの視点からの詳細情報：Mills and Westgarth, *Dog Bites: A Multidisciplinary Perspective*.

18 Margini, “What Is It Like to Be an Elephant?”

19 Hoff, The Tao of Pooh, 29.『タオのプーさん』（ベンジャミン・ホフ著、吉福伸逸、松下みさを訳、平河出版社、1989年）

20 何百人もの見ず知らずの人たちが、瀕死の犬の最後の散歩に付き添ったという感動的なストーリーは、犬がいかに社会のカタリストになるかの典型例を示している。(Corbley, “Hundreds of Strangers Escort Dying Dog”).

21 Abbott, “Jane Goodall, Rusty and Me.”

22 Peterson, *Jane Goodall*, 277.

23 Abbott, “Dogs (and Cats) without Borders.”

24 Warden and Warner, “The Sensory Capacities and Intelligence of Dogs,” 2.

25 市民科学、市民科学者についての優れた総括：Stewart et al., “Citizen Science as a New Tool in Dog Cognition Research.” ほかにも、Cavalier and Kennedy, *The Rightful Place of Science*; Cooper, *Citizen Science*を参照。

26 ロハン・デニスのエピソードは、彼と著者の個人的な会話から生まれたが、引用部分は彼から著者へのメール、November 11, 2016.

27 Sonntag and Overall, “Key Determinants of Cat and Dog Welfare,” 213.

28 Bekoff, “We Are Animals and Therein Lies Hope for a Better Future.”

29 Bekoff, “Is an Unnamed Cow Less Sentient Than a Named Cow?”

原注

ドッグパークのナチュラリスト

1 犬(イエイヌ)の学名は、従来の*Canis familiaris*と*Canis lupus familiaris*の間で、議論がまだ続いている。

2 私の個人的経験では、音楽好きな犬もいるが、ほとんどの犬は無関心だ。2017年3月に発表された研究では、ソフトロックやレゲエを聞くと何頭かの犬でストレスが軽減されたことが示されている。(Bowman, Dowell, and Evans, "The Effect of Different Genres of Music")

3 Hirskyj-Douglas, "Here's What Dogs See When They Watch Television."

4 Ma, "Take a Walk on the Rewild Side."

5 Bekoff, "Hugging a Dog Is Just Fine"; "Sleep Habits of the Animal Kingdom."

6 Bekoff, "Training Dogs"; また、Tracy Krulik, "Eager to Please"; Bekoff, "If Dogs Were Humans They Would Be Jerks." も参照。

第1章

1 動物たちはよく人間を笑わせるが、こうした行動の理由はよくわからない。ロビン・マリア・ヴィラリは"Tails of Laughter"の中で、「犬はともに笑う人間を友人として認め、そのような犬の行動がさらに人間の笑いを一層誘うのかもしれない」と述べている。

2 キンバリー・ナファーから著者へのメール、November 13, 2016

3 ケン・ロドリゲスから著者へのメール、November 13, 2016

4 〈ケイナイン・エフェクト〉のドッグトレーニングについての情報:https://www.facebook.com/thecanineeffect/.

5 イギリスのリンカーン大学の研究者たちは、犬の性格について多くの研究を行い、犬たちが見せる多様な性格についての貴重な情報を提供している。これらのプロジェクトでは、詳細な遺伝学的、神経生物学的、および行動学的解析が行われている。(http://www.uoldogtemperament.co.uk/dogpersonality/).

6 犬の起源についての論文や書籍の批評: Mark Derrの*PsychologyToday*におけるエッセイ(*Dog's Best Friend* [blog]) と彼の著書*How the Dog Became the Dog*; David Grimm, *Citizen Canine*; Ádám Miklósi,*Dog Behaviour, Evolution, and Cognition*; Pat Shipman, *The Invaders*; Jacob Mikanowski,"Wild Thing"; Morey and Jeger, "From Wolf to Dog"; そしてJanice Koler-Matznick, *Dawn of the Dog*邦訳されている参考文献:『美しい犬、働く犬—アメリカの犬たちはいま』(マーク・デア著、中村凪子、水野尚子訳、草思社、2001年)、『イヌの動物行動学: 行動、進化、認知』(アダム・ミクロシ著、藪田慎司監訳、森貴久、川島美生、中田みどり訳、東海大学出版部、2014年)、『ヒトとイヌがネアンデルタール人を絶滅させた』(パット・シップマン著、河合信和監訳、柴田譲治訳、原書房、2015年)

7 人間以外の動物も人間も、特に何かをはじめて「正しく」行うときは、本能や生得的な行動パターンに頼る。こうした行動には、食べ物や保護を求めることや、捕食者を避けておとなのそばにいることなどが含まれる。「本能」「生得的」といった言葉が一般的に〈修正できない〉ことを示すのに使われることと反して、研究は本能が学習をとおして修正できて、変更可能であることを明らかにしている。このテーマについて詳しくは以下を参照:Jack Hailmanの古典的エッセイ、"How an Instinct Is Learned"; と著書、Konrad Lorenz,*The Foundations of Ethology*; そして『本能の研究(1965年版)』(ニコ・ティンバーゲン著、永野為武訳、三

訳者　森 由美

英日翻訳者。上智大学文学部卒業、米国ハンボルト大学修士課程（東アジア近代史）修了。企業内通訳や大学のTOEIC講師を務めた後、現在は映像分野の産業翻訳、出版翻訳に携わる。訳書に『パズルでめぐる世界の旅』（エクスナレッジ）、『スウェーデン・ミステリ傑作集』「弥勒菩薩」（早川書房）、『イギリス野の花図鑑』（パイインターナショナル）などがある。

監修者代表　藪田 慎司

京都大学理学部卒業、博士（理学）。専門は動物行動学で現在は帝京科学大学生命環境学部アニマルサイエンス学科教授　兼　フィールドミュージアムOPEN AIR LAB 館長。『イヌの動物行動学　行動・進化・認知』（東海大学出版部）監訳。

愛犬家の動物行動学者が教えてくれた秘密の話

2019年8月30日　初版第1刷発行
2019年11月7日　　　第2刷発行

著　　者　マーク・ベコフ
監　　修　藪田慎司、島田将喜、今野晃嗣、山本真理子、壹岐朔巳
訳　　者　森由美
発 行 者　澤井聖一
発 行 所　株式会社エクスナレッジ
http://www.xknowledge.co.jp/
〒106-0032　東京都港区六本木7-2-26

問合せ先　編集：TEL.03-3403-1381　FAX.03-3403-1345
販売：TEL.03-3403-1321　FAX.03-3403-1829
info@xknowledge.co.jp